GÜTERSLOHER VERLAGSHAUS
DIE VISION EINER NEUEN WELT

Lars Jaeger

Supermacht Wissenschaft

Unsere Zukunft zwischen
Himmel und Hölle

GÜTERSDIE
LOHERVISION
VERLAGSEINER
HAUSNEUENWELT

Meinen Kindern
Anika, Kira und Talia

INHALT

VORWORT

Wir befinden uns in der Mitte des 22. Jahrhunderts, auf der Erde herrscht eine körperlose Netz-Intelligenz, die Internet und Datenströme kontrolliert. Die Menschheit hat sich in drei Arten aufgespalten:

- Eine genetisch und neurotechnologisch optimierte Menschenart, der eine unendliche Lebensdauer vergönnt ist und deren Fähigkeiten den natürlichen Möglichkeiten eines Menschen vielfach überlegen sind.
- Ebenfalls unsterbliche und niemals kranke Cyborgs – teils Mensch, teils Maschine – deren Gehirne direkt mit Quantencomputern verbunden und mit künstlicher Intelligenz im frühen 21. Jahrhundert noch unvorstellbaren Ausmaßes aufgepeppt sind.
- Und dann sind da noch die Menschen, die weder genetisch noch technologisch aufgerüstet wurden. Sie führen im Vergleich zu den Cyborgs und Supermenschen ein rechtloses Leben – so wie heute die Affen.

Klingt allzu unrealistisch? Nun, im Jahr 2100, so behauptet der Physiker und Erfolgsautor Michio Kaku[1], haben wir Menschen mittels Bio- und Neurotechnologie unsere Körper perfektioniert, die Fähigkeiten unseres Geistes potenziert und unsere Lebensspanne bedeutend verlängert – vielleicht sogar auf unbegrenzte Dauer. Mit Hilfe neuer Nanotechnologien wandeln wir Materialien

1 M. Kaku, Die Physik der Zukunft, Rowohlt (2012)

ineinander um oder lassen sie wie aus dem Nichts entstehen. Wir könnten sogar Objekte rein mit der Kraft unserer Gedanken bewegen und manipulieren. Von einer Welt, in der dies alles möglich ist, wäre es bis zum im obigen Szenario beschriebenen Untergang der menschlichen Rasse, wie wir sie heute kennen, nicht mehr weit.

Auch wenn Kakus Thesen und seine Szenarien umstritten sind, ist eines unbestreitbar: So wie die wissenschaftlichen Grundlagen für den gegenwärtigen Auto- und Flugverkehr im 18. und 19. Jahrhundert geschaffen wurden, so wird die Basis für die Wundertechnologien des 21. und 22. Jahrhunderts *heute* kreiert. Aber anders als früher sind wissenschaftliche und technologische Durchbrüche nicht mehr Sache von Jahrzehnten, sie finden heute im monatlichen Takt statt. Gewaltige gesellschaftliche, soziale und kulturelle Veränderungen stehen uns daher nicht erst in fernen Zeiten bevor.

Das Ziel dieses Buches ist es, die Leserinnen und Leser auf eine aufregende Reise mitzunehmen, die uns in die Welt der Möglichkeiten unserer eigenen Zukunft führt. Diese Exkursion ist in drei Etappen unterteilt. Im ersten Teil des Buches werden wir uns in der Welt der Wissenschaft und Technologie umschauen und dabei eine Art Safari-Gefühl genießen. Die großartigen Entwicklungen und Erfindungen der Ingenieure und Wissenschaftler werden uns wie exotische Tiere vorkommen, die wir voller Aufregung und Erstaunen vom sicheren Safaribus aus anschauen.

Im zweiten Teil des Buches werden wir entdecken, dass nicht nur wir die wilden Tiere beobachten, sondern auch sie uns. Ein Gänsehaut-Gefühl wird uns am Rücken entlangstreichen, wenn wir bemerken, dass wir in großer Gefahr sind, gefressen zu werden. Denn über den Safaribus, der uns am Anfang unserer Reise als sicheres

Gefährt erschien, haben wir die Kontrolle verloren, ohne dass wir es gemerkt haben. Während wir amüsiert den Ausblick genossen haben, haben wir völlig übersehen, dass niemand am Steuer des Safaribusses sitzt. Und wir müssen uns vorsehen, dass die schöne Landpartie nicht im nächsten Wasserloch oder am nächsten meterhohen, betonharten Termitenhügel endet.

Im dritten Teil des Buches wird es darum gehen, wie wir so weit wie möglich die Kontrolle über unsere Zukunft gewinnen können. Denn nur so wären wir in der Lage, Dystopien, in der normale Menschen zu hilf- und rechtlosen Wesen degradiert werden, zu vermeiden. Wenn wir es schaffen, das Steuer des Wagens zu besetzen und gemeinsam zu entscheiden, wohin wir fahren wollen (und wohin nicht!), dann hat die Zukunft tatsächlich wunderbare Möglichkeiten für uns bereit, in der wir Menschen weniger Krankheit, weniger Arbeit, mehr Glück und mehr Sinn erfahren.

....

Zahlreiche Personen haben diesen Text gelesen und dabei wertvolle Verbesserungsvorschläge gemacht. Zuallererst möchte ich Bettina Burchardt danken, ohne die das Buch in dieser Form nicht möglich geworden wäre. In vielen Stunden hat sie sich dem Text und seinen Inhalten gewidmet und dieses Buch in die Form gebracht, die es nun hat. Dann möchte ich meiner Partnerin Yuka Nakamura danken für die emotionale und inhaltliche Unterstützung über die vielen Wochen des Schreibens. Herzlich danken möchte auch Diedrich Steen für seine hervorragende Lektoratsarbeit sowie für sein ausgezeichnetes Projektmanagement und die Begleitung während der Entstehung dieses Buches. Danken möchte ich auch meiner Agentin, Beate Riess, für all ihre Unterstützung und Ermutigung nicht nur für dieses Buch sowie desgleichen German Neundorfer.

Trotz all dieser Hilfe haben sich sicher der ein oder andere Fehler und zahlreiche Auslassungen nicht vermeiden lassen. Ich bitte den Leser um Entschuldigung und übernehme selbstverständlich die volle Verantwortung dafür. Doch nun kann es losgehen mit der aufregenden Reise in eine Zukunft, die längst begonnen hat.

Baar, im Juni 2017

TEIL I

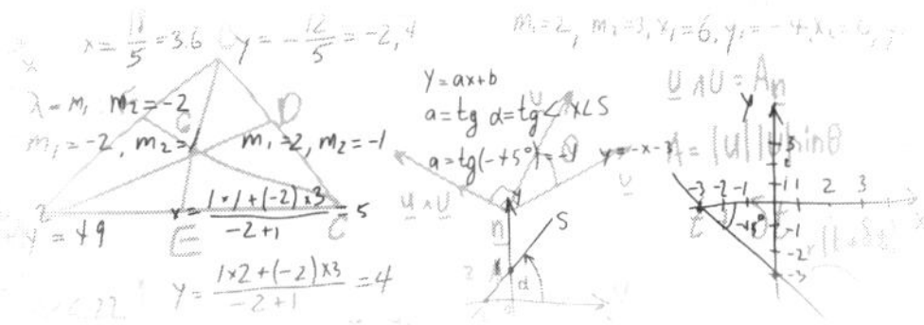

I

1 – TECHNOMANIA
WIR SIND MITTENDRIN

Angenommen, ein Zeitreisender aus der Welt vor hundert Jahren träfe in unserer heutigen Zeit ein. Er sähe überall auf asphaltierten Straßen Autos und am Himmel Düsenflugzeuge. Die Nächte erschienen ihm unglaublich hell erleuchtet. Er würde Fernseher, Computer, Mobiltelefone, MP3-Player und andere elektronische Massenkonsumgüter kennenlernen und sich über die Kunststoffe wundern, aus denen viele Gegenstände bestehen. Antibiotika und Atomenergie, Laser und Internet, Organtransplantationen, Genmanipulationen und bildgebende medizinische Verfahren – alles wäre neu für ihn. Der britische Physiker Arthur Charles Clarke sagte einmal: »Jede hinreichend fortschrittliche Technologie ist von Magie nicht zu unterscheiden.« Und wie Zauberei würde es dem Besucher aus der Vergangenheit auch vorkommen, wenn er erführe, dass der Mensch auf den Mond geflogen ist, Sonden auf vorbeiziehende Kometen schickt und entfernteste Galaxien mit Hilfe von Weltraumteleskopen untersucht.

Die Sache mit dem Zeitreisenden ist ein altbekanntes Gedankenspiel. Es lässt die vorangegangenen Generationen ein wenig lächerlich erscheinen. Je mehr wir uns vorstellen dürfen, wie sie sich über unsere Errungenschaften wundern, desto überlegener fühlen wir uns.

Was aber, wenn *wir* es sind, die in die Zukunft reisen? Wenn *uns* der Boden unter den Füßen weggezogen wird, weil das, was uns vertraut ist, längst überholt ist und von Neuem ersetzt wurde? Dann sind *wir* es, die mit offenem Mund sehen, wie sich Objekte (z.B. mit Hilfe von Nanomaschinen) wie aus dem Nichts erschaffen lassen, mit 120-Jährigen sprechen, die aussehen wie 40-Jährige, und in Wohnungen stehen, die sich wie von Zauberhand selber putzen, und in denen der Blick aus den Fenstern unterschiedliche Szenen zeigt – ganz nach unserer Stimmung einen friedlich plätschernden Bergbach oder eine Caféhausumgebung.

Wenn Zeit zusammenschnurrt

Als die Anhänger der US-Fernsehserie *Star Trek* in den 1960er-Jahren über tragbare Computer und Mobiltelefone, virtuelle Realitäten, Touchscreens, Roboter und andere Dinge staunten, wurden ihnen diese noch als wundersame Technologien des 23. Jahrhunderts vorgestellt. Weniger als ein Menschenleben später sind viele dieser ›Wunder-Technologien‹ längst Realität geworden – nur das Beamen und der Warp-Antrieb lassen noch auf sich warten.

Fakt ist, dass der Wandel der Welt viel schneller abläuft, als wir es vermuten. 1993 war das Leben nicht so viel anders als 1970 – aber was hat die Gegenwart im Jahr 2017 noch mit 1993 gemein? Es müssen keine hundert Jahre mehr vergehen, bis sich der Alltag so verändert hat, dass er kaum mehr wiederzuerkennen ist. Wenn wir heute von der Zukunft sprechen, dann ist in den Medien von den Jahren 2030 oder 2050 die Rede. Die Zeitspanne, die wir im Blick haben, wenn wir von »Zukunft« sprechen, ist von hundert Jahren auf einen Bruchteil davon geschrumpft. Wer glaubt, wir leben in einer Zeit, in der sich technologischer Wandel in der gewohnten Geschwindigkeit vollzieht, hat nicht verstanden, was zurzeit wirklich passiert.

Dramatisch sind nicht nur die Veränderungen selbst, sondern vor allem die wachsende Geschwindigkeit des Wandels.

Die wesentlichen Motoren dieses Wandels sind die Naturwissenschaften. Ihre Erkenntnisse haben seit dem 19. Jahrhundert das menschliche Leben stärker verändert als jegliche politische, wirtschaftliche, soziale und geistige Entwicklungen in den 10.000 Jahren davor. Selbst während des vor technologischem Optimismus nur so strotzenden 18. (Aufklärungs-)Jahrhunderts hätte sich niemand die Geschwindigkeit vorstellen können, mit der Wissenschaft unsere heutige Welt verwandelt. Diese formt sie stärker als alle Naturgewalten.

Denn aus dem Wunsch der Wissenschaftler, die Welt zu verstehen, ist längst auch ein Wille zur Gestaltung geworden. Immer neue Innovationen führen uns in immer neue Dimensionen der Naturbeherrschung und Lebensgestaltung, die uns nur wenige Jahre zuvor noch unvorstellbar erschienen. Enkelkinder erklären heute ihren Großeltern die Feinheiten des Smartphones und wie sie jederzeit mit WhatsApp und Facebook in Kontakt mit ihnen treten können. Wer weiß, was sie sich einmal von ihren eigenen Kindern oder gar jüngeren Geschwistern erklären lassen müssen. Die rasante, immer schneller werdende Fahrt führt uns in eine zunehmend durch völlig neue Technologien geprägte Zukunft.

Ich gehe sogar einen Schritt weiter: Der Fortschritt ist so rasend schnell geworden, dass wir die Zukunft bereits eingeholt haben. Um uns herum machen Wissenschaftler unglaublichste Technologien möglich, doch wir befinden uns wie in einer Blase, in der wir noch der alten Zeit verhaftet sind und Mühe haben, die Neuerungen überhaupt wahrzunehmen, geschweige denn zu verstehen, was sie bedeuten und wie sie unsere Gesellschaften verändern werden.

Die Zukunft liegt nicht vor uns, sondern wir befinden uns bereits mitten in ihr. Was uns von dieser Zukunft trennt, ist nicht eine Spanne Zeit, sondern allein die Tatsache, dass wir uns der Veränderungen noch nicht bewusst geworden sind.

Auf breiter Front

In früheren Jahrhunderten gab es mehr oder weniger abgegrenzte Fortschrittsbereiche, *eine* Disziplin war die jeweilige Königin der Naturwissenschaften. Grob gesagt: Nach von der Mechanik bestimmten Jahrhunderten, die von der Erfindung der Dampfkraft gekrönt wurden, kam die Zeit der Elektrizität, dann die der Chemie, dann die der Atom- und Quantenphysik. Doch dann wurde aus einzelnen Vorstößen in verschiedensten naturwissenschaftlichen Fachgebieten ein lawinenartiges Anwachsen von Wissen, das mit ganz neu erschaffenen Schlüsseltechnologien – von der Quantenphysik bis zur Algorithmik, von der Nanochemie bis zur Reproduktionsgenetik, von der künstlichen Intelligenz bis zur Robotik – alte Gewissheiten auf den Kopf stellt und Türen in unvorstellbare Möglichkeitsräume öffnet. Und viele dieser Technologien sind heute eng miteinander verzahnt und treten miteinander in Wechselwirkung.

Doch nur in Ausnahmefällen werden die Fortschritte von der Öffentlichkeit direkt oder auch nur zeitnah wahrgenommen. So weiß kaum jemand, dass bereits heute …

… die Medizintechnik Querschnittsgelähmte wieder gehen lässt.
… allein mit Hilfe unserer Gedanken Roboter gesteuert werden.
… Menschen sich mit Hilfe von Neuro- und Bewusstseinstechnologien in Maschinen verkörpern können (und dabei das Gefühl haben, sie seien selbst die Maschine).
… im Tierversuch Gehirne zusammengeschaltet werden, so dass sie wie ein einziges Gehirn agieren.
… Erinnerungen in tierische Gehirne transferiert werden.
… neue gentechnologische Methoden wie ›CRISPR/Cas9‹ bereits gezielt Augenfarbe, Körpergröße oder Intelligenz von Tieren manipulieren.
… Bakterien zu 100 Prozent künstlich hergestellt werden.
… so genannte Quantencomputer gebaut werden, welche Geheimdienste und die Arzneientwicklung ebenso revolutionieren könnten wie das Finanzwesen.
… der aus Douglas Adams' Roman *Per Anhalter durch die Galaxis* bekannte ›Babelfisch‹, der simultan fremde Sprachen in die Sprache des Trägers übersetzt, in ersten Einsätzen erfolgreich erprobt wird.
… Nanobots, Roboter so groß wie Viren, in lebenden Organismen eingesetzt werden, um dort beispielsweise Krebszellen zu bekämpfen.

... Fleisch und funktionsfähige Organe in 3D-Druckern ausgedruckt werden.

In den nächsten Jahren werden wir noch bedeutend tiefer in die Geheimnisse der Natur eindringen und immer besser erkennen, ›was die Welt im Innersten zusammenhält‹. Und noch bevor wir überhaupt verstanden haben, welchen Umwälzungen wir heute schon ausgesetzt sind, wird der wissenschaftliche und technologische Fortschritt der nächsten Jahre und Jahrzehnte alle vermeintlichen Gewissheiten noch einmal dramatisch umformen – über die Welt und das Universum, über Raum und Zeit, über Materie und Substanz, über Mensch und Natur und nicht zuletzt über uns selbst und unseren Geist.

Die Liste der Schlüsseltechnologien, die unser Leben massiv beeinflussen werden, ist länger, faszinierender und oft auch beängstigender als je zuvor.

Auf den folgenden Seiten gebe ich einen kurzen Überblick über einige dieser Schlüsseltechnologien und ihre Bedeutung und was wir für die menschliche Zivilisation aber auch für den einzelnen Menschen erwarten dürfen[2].

Schlüsseltechnologie 1:
Quantentechnologien 2.0 – Feynmans Visionen

Die einflussreichste physikalische Theorie des 20. Jahrhunderts ist ohne Zweifel die Quantentheorie. Sie erst

2 Der Zeithorizont dieser Erwartung liegt eher bei 20 als bei 50 Jahren, so dass der Autor sie noch selber erleben dürfte (es ist zu einfach, Vorhersagen zu machen, für die man selber nicht mehr zur Rechenschaft gezogen werden kann).

machte Halbleiter- und Lasertechnologien möglich, ohne die es keine Mikrochips, keine Computer, keine Handys, keine Satelliten-Navigation, keine Mikrowellengeräte, keine Nukleartechnologie, keine bildgebenden Verfahren in der Medizin usw. geben würde. Nach verschiedenen Schätzungen beruht heute zwischen einem Viertel und der Hälfte des Bruttosozialprodukts der Industrienationen direkt oder mittelbar auf Erfindungen mit quantentheoretischer Grundlage.

Trotz ihrer bisherigen Erfolge und Errungenschaften hat die Quantenphysik ihr technologisches Potential bei weitem noch nicht ausgereizt. Der renommierte Quantenphysiker Rainer Blatt sagt für das 21. Jahrhundert ein weiteres »Jahrhundert der Quantentechnologie« voraus, das sowohl die Wirtschaft als auch die Gesellschaft noch einmal fundamental verändern werde: »Wir beginnen gerade erst zu verstehen, was uns durch diese Revolution an Möglichkeiten erwächst.«[3]

Doch die Quantentheorie ist aber nicht nur die bedeutsamste physikalische Theorie der letzten 100 Jahre, sie ist auch die geheimnisvollste. Viele ihrer Aussagen stehen unserer Erfahrungswelt diametral entgegen. So kann sich gemäß der Quantentheorie ein Objekt an mehreren Stellen zugleich befinden, eine Katze kann tot sein und gleichzeitig quicklebendig (zumindest im Gedankenexperiment, wenn man quantenphysikalischen Prinzipen auf die Makrowelt anwendet), Teilchen können wie aus dem Nichts entstehen oder über beliebige Distanzen hinweg in spukhafter Wechselwirkung miteinander stehen.

Der berühmte Quantenphysiker Richard Feynman hielt in den 1950er- bzw. 1980er-Jahren zwei bis heute vielzitierte Vorträge, die als Vision und Programm mög-

3 66. Lindauer Nobelpreisträgertagung, 26. Juni – 1. Juli 2016

licher Quantentechnologien des 21. Jahrhunderts betrachtet werden können. Unter dem Titel *There's Plenty of Room at the Bottom* (»Nach unten ist eine Menge Platz«) beschrieb er 1959, wie zukünftige Technologien auf mikro- und nanoskopischer Ebene funktionieren könnten. Die Ideen seines Vortags wurden zur Grundlage der Nanotechnologie (siehe den folgenden Abschnitt dieses Kapitels).

In seiner zweiten visionären Rede im Jahr 1981 entwickelte Feynman den Gedanken eines Quantencomputers. Ein solcher Computer beruht, anders als heutige Computer, für Datenspeicherung und -verarbeitung in seinem Kern bereits direkt auf den bizarren Eigenschaften von Quantenteilchen. Anstatt wie klassische Computer Bit für Bit zu verarbeiten, rechnet ein Quantencomputer parallel auf zahlreichen Quantenzuständen, so genannten Quantenbits, zugleich. Dies ermöglicht eine im Vergleich zu gängigen Computern unvorstellbar höhere Rechengeschwindigkeit. Mehr über dieses Thema findet sich in Kapitel 6.

Mit Quantencomputern werden den Menschen schier unermessliche Möglichkeiten der Informationsverarbeitung zur Verfügung stehen.

Schlüsseltechnologie 2:
Nanotechnologie – Erschaffung von Gegenständen aus dem ›Nichts‹

Zahlreiche der Ideen Feynmans sind bereits Realität geworden, darunter mikroskopische Datenspeicher, das Elektronenmikroskop sowie mikroskopisch große Datenspeicher und integrierte Schaltkreise mit Elementen, die nur 10 bis 100 Atome groß sind. Seine bahnbrechendste Vision allerdings war die Konstruktion ultrakleiner Maschinen, die Arbeiten auf allerkleinsten Längenskalen durchführen können. Er beschrieb, wie Nanomaschinen Materie auf der Ebene von Atomen manipulieren und damit jede chemisch mögliche (d.h. energetisch stabile) Verbindung synthetisch herstellen könnten.

Solchen Nanomaschinen wird es möglich sein, sich selbst zu replizieren, sagte Feynman voraus. Diesen Gedanken nahm der Schriftsteller Andreas Eschbach in seinem Roman »Der Herr aller Dinge« (2011) auf. In seinem Zukunftszenario manipulieren Nanomaschinen einzelne Atome und Moleküle, setzen sie auf nahezu beliebige Art und Weise zusammen, vervielfältigen sich selbst und breiten sich so exponentiell schnell aus. Dank ihrer Fähigkeiten sind diese Nanomaschinen in der Lage, wie aus dem Nichts (d.h. aus den jeweiligen in Luft oder Boden allgegenwärtigen Atomen) Dinge und Wirkungen zu erzeugen. Der Protagonist des Romans lernt sie zu befehligen und jegliche Dinge zu bauen, die er gerade braucht (Autos, Flugzeuge bis hin zu einem Raumschiff). Er schafft dies zuletzt alleine durch seine Gedanken. Ihm wächst so eine unvorstellbare Macht zu.

Sind solche Nanomaschinen möglich? Kein Naturgesetz spricht gegen ihre Herstellung. Tatsächlich nähern sich Forscher immer weiter der Vision Feynmans. In einigen Fällen ist es bereits gelungen, gezielt Strukturen von der Größe einzelner Atome zu manipulieren. Die Vergabe des Nobelpreises 2016 an die Chemiker Jean-Pierre Sauvage, Fraser Stoddart und Bernard Feringa, die Maschinen in Molekülgröße entworfen und hergestellt haben, zeigt, für wie wichtig die Forschergemeinschaft die Arbeiten an Nanomaschinen hält.

In der Medizin werden Nanomaschinen eine große Zukunft vorausgesagt. Schon Feynman deutete an, dass sie in den menschlichen Körper eingeschleust werden könnten, zum Beispiel mit der Aufgabe, sich eigenständig auf die Suche nach Krebszellen zu machen. Zurzeit arbeitet eine amerikanische Institution an der Entwicklung einer Klasse von Nanopartikeln, die Krankheiten, Verletzungen und Infektionen aus dem Körperinneren erfassen und behandeln oder Schmerzsignale im Gehirn unterdrücken können. Das hört sich gut an. Doch bei dieser Institution handelt es sich um die US-amerikanische *Defense Advanced Research Projects Agency* (DARPA), eine Behörde, die vom Verteidigungsministerium der USA mit Forschungsprojekten für die Streitkräfte beauftragt wird. Ist es überkritisch zu unterstellen, dass derjenige, der Schmerz durch Nanomaschinen verschwinden lassen kann, ihn auch hervorrufen kann. Mehr hierzu in Kapitel 2.

Mit Hilfe von Nanomaschinen lassen sich aus atomarem Rohmaterial beliebige Produkte herstellen, indem diese einfach die ›richtigen Atome‹ zusammensetzen. Der Schritt zur Selbstreplikation solcher Maschinen und ihrer exponentiellen Verbreitung ist nicht weit.

Schlüsseltechnologie 3:
Gentechnologie – Designerbabys und der Sieg über den Krebs

Ende 2015 gelang Ärzten eines Londoner Krankenhauses die Heilung eines an einer aggressiven Leukämie erkrankten 14 Wochen alten Mädchens. Das Baby Layla hatte zuvor sowohl eine Chemotherapie als auch eine Knochenmarkstransplantation über sich ergehen lassen müssen. Doch keine dieser konventionellen Behandlungsmethoden hatte angeschlagen, der Krebs war zurückgekehrt und die Überlebenschancen des Kindes gingen gegen Null. Dann versuchten die Mediziner etwas ganz Neues: Sie schrieben die Gene der Immunzellen eines gesunden Spenders derart um, dass diese den Blutkrebs des Mädchens bekämpfen konnten, ohne von ihrem Immunsystem abgestoßen zu werden. Es funktionierte tatsächlich! Schon einige Wochen nach der Injektion der genetisch veränderten Immunzellen konnten die Ärzte Laylas Eltern erste Erfolge melden. Die Designerzellen hatten die Krebszellen zerstört.

Erst drei Jahre zuvor, im Jahr 2012, war eine neue mächtige Technik, die Eingriffe wie diese stark erleichtert, entdeckt worden. Sie erlaubt Gentechnologen den direkten Zugriff auf einzelne Gene und deren gezielte Manipulation (*genome editing* wird dieses Verfahren genannt). In nur wenigen Jahren hat diese Methode sich zu einem der wichtigsten Werkzeuge der Gentechniker entwickelt. Ihre abkürzende Bezeichnung wird in einigen Jahren nicht weniger bekannt sein als DNA oder Aids: Es handelt sich um ›CRISPR‹ (genauer: ›CRISPR/Cas9‹)[4].

CRISPR ermöglicht einen sehr viel präziseren und auch wesentlich schnelleren und billigeren Eingriff in das Erbgut von Lebewesen als jede vorhergehende Methode. Bei der Veränderung des Erbgutes von Pflanzen wird die Technologie längst angewendet. So konnten die Biologen mit Hilfe von CRISPR beispielsweise die Gene eines Zuchtchampignons derart verändern, dass Druckstellen

4 ›CRISPR‹ steht für ›Clustered Regularly Interspaced Short Palindromic Repeats‹ und beschreibt Abschnitte sich wiederholender DNA im Erbgut von vielen Bakterien. Die Wissenschaftlerinnen Emmanuelle Charpentier und Jennifer Doudna erkannten 2011, dass mit Hilfe des CRISPR/Cas-Komplexes spezifische DNA-Ziele in vitro angesteuert und geschnitten werden können.

nicht so schnell braun werden. Der haltbare Pilz war das erste CRISPR-Produkt, dessen Vermarktung die Zulassungsbehörden der USA erlaubten (Frühjahr 2016).

Bei Tieren und Menschen steht die Gentechnologie noch am Anfang. Dabei verspricht sie nahezu Unglaubliches, unter anderem:

- *Heilung* von Aids
- *Behandlung* von bisher als unheilbar geltenden Krankheiten, die durch Gendefekte hervorgerufen werden
- *Schutz* vor Krebs, Diabetes und anderen altersbedingten Krankheiten

Für den Einzelnen ist das ein großer Segen. Indem CRISPR das Genom ›kaputter‹ Zellen repariert, ist diese Methode in der Lage, viel Leid zu verhindern. Doch was passiert, wenn diese Technologie auf embryonale Zellen, Ei- oder Spermazellen angewendet wird? Dann ist nicht nur das Individuum manipuliert, sondern alle seine Nachkommen sind es ebenfalls.

Die CRISPR-Methode sorgt dafür, dass Designer-Babys keine Utopie bleiben. Mit ihrer Hilfe werden sich Eltern die Eigenschaften ihrer Kinder – Augenfarbe, Größe, Intelligenz, Körperstärke und vieles mehr – beliebig zusammenstellen können (was die gegenwärtige ethische Diskussion über Präimplantationsdiagnostik wie ein Vorgeplänkel aussehen lässt). Auch könnten gentechnisch optimierte Menschen schon bald ›normalen Menschen‹ kognitiv und körperlich deutlich überlegen sein. Und was passiert, wenn CRISPR in das Arsenal der biologischen Kriegsführung aufgenommen wird? Schon haben die US-Geheimdienste Geneditiermethoden mit ihren Möglichkeiten einzelne Gene auch missbräuchlich zu verändern, auf die Liste möglicher Bedrohungen durch Massenvernichtungswaffen aufgenommen[5]. Und Forschung für militärische Zwecke lässt sich, anders als zivile Wissenschaft, kaum (öffentlich) kontrollieren.

Selten zuvor sind die Fragen, die eine neue Technologie aufwirft, derart schnell in der öffentlichen Diskussion angekommen. Welche Folgen wird CRISPR für eine Gesellschaft haben? Sind wir schon bereit, die moralischen Konsequenzen von Eingriffen in das Erbgut zu überblicken, geschweige denn durch eine Gesetzgebung in den Griff zu bekommen? Kapitel 4 nähert sich den Antworten auf diese Fragen.

CRISPR ist der wichtigste medizinische Durchbruch dieses Jahrhunderts. Seine unvergleichbare Potenz lässt bereits Philosophen, Theologen und Ethiker über die Macht der neuen Methode diskutieren.

Schlüsseltechnologie 4:
Künstliche Intelligenz – Die Kontrolle über unser Leben

Das alte fernöstliche Spiel Go kennt nur wenige Regeln, ist aber in seinen strategischen Feinheiten um Größenordnungen komplexer als das Schachspiel. Ein Spieler kann ein ganzes Leben lang darauf verwenden, seine Fähigkeiten auszubauen und neue Strategien zu erfinden. Dagegen lässt sich das Schachspiel eher als ein kombinatorisches Problem betrachten. Die Spieler rechnen die möglichen Varianten von Zügen bis zur rechentech-

5 James R. Clapper, Director of National Intelligence, in einem Report an den US-Senat am 9. Februar 2016

nisch maximal möglichen Tiefe durch. Entsprechend sind Schachcomputer dem Menschen schon länger weit überlegen. Bereits 1997 schlug der IBM-Computer *Deep Blue* den damaligen Weltmeister Garri Kasparow.

Beim Go-Spiel ist das anders. Hier spielen Intuition und Kreativität eine weitaus größere Rolle für den Erfolg als stures Rechnen. Die Maschine muss genauso wie der Mensch, lernen, wie man am besten spielt. Der überraschende Sieg des Computers ›AlphaGo‹ über den Go-Weltmeister Lee Sedol im März 2016 zeigte einer breiten Öffentlichkeit, wie weit die Lernalgorithmen der Künstlichen Intelligenz (KI) bereits sind. Denn AlphaGo ist nicht nur ein schneller Rechner. Er besteht zum größten Teil aus lernenden – man ist versucht zu sagen: lebendigen – neuronalen Netzen, die Lern- und Denkprozesse des menschlichen Gehirns nachahmen.

Die der heutigen KI zugrunde liegenden Lern- und Optimierungsverfahren (das so genannte *deep learning*) ermöglichen eine maschinelle Intelligenzsteigerung in die Breite. Zukünftige Computer werden nicht mehr nur ausschließlich den bestimmten Zweck bewältigen, für den sie konstruiert wurden (beispielsweise Schachspielen oder schnell rechnen), sondern auf einem sehr viel ausgedehnteren Gebiet einsatzfähig sein. Die Forschung auf dem Gebiet der künstlichen Intelligenz feiert große Durchbrüche auf dem Weg, ihren Traum wahr werden zu lassen, die menschliche Intelligenz nachzubilden und gar darüber hinauszugelangen. Kapitel 6 wird sich damit näher beschäftigen.

Doch wie viel soll und darf ein Computer lernen? Eine solche dem Menschen überlegene künstliche Intelligenz, eine so genannte ›Superintelligenz‹, könnte wiederum die Wissenschaft noch schneller vorantreiben, den technischen Fortschritt noch massiver beschleunigen und ihrerseits weitere künstliche Systeme schaffen, die dann *noch* intelligenter sind. Solch eine Rückkopplung sorgt dafür, dass Menschen mit dem rasanten technischen Fortschritt intellektuell nicht mehr mithalten könnten (siehe auch Kapitel 3).

Im Jahre 1993 veröffentlichte der Mathematiker und Computerpionier Vernor Vinge die Prognose, dass wir »innerhalb von 30 Jahren über die technologischen Mittel verfügen werden, um übermenschliche Intelligenz zu schaffen.« Das wäre das Jahr 2023. Wir sind auf dem besten Wege, diese Voraussage zu erfüllen.

Sorge sollte uns der gleich anschließende Satz Vinges machen: »Wenig später ist die Ära der Menschen beendet.«

Einige Wissenschaftler gehen davon aus, dass wir in den nächsten Jahrzehnten oder gar nur Jahren eine Superintelligenz realisieren werden, die die Kontrolle über unser Leben und unsere Zukunft übernimmt.

Schlüsseltechnologie 5:
Industrie 4.0 – Schlaue Fabriken und das ›Internet der Dinge‹

Wir haben uns bereits an zahlreiche digitale Alltagshelfer gewöhnt, von der App, die uns in Echtzeit über Zugverspätungen informiert, über die elektronische Erfassung der Schritte, die wir gelaufen sind, bis zu Tinder, die paarungsbereite Zeitgenossen in der unmittelbaren Umgebung anzeigt. Doch wie wäre es mit …

… einem Regenschirm, der zuhause blinkt, wenn es regnen wird?

... einer App, die automatisch mit einem individuellen Klingelton anzeigt, wenn die Kinder oder der Ehepartner auf dem Nachhauseweg sind?
... einem Portemonnaie, das sich immer schwerer öffnen lässt, je geringer das Guthaben auf der Kreditkarte ist?
... Besteck, das registriert, was und wie schnell jemand isst. Wird zu schnell, zu viel oder das Falsche gegessen, piepst die Gabel?

Auch unsere Autos werden intelligenter. Der Hersteller Tesla beispielsweise sammelt von jedem verkauften Fahrzeug über eingebaute Sensoren eine ganze Menge Daten. So konnten die Ingenieure der Firma feststellen, dass Schweizer Kunden insbesondere bei Schnee Schwierigkeiten beim Anfahren am Berg haben (durch starkes Zurückrollen). Tesla entwickelte ein Software-Update, testete dieses kurz und überspielte es dann über Nacht auf alle Tesla-Fahrzeuge weltweit. Am nächsten Morgen hatten die Tesla-Fahrer einen neuen Knopf auf ihrem digitalen Armaturenbrett, der höheres Standgas gibt oder ein automatisches Anfahren ermöglicht.

Die Objekte unseres alltäglichen Lebens werden immer intelligenter.

Kühne Visionen, gepaart mit hohen Erwartungen, beflügeln die Fantasie vieler Industriebranchen: Schlagworte wie

- industrielle Revolution 4.0[6]
- intelligente Fabriken

6 Industrielle Revolution 1.0: Massenproduktion durch Maschinen ab ca. 1800
Industrielle Revolution 2.0: Akkord- und Fließbandarbeit ab Ende des 19. Jahrhunderts
Industrielle Revolution 3.0: Automatisierung durch Computer seit ca. 1970

- Verschmelzung von Industrie und Informatik
- industrie-technologische Evolution
- Internet der Dinge

prägen die Diskussion darüber, wie zukünftig Service-Industrie und Güterproduktion digital bestimmt werden. Dabei beschreiben diese Worte nicht nur eine Zukunft, sondern zugleich eine bereits stattfindende Entwicklung: Kommunikation erfolgt in Form von direkter Maschine-zu-Maschine-Verständigung, wodurch z.B. Transportprozesse in Echtzeit gesteuert werden. Fertigungstechnik, Warenproduktion und Logistik sind automatisiert, Maschinen und Werkstücke im Produktionsprozess über das Internet vernetzt und selbstlernende Software optimiert immer komplexere Abläufe.

Mit steigender Rechenkapazität, schnellerer Vernetzung und immer intelligenterer Datenverarbeitung wird sich diese Entwicklung rasant fortsetzen. Der Einfluss der industriellen Revolution 4.0 auf wirtschaftliche, soziale und gesellschaftliche Prozesse ist bereits deutlich sichtbar. Zum Beispiel kann ein Autokäufer sein Wunsch exemplar aus zigtausenden Varianten ganz nach seinem Geschmack zusammenstellen lassen. Und genauso, wie einige Berufsbilder neu entstehen, verschwinden andere völlig in der Versenkung, wie in den Kapiteln 3 und 5 ausgeführt wird.

Industrielle Revolution 4.0 bedeutet, dass sich Maschinen und Produkte untereinander vernetzen und organisieren, ohne dass Menschen oder zentrale Computer eine koordinierende Rolle übernehmen.

Schlüsseltechnologie 6:
Neuro-Enhancement – Vom Verstehen zum Verbessern unseres Geistes

Mit Hilfe von Aufputschmitteln wie Modafinil und Methylphenidat (Ritalin) versuchen bereits Millionen von Menschen, ihre kognitive Leistungsfähigkeit künstlich zu verbessern (allerdings mit umstrittenen Ergebnissen). Dahinter steht der Wunsch, fitter, intelligenter und schneller im Denken zu sein. Man muss nur eine Pille schlucken und schon verbessern sich Konzentrations- und Erinnerungsvermögen. Je nach Präparat – teils illegal erworben, teils auf Rezept besorgt – baut so mancher auch darauf, glücklicher und emotional ausgeglichener zu sein.

›Hirn-Doping‹ durch Psychostimulanzien ist bereits heute an der Tagesordnung.

In den letzten zwanzig Jahren hat sich das Wissen über Struktur und Dynamik unseres Gehirns vervielfacht. Je mehr wir seine Funktionsweise erfassen, desto zielgenauer können wir unser Fühlen, Denken und Erleben beeinflussen. Wissenschaftler arbeiten sogar an Mikrochips, die sich ins Gehirn pflanzen lassen und unsere Gemütsverfassung permanent verbessern, das Wohlempfinden anheben, unsere Intelligenz, unser Erinnerungsvermögen und unsere Konzentrationsfähigkeit steigern oder gar dauerhafte Glückseligkeit vermitteln.

In seiner Romantrilogie »Black Out«, »Hide Out« und »Time Out« (2010-2012) beschreibt der Schriftsteller Andreas Eschbach ein unheimliches Zukunftsszenario: eine Welt voller Menschen, die mit Hilfe von implantierten Chips direkt über ihre Gehirne kommunizieren können. Sie müssen also nicht mehr miteinander sprechen, sie können miteinander *denken*. Als Folge existieren sie als Teil einer einzigen mentalen Entität mit einem zentralen Hyper-Bewusstsein (der so genannten ›Kohärenz‹), die zugleich alle Gedanken der Menschen kontrolliert.

Tatsächlich beginnen die technologischen Grundlagen des Eschbach'schen Szenarios heute Realität zu werden. Hirnforscher lassen heute schon Gehirne und Maschinen miteinander interagieren. Mit Hilfe von Hirn-Computer-Schnittstellen (so genannter *brain computer interfaces*, BCIs) können zum Beispiel Inhalte aus dem Gehirn eines Menschen auf eine Maschine übertragen werden (siehe auch Kapitel 4).

Der direkte Zugriff auf die neuronalen Strukturen in unserem Gehirn macht nicht nur die direkte Veränderung unserer emotionalen und intellektuellen Eigenschaften möglich, sondern auch die Verbindung von Mensch und Maschine.

Schlüsseltechnologie 7:
Bewusstseinstechnologien – Virtuelle Welten

Sie sind gelähmt, nur Ihren Kopf können Sie noch bewegen. Eine Pflegerin in einer Schwesterntracht der 1940er-Jahre schiebt Sie im Rollstuhl durch einen finsteren Raum. Dann jagt Ihnen ein Arzt mit verrücktem Blick eine Spritze in Ihren gefühllosen linken Arm. Vor Ihnen liegt ein fleischiger, nackter Mensch, seine Hand an den Genitalien. Eine wahre Kakophonie des Terrors in einem Irrenhaus.

Sie erleben diese Fantasie sehr real als Schockerlebnis, entsprechend sind Ihre physiologischen Reaktionen (Angstschweiß, schneller Atem und Herzschlag). Das beschriebene Szenario ist aber nicht real, sondern virtuelle Realität, in diesem Fall in dem Virtual-Reality-Film ›Catatonic‹ der Firma VRSE.

Die neurowissenschaftlichen Erkenntnisse darüber, wie und in welchen Regionen in unserem zentralen Denkorgan Wahrnehmungen, Reaktionen und Gefühle verarbeitet werden, haben gezeigt, dass sich die damit verbundenen hirnphysiologischen Vorgänge manipulieren lassen, und dies teils sogar verhältnismäßig leicht, entweder durch Vorspielen einer virtuellen Realität oder sogar durch direkte Reizung der entsprechenden Stellen in unserem Gehirn.

Die Bewusstseinstechnologie kann natürlich auch den Eindruck erwecken, den Mount Everest zu besteigen, mitsamt dem »realen und emotional atemberaubenden Gefühl bei der Herausforderung, den höchsten Berg der Erde zu erklimmen«, wie der isländische Hersteller des Spiels ›Everest VR‹ wirbt. Wenn die Sinneseindrücke nicht mehr nur die Optik betreffen, sondern auch noch Wind, Kälte und Erschöpfung buchstäblich mit ins Spiel bringen, wird das Game-Erlebnis von der ›echten‹ Realität nicht mehr zu unterscheiden sein.

Bisher hingen unsere Wahrnehmung und wie wir uns selbst sehen (unser ›Selbstmodell‹, wie es Philosophen nennen) allein von unserer Verbindung mit der uns umgebenden Realität ab. Was wir und wie wir uns selbst erlebten war unmittelbar durch die Stimuli der äußeren Welt gegeben. Mit den neuen Bewusstseinstechnologien gerät der Bezug zu dieser Realität ins Schwanken. Indem unserem Gehirn neue Realitäten vorgespielt werden, lassen sich unsere Wahrnehmung und unser Selbstmodell nahezu beliebig verändern. VR-Technologien beeinflussen also zunehmend nicht nur unsere äußere Lebenswelt, sondern auch unseren subjektiven ›Innenraum‹. Kapitel 8 beschäftigt sich mit den sich daraus ergebenden Folgen.

Virtuelle Realitätstechnologie ermöglicht faszinierende Anwendungen, aber auch furchterregende Manipulationen unseres Selbstmodells.

Schlüsseltechnologie 8:
Biosensoren – Von Apotheker-Fröschen zu Nano-Robotern im Körper

Bis in die Sechzigerjahre hatte jede Apotheke ein Aquarium mit warmem Wasser, in dem südafrikanische Krallenfrösche gehalten wurden. Der Grund: Sie wurden als Indikatoren für eine Schwangerschaft beim Menschen benötigt. Der Morgenurin der Frau, bei der eine Schwangerschaft vermutet wurde, wurde einem weiblichen Frosch injiziert. Laichte dieser innerhalb von 18 Stunden, hatte der Urin ein bestimmtes Hormon enthalten – der Beweis für die Schwangerschaft der Frau.

Heute gelingt der Nachweis deutlich schneller und weniger aufwendig. Biomarker rufen in extrem kleinen Flüssigkeitsmengen durch chemische Vorgänge Farbreaktionen hervor. Jeder Schwangerschaftstest und jedes Alkoholröhrchen, in das ein Autofahrer pusten muss, ist so ein Mini-Labor. Seit September 2016 werden von der Polizei auch Teststreifen erprobt, mit denen Speichelproben gleich am Straßenrand auf Cannabis und andere Drogen untersucht werden können[7].

7 https://www.welt.de/regionales/hamburg/article158281904/Polizei-sucht-Drogen-mit-einer-Art-Schwangerschaftstest.html

Große Analysegeräte in Laboratorien sind unterdessen zu winzigen Systemen geschrumpft.

Biosensoren auf Mikro- und Nano-Ebene können auch auf elektronischem Wege mit Hilfe von Mikroprozessor-Chips funktionieren. Ein ›Lab-on-a-Chip‹ kann in wenigen Minuten eine Diagnose für zahlreiche Krankheitssymptome ermitteln.

Schon werden Nano-Partikel dazu verwendet, Medikation gezielt in krankes Gewebe zu transportieren, so dass Krankheitserreger oder mutierte Zellen direkt mit Wirkstoffen attackiert werden können. Man spricht in diesem Zusammenhang von ›medizinischen Wunderkugeln‹.

Die Zukunftsversprechen der Medizin sind allerdings noch aufregender. Sie reichen von ultrakleinen Nano-Robotern (so genannte ›Nanobots‹), die sich permanent durch unseren Körper bewegen und nach Krankheitserregern suchen, automatischen, allmorgendlichen Nano-Checks beim Zähneputzen durch Biomarker, die schwere Krankheiten bereits in ihrem Frühstadium anzeigen, bis dahin, dass defekte Körperteile durch Implantate aus entsprechenden Nano-Teilchen ausgetauscht werden (siehe Kapitel 2).

Molekulare Maschinen ersetzen die Chirurgie. Sie bewegen sich durch den Blutstrom zu erkrankten Organen und setzen dort Medikamente frei oder führen mikroskopische operative Eingriffe durch.

Schlüsseltechnologie 9:
Stammzellen – Die Alleskönner in unserem Körper

Am 25. Juli 1978 kam Louise Brown zur Welt, der erste Mensch, der nicht durch einen Geschlechtsakt der Eltern gezeugt wurde. Trotz des Horrors, den viele Menschen damals empfanden, haben bis heute weltweit ca. sechs Millionen gesunde Kinder durch IVF (In-vitro-Fertilisation) das Licht der Welt erblickt.

Im September 2016 wurde das erste Kind mit drei Eltern geboren: Der kleine Junge aus Jordanien hat einen genetischen Vater, eine genetische Mutter (die die schwere Erbkrankheit des Leigh-Syndroms an ihre Kinder vererbt) und stammt ein wenig auch von einer weiteren Frau ab. Denn für seine Zeugung wurde der Zellkern, nicht aber die Mitochondrien, aus einer Eizelle der Mutter entnommen und der Spenderzelle der anderen Frau eingesetzt, aus der zuvor ebenfalls der Zellkern entfernt worden war. Anschließend befruchteten die Mediziner die kombinierte Eizelle mit Spermien des Ehemanns. Die Mediziner hatten also die Erbinformation des Elternpaares mit dem Ei-Plasma und den darin enthaltenen Mitochondrien einer Spenderin kombiniert.

Und die nächste Revolution in der Fortpflanzungsmedizin steht schon an. Es ist denkbar, dass in Zukunft aus elterlichen Zellen Hunderte von Embryonen in der Petrischale gezeugt werden können. Nachdem DNA-Analysen detailliert die Veranlagungen jedes einzelnen Embryos bestimmt haben, können sich die Eltern für ihr Wunschkind entscheiden. Vielleicht lässt sich sogar aus der Hautzelle eines Mannes eine Eizelle herstellen, so dass homosexuelle Paare Kinder mit ihren eigenen Genen haben können. Oder ein Mensch ist gar biologischer Vater und biologische Mutter zugleich.

Möglich wird all dies durch die Verwendung von Stammzellen. Dies sind Zellen, die sich noch nicht in spezielle Zelltypen wie zum Beispiel Muskel-, Haut- oder Fettzellen ausdifferenziert haben. Lange galt es als sicher, dass sich einmal festgelegte Zellen nicht wieder in Stammzellen zurückentwickeln können. Doch 2006 zeigte der spätere Nobelpreisträger Shinya Yamanaka, dass sich Stammzellen aus dem Körpergewebe eines Menschen künstlich erstellen lassen (so genannte ›induzierte pluripotente Stammzellen‹).

Als zelluläre Alleskönner sind Stammzellen besonders geeignet für genetisches Engineering. Sie sind in der Lage, geschädigte Zellen zu erneuern und unterstützen so zum Beispiel massiv die Regeneration von Knorpel und Knochen. Zur Behandlung von Leukämien und anderen Krebsarten werden Stammzellen schon seit Jahrzehnten erfolgreich eingesetzt. 2011 gelang es sogar, menschliches Herzgewebe aus Stammzellen wachsen zu lassen. Im selben Jahr wurden in den USA bei Patienten, die an einer Netzhauterkrankung leiden, mit Stammzellentherapien signifikante Sehverbesserungen erzielt. Selbst die Heilung schwerer Krankheiten wie Parkinson, Diabetes oder Querschnittslähmung rückt mit Stammzellen in greifbare Nähe. Darauf wird in Kapitel 2 näher eingegangen.

Stammzellen sind der große Hoffnungsträger der Medizin. Indem sie krankes und altes Gewebe ersetzen, könnten sie schon bald die Behandlung heute noch unheilbarer Krankheiten ermöglichen.

Schlüsseltechnologie 10:
Lebensverlängerung und ewiges Leben – Wie wir dem Tod ein Schnippchen schlagen

Höher als 64 Jahre und 9 Monate kann die Lebenserwartung des Menschen niemals werden – dies hatte der US-amerikanische Demograf und Statistiker der Versicherungsgesellschaft *Metropolitan Life,* Louis Dublin, Ende der 1920er-Jahre berechnet. Doch entgegen Dublins Vorhersage ist die durchschnittliche Lebensdauer in den meisten hoch entwickelten Ländern auf mehr als 80 Jahre angestiegen. Und mit 2,5 Jahren pro Jahrzehnt steigt sie munter weiter[8]. Ihre Verdopplung in den letzten 150 Jahren ist nahezu ausschließlich auf Fortschritte unseres medizinisch-naturwissenschaftlichen Wissens zurückzuführen, worunter auch bessere Hygienestandards, angemessenere Ernährung und umfassendere medizinische Notversorgung zu zählen sind.

Doch warum werden wir überhaupt älter – und sterben irgendwann? Eine genaue Antwort auf diese Frage kann die Wissenschaft noch immer nicht geben. Keine der verschiedenen Theorien des Alterns ist allgemein anerkannt. Vereinfacht ließe sich sagen, dass mit der Zeit unsere Zellen und Organe einfach ihre Funktionsfähigkeit verlieren.

Die meisten Genforscher gehen heute davon aus, dass sich dieser Prozess aufhalten oder gar umkehren lässt. So könnte zum Beispiel durch genetische Manipulationen ein menschlicher Ur-Traum in Erfüllung gehen: der Jungbrunnen ewigen Lebens.

Tierische Zellen, zum Beispiel die des Fadenwurms *Caenorhabditis elegans* (ein beliebter Modellorganismus in

8 Der nachgewiesen älteste Mensch war die Französin Jeanne Calmet mit 122 Jahren und 164 Tagen. Sie starb im Jahr 1997.

der Biologie und Genetik), lassen sich heute schon durch das gezielte Editieren, d.h. das Verändern, Umschreiben oder Löschen einzelner Nukleotide im DNA-Strang, komplett umprogrammieren. So lebte der manipulierte Wurm, nachdem ein bestimmtes Gen, das ein Enzym namens ›SGK-1‹ bildet, ausgeschaltet wurde, 60 Prozent länger als seine unbehandelten Artgenossen. Warum sollte das mit menschlichen Zellen nicht möglich sein?

Ein anderer Ansatz, um zur Unsterblichkeit zu gelangen, ist es, mit Hilfe von Stammzellen ganze Organe außerhalb des Körpers zu züchten. Sobald bestehende Organe ihre Funktionsfähigkeit verlieren, könnten die Ersatzorgane in den jeweiligen Körper implantiert werden. Mit der Frage, welche Auswirkungen eine deutlich verlängerte Lebenserwartung von Menschen hätte, beschäftigt sich ebenfalls Kapitel 2.

Wenn wir die Gene, die das Altern der Zellen steuern, gezielt programmieren und im Labor Ersatzorgane züchten, so erscheint der Traum von einer Lebensverlängerung oder gar Unsterblichkeit des Menschen gar nicht mehr so utopisch.

Schlüsseltechnologie 11:
Lebensmitteltechnologie – Wie ernähren wir 10 Milliarden Menschen?

Wie wir gesehen haben, ist das 20. Jahrhundert reich an bedeutenden technologischen Errungenschaften und prägenden Technologien. Müsste man allerdings die für die Menschheit bedeutendste technische Erfindung des letzten Jahrhunderts benennen, so fiele die Wahl wohl auf das Haber-Bosch-Verfahren von 1908, das die groß-industrielle Herstellung von Ammoniak aus Wasserstoff und atmosphärischem Stickstoff ermöglichte.

Bereits im späten 19. Jahrhundert war bekannt, dass Stickstoffzufuhr eine Grundlage für das Wachstum von Pflanzen ist. Der große Bedarf an Stickstoffdünger für Nutzpflanzen bei steigender Weltbevölkerung war schon bald nicht mehr durch natürliche Vorkommen gedeckt. So wurde die Ammoniaksynthese Fitz Habers und Carl Boschs auch unter dem Schlagwort »Brot aus Luft« bekannt. Denn Ammoniak lässt sich in Salpetersäure und Ammoniumnitrat umwandeln, das Grundlage zur Herstellung von Kunstdünger ist. Nach dem Ersten Weltkrieg entstanden schnell zahlreiche Haber-Bosch-Anlagen in aller Welt.

Ohne das Haber-Bosch-Verfahren wäre es unmöglich, auch nur die Hälfte der heutigen Weltbevölkerung zu ernähren.

Um 1900 bestand die Weltbevölkerung lediglich aus 1,65 Milliarden Menschen. In den folgenden Jahrzehnten war es mit Hilfe des Haber-Bosch-Verfahrens trotz steigender Weltbevölkerung prinzipiell möglich, alle Menschen auf der Welt zu ernähren. Hungersnöte hatten ihren Grund in lokalen Kriegen, Naturkatastrophen und Verteilungsproblemen.

Heute liegt die Zahl der Menschen auf der Erde nahezu fünf Mal so hoch wie zu Zeiten der letzten Jahrhundertwende. Selbst Kunstdünger und moderne Agrartechnologie können die Aufgabe, diese immer weiter wachsende Anzahl zu nähren, nicht bewältigen. Wieder stellt sich die Frage: Wie kann die wachsende Weltbevölkerung mit Nahrung versorgt werden?

Die Anbauflächen lassen sich weltweit nur noch zum Preis von massiven Umweltschäden vergrößern; auch wird Wasser zunehmend knapper. Dazu kommt, dass immer mehr Menschen Fleisch essen wollen, was die Situation noch einmal verschärft, weil zur Fleischproduktion große Anbauflächen nicht mit Nahrung für den Menschen, sondern mit Futtermitteln bestellt werden.

Neben dem (umstrittenen) Einsatz von Gentechnik, die die Erträge von Reis, Mais und Co. erhöht, müssen zwangsläufig mehr Nahrungsmittel industriell produziert werden. Mit anderen Worten: Schokolade aus dem Drucker und Kunstfleisch werden wohl zur Normalität. Für die zukünftige Nahrungsmittelindustrie zeichnen sich die folgenden Trends ab (mehr hierzu in Kapitel 7):

- Essen aus dem Drucker: Es existieren erste Maschinen, die ähnlich wie industrielle Rapid-Prototyping-Maschinen (3D-Drucker) arbeiten. Die Zutaten werden schichtweise aufgetragen. Die Produkte können sogar gekocht werden.
- Pflanzlicher Ersatz für tierisches Eiweiß: Es gibt bereits rein pflanzlich hergestellten Ei-Ersatz, der für Mayonnaisen und andere eierbasierte Speisen verwendet wird.
- Fleisch aus dem Labor: Wissenschaftler der Universität Maastricht stellten 2013 erstmals eine künstliche Frikadelle her. Dafür entnahmen sie Muskelstammzellen von Rindern, vermehrten diese im Labor und ließen aus ihnen mehrere Zentimeter lange Muskelstränge wachsen. Rund 20.000 dieser Stränge waren für eine 140-Gramm-Frikadelle nötig. »Fast wie Fleisch,

nicht ganz so saftig, aber die Konsistenz ist perfekt«, meinten Testesser dazu[9].

- Vieles, was heute im Kühlschrank liegt, wird weggeschmissen – eine ungeheure Verschwendung. Technologische Steuerung unserer Essgewohnheiten wird das verändern: Apps steuern und optimieren unsere Essgewohnheiten, und dies auch unter Berücksichtigung der Haltbarkeit der Esswaren.
- Vermehrter Einsatz ›grüner Gentechnologie‹: Neuere gentechnische Anwendungen dienen u.a. der Erzeugung von Pflanzen mit höherem Nährstoffgehalt. Das bekannteste Beispiel ist der ›Goldene Reis‹: eine gentechnisch entwickelte Reissorte mit zusätzlichem Beta-Carotin. Mit CRISPR steht den Gentechnologen seit kurzem ein neues, mächtiges Tool für die Pflanzenzüchtung zur Verfügung.

Um die Ernährung der wachsenden Weltbevölkerung sicherzustellen, werden wir unser Essen selbst ausdrucken, künstliches Fleisch essen, zahlreiche tierische Proteine durch pflanzliche Stoffe ersetzen, gentechnisch nährstoffreichere Pflanzen herstellen und unsere Einkaufs- und Essgewohnheiten per App steuern.

9 Der Philosoph Richard David Precht zeichnet das Bild einer Gesellschaft ohne Nutztierhaltung, aber mit Fleisch; dieses gleichwohl aus dem Labor und nicht von der Weide. Siehe: R.D. Precht, *Tiere Denken*, Goldmann (2016)

Schlüsseltechnologie 12:
Energietechnologie – 50 Jahre Geduld

Ein Heilsversprechen der Physiker für unsere zukünftige Energieversorgung ist die Kernfusion. Anders als bei herkömmlichen Kernkraftwerken, bei der schwere Atomkerne gespalten werden (und entsprechender radioaktiver Abfall übrigbleibt), fusionieren hier zwei leichte Atomkerne (was weit weniger radioaktiven Abfall mit sich bringt). Kernfusion ist die bedeutendste Form der Energieerzeugung in unserem Universum[10]. Auch unsere Sonne nutzt sie, um ihre schier unendliche Energieleistung zu erzeugen.

Tatsächlich versprechen Plasmaphysiker seit sechs Jahrzehnten, dass »schon in 50 Jahren« mittels der gleichen Prozesse wie im Inneren der Sonne nahezu beliebig viel billige, saubere und umweltschonende Energie auf der Erde zur Verfügung stehen wird. Jahrzehnt um Jahrzehnt vergeht, aber seit Mitte des letzten Jahrhunderts bis heute bleibt der Zeitraum, in dem unsere Geduld gefragt ist, konstant bei 50 Jahren.

Doch die Physiker hoffen weiter. So soll der von einem internationalen Konsortium gebaute Versuchsreaktor ›Iter‹ im französischen Cadarache ab 2030 mit ersten Ergebnissen aufwarten. Mit einem nennenswerten Netto-Strom-Output wird allerdings frühestens 2040 gerechnet.

Bei den Versprechungen der herkömmlichen (kernspaltenden) Atomindustrie zu zukünftigen super-sicheren und super-sauberen Kernkrafttechnologien sticht

10 Physikalisch strenggenommen müsste man von ›Energieumwandlung‹ sprechen. Denn Energie unterliegt einem Erhaltungssatz, nach dem neue Energie nicht einfach so entstehen kann. Physikalisch findet bei der Kernfusion (wie auch bei der Kernspaltung) eine Umwandlung von Masse in Energie statt, nach der Einstein'schen Formel $E=mc^2$.

ein Konzept besonders hervor: das des ›Liquid-Fluoride-Thorium-Flüssigsalzreaktors‹ (LFTR). Es handelt sich dabei um einen Kernreaktor, bei dem der Kernbrennstoff in geschmolzenem Salz (Fluoride) gelöst ist und dieses zugleich als Wärmeübertragungsmittel dient. Ein solcher Reaktor könnte auch als Brutreaktor funktionieren: Einmal mit einer geringen Menge Spaltmaterial wie Uran-235 oder Plutonium-239 in Gang gesetzt, könnte er dann ausschließlich mit nicht spaltbaren Atomkernen, beispielsweise Thorium-232, gespeist werden. LFTR bringen in der Theorie einige Vorteile mit sich, beispielsweise besteht keine Möglichkeit der Kernschmelze, da der Brennstoff bereits flüssig ist und selbst im Störfall (z.B. Ausfall der Kühlung) keine Druckerhöhung stattfindet. Auch ist der thermodynamische Wirkungsgrad von LFTR höher. Wir werden im dritten Kapitel allerdings sehen, dass es in der Praxis auch einige Probleme mit dem LFTR-Konzept gibt, die die Kritik von Atomkraftgegnern auf sich ziehen.

Und all die anderen sauberen Möglichkeiten einer langfristig sicheren Energieversorgung? Die Techniken, aus Sonne, Wasser, Wind, Biomasse und Erdwärme Energie zu gewinnen, haben allesamt enorme Fortschritte bei Wirkungsgrad und Effizienz gemacht – und versprechen weitere. So arbeiten Tausende von Wissenschaftlern und Ingenieuren daran, den Wirkungsgrad von Solarzellen zu erhöhen. Ein weiterer Fokus liegt auf der Solarthermie, die in den geplanten Solarkraftwerken wie beispielsweise des DESERTEC-Projektes in Wüstenregionen zum Einsatz kommen soll[11]. Aber auch noch futuristischere Ideen existieren bereits: So denken Ingenieure beispielsweise darüber nach, Solarenergie per Satellit einzufangen und auf die Erde zu leiten.

11 Allerdings wurde 2014 eine starke Verkleinerung von DESERTEC bekannt gegeben, womit die Planungsgesellschaft in bisheriger Form aufgelöst wurde.

Strom aus der afrikanischen Wüstensonne oder direkt aus dem Weltall oder vielleicht doch noch der direkte Nachbau der Prozesse im Zentrum der Sonne? Gelten die »50 Jahre« auch für die überlebensnotwendige Anforderung, endlich den Klimawandel aufzuhalten? Damit beschäftigen wir uns in Kapitel 3.

Technologische Innovationen in der Energieproduktion müssen eines der brennendsten Probleme der heutigen Zeit lösen: den Zugang zu sauberer und klimaneutraler Energie zu schaffen.

Schlüsseltechnologie 13:
Big Data – Lebensprofile

Tag für Tag, Stunde für Stunde kommen massenhaft Daten in die Welt. Sie stammen von Sensoren in Maschinen, von öffentlichen Videoaufnahmen, aus Mobilfunk- und Internetverkehr, von Informationen aus Barcodes und Funketiketten, von menschlichen Eingaben in sozialen Netzwerken sowie aus vielen weiteren Medien. Allein im Jahr 2015 produzierten Menschen und Maschinen so viele – verfügbare und zugängliche – Daten wie in der gesamten Menschheitsgeschichte zuvor.

Die Daten, die wir überall hinterlassen (und die wir preiszugeben immer mehr angehalten werden), werden gesammelt, mit immer mächtigeren Algorithmen verarbeitet und für immer mehr Zwecke verwendet. So führten Datenexperten bereits vor, wie ein Computerprogramm anhand öffentlich verfügbarer Daten wie Twitter- oder Facebook-Meldungen schließen kann, mit welcher Wahrscheinlichkeit eine bestimmte Person in Zukunft an einer bestimmten Krankheit leiden wird.

Die Datenspuren, die wir erzeugen, machen es möglich, dass Entscheidungen über uns getroffen werden, bei denen wir nicht mitreden können.

Die eine Person erhält keine Krankenversicherung mehr, weil sie zu wenig Sport treibt, eine andere bekommt keinen Kredit, weil sie zu viel Geld für Videospiele ausgibt. Schlimmstenfalls bestrafen Staaten ihre Bürger, wenn diese auf »den falschen Websites« waren oder auf Facebook »die falschen Freunde« haben (was in China bereits passiert).

Soziale Medien beeinflussen bereits demokratische Wahlen und Twitter-Roboter (so genannte ›Social Bots‹) manipulieren direkt die öffentliche Meinung. Google engt die Meinungsbildung ein, indem Internetsuchfilter dafür sorgen, dass die Nutzer nur in ihrer eigenen Informations- und Gedankenwelt-Blase unterwegs sind (siehe Kapitel 3 und Kapitel 5).

Mit entsprechender Software für Gesichts- und Bilderkennung und einem dichten Netz von Kameras (wie beispielsweise in London) ist auch die Erstellung von Bewegungsprofilen einzelner Menschen in Echtzeit kein Problem mehr. Dass wir auf diese Weise ›sichtbar‹ werden, kann sogar tödlich sein: Die amerikanische Behörde NSA hat in Pakistan viele Millionen Menschen aufgrund gesammelter Daten danach beurteilt, wie wahrscheinlich es ist, dass sie einen Terroranschlag planen. Allein auf Basis dieser Daten wurden in den letzten Jahren gemäß Schätzungen einige Tausend Menschen als Terroristen eingeschätzt und möglicherweise getötet.

Die Daten, die wir überall hinterlassen, erfassen uns immer umfänglicher. Mit ihnen lassen sich unsere Verhaltensweisen und Meinungen vorhersagen – und zukünftig vielleicht sogar steuern.

Schlüsseltechnologie 14:
Synthetisches Leben – Wenn der Mensch Gott spielt

Neben Genoptimierung, Lebensverlängerung, Nutzpflanzenzüchtung und Stammzellentherapie eröffnet die Gentechnologie noch eine weitere aufregende Möglichkeit des Eingriffs des Menschen in die Schöpfung: die Erschaffung komplett künstlichen, auf bestimmte Zwecke maßgeschneiderten Lebens. *Life from scratch* (Leben aus dem Nichts) nennen die Genforscher dieses neue Forschungsfeld der Biologie.

Einen ersten Durchbruch gab der Genpionier Craig Venter im Frühjahr 2010 bekannt: Es war seinem Team gelungen, ein künstliches Genom im Labor zu bauen. Dieses hatten sie in ein zuvor von der natürlichen DNA befreites Bakterium namens *Mycoplasma capricolum* implantiert. Ihr künstliches Bakterium war ein sich reproduzierendes Lebewesen mit einer neuen, komplett künstlich hergestellten DNA. Die Pläne der Bioforscher-Zunft gehen weiter: So soll schon bald das komplette Genom der um ein Vielfaches komplexeren Hefe synthetisiert werden, um sie dann in entsprechende Zellen einzubauen[12].

12 Dies ist das Ziel des Teams von Jef Boeke von der NYU School of Medicine. Nachdem die Forscher bereits 2014 ein einzelnes Chromosom der Hefe synthetisiert hatten, war es ihnen bis März 2017 gelungen, weitere fünf der 16 Chromosomen künstlich im Labor herzustellen. Bis 2018 oder 2019 soll das gesamte Hefe-Genom nachgebaut sein.

Craig Venter spricht bereits von einer neuen Ära in der Biologie, in der synthetische Lebensformen für bestimmte, zum Beispiel industrielle Zwecke hergestellt werden. So könnten künstlich hergestellte Bakterien Ölteppiche auf den Weltmeeren abbauen und Plastik zersetzen und CO_2-›fressende‹ Mikroben aus dem Labor sogar den Klimawandel stoppen.

Die neue Disziplin der synthetischen Biologie schafft Lebensformen, die es auf unserem Planeten nie zuvor gab.

Zauberlehrlinge am Werk

Goethe schrieb 1797 die Ballade vom Zauberlehrling, der einen Besen Wasser schleppen lässt. Zuerst freut er sich, dass er einen Knecht geschaffen hat, der ihm eine unliebsame Arbeit abnimmt. Bald aber ist das ganze Haus unter Wasser gesetzt, denn der Zauberlehrling kann das, was er begonnen hat, nicht mehr stoppen.

Wir haben es nicht nur mit *einem* technologischen Zauberlehrling zu tun, sondern gleich mit einer ganzen Reihe von ihnen. Wissenschaft und Technologie weisen eine derart rasante und komplexe Dynamik auf, dass ihre Auswirkungen sich zunehmend nicht nur dem geistigen, sondern auch dem ethischen Radar der meisten Menschen und auch dem der politischen Entscheidungsträger entziehen.

Sind wir bereit, die Konflikte auszutragen, die eine genetische oder neurobiologische Neukonstruktion des Menschen, wie sie von prominenten Bio- und Hirnforschern bereits erwartet wird, mit sich bringt? Was bedeuten die zukünftigen Möglichkeiten künstlicher Intelligenz oder die Möglichkeiten einer vollständigen elektronischen Datenüberwachung für unser Selbst- und Gesellschaftsbild? Sollen wir selbstreplizierende Nanobots bauen? Was würde es bedeuten, wenn Quantencomputer viele denkbare Probleme um ein Vielfaches schneller lösen könnten als die heutigen Computer? Lässt sich demnächst unser Geist neurologisch manipulieren? Welche Auswirkungen auf unser ›Selbst‹ hat ein Leben in zunehmender Virtualisierung? Und was würde es bedeuten, wenn wir alle nur erdenklichen Krankheiten heilen könnten und die Menschen mehrere hundert Jahre alt würden?

Auf keine dieser Fragen haben wir eine befriedigende Antwort. Ja mehr noch, viele Menschen wissen gar nicht um diese Fragen! Dazu kommt, dass sie bei aller Geschwindigkeit des technologischen Fortschritts einen zeitlichen Horizont von ggfs. einigen Legislaturperioden betreffen, weshalb sie nur schwer in den konventionellen Willensbildungsprozessen unserer heutigen Demokratien zu verankern sind (was ja auch die Fragen um den globalen Klimawandel politisch derart schwer erfassbar macht).

Wir schwanken zwischen der angstbesetzten totalen Verdammung wissenschaftlichen Fortschritts und einer blauäugigen Technikgläubigkeit, die ebenso ignorant wie bequem ist. Es scheint in der Beurteilung der wissenschaftlich-technologischen Entwicklungen nur Schwarz und Weiß zu geben, differenzierte Stimmen sind kaum zu hören.

Nur die Allerwenigsten sind in der Lage, die Komplexitäten der heutigen wissenschaftlichen Fachdisziplinen zu durchdringen und die Situation fundiert zu beurteilen

Wir müssen sicherstellen, dass sich die Problemstellungen der Wissenschaften und ihr technologisches Potential auch der breiten Öffentlichkeit erschließen, so dass sie als Teil des demokratischen Dialogs einer offenen Gesellschaft diskutiert werden können. Hier herrscht großer Nachholbedarf: Nur allzu oft finden wichtige wissenschaftliche Entdeckungen und technologische Entwicklungen unterhalb des Radars der öffentlichen Aufmerksamkeit statt.

Daran sind die Wissenschaftler selbst nicht ganz unschuldig. So trafen sich im Mai 2016 an der Harvard-Universität führende Genetiker mit Anwälten und Unternehmern, um die Möglichkeiten des Synthetisierens des menschlichen Genoms innerhalb der kommenden zehn Jahre zu besprechen. Ein so kritisches Thema, das Auswirkungen weit jenseits des Schaffensbereiches der beteiligten Biologen besitzt, gehört nicht in den Rahmen eines Geheimtreffens, sondern in die Öffentlichkeit!

Auch die Medien machen in diesem Zusammenhang keine gute Figur. Es ist schon erstaunlich, wie wenig von den Wissenschaften die Rede ist, wenn Journalisten und andere Meinungsmacher Weltzusammenhänge und wichtige gesellschaftliche Entwicklungen aufzeigen. Ist das in allen Einzelheiten ausgebreitete alljährliche Stelldichein einer selbsternannten Weltelite in Davos wirklich so viel wichtiger als aktuelle naturwissenschaftlich-technologische Entwicklungen? Letztere werden unseren zukünftigen Alltag in viel größerem Maße bestimmen als sich dies die Manager von heute vorstellen können!

Nur wer informiert ist, kann sich eine differenzierte Meinung bilden und zu einer sinnvollen Gesetzgebung beitragen, die einerseits die Wohltaten der Wissenschaft der Allgemeinheit zugänglich macht und andererseits die Gesellschaft vor unerwünschten Auswüchsen des Forscherdrangs schützt.

Jetzt kommt es darauf an

Ich bin davon überzeugt, dass Wissenschaft sogar einen noch bedeutenderen Stellenwert als Politik hat: Im Spannungsfeld zwischen dem wissenschaftlich-technologischen Fortschritt und der gesellschaftlichen Entwicklungsdynamik gibt es einen Punkt, an dem sich die Bedingungen des menschlichen Daseins grundlegend verändern.

Bislang hat der Mensch die Natur tiefgreifenden Veränderungen unterzogen – nun ist es der Mensch selbst, der massiven Änderungen ausgesetzt ist. Wir müssen uns nicht nur auf eine weitere neue *industrielle* Revolution einstellen, sondern auf eine erste *Revolutionem humanam*, eine ›Umdrehung‹ dessen, was uns Menschen im Innersten ausmacht. Neuro-, Bio- und Gentechnologien, aber auch Nano- und Quantentechnologien, Digitalisierung und andere »-sierungen« haben bereits begonnen, nicht nur die Spielregeln unseres Lebens auf diesem Planeten auf den Kopf zu stellen, sondern auch unseres Menschseins an sich umzudefinieren. Wir sind somit mittendrin! Wir sind Zeugen der Anfänge eines epochemachenden Umbruchs!

2 – WUNDERWELTEN
DER SIEG DER MENSCHLICHEN KREATIVITÄT

Welches Buch fände wohl mehr Leser: »Mit dem Tao zu Lebensfreude und Weisheit« oder »Die Errungenschaften der Physik«?

Wer nach tieferem Wissen und Einsicht in das Geheimnisvolle der Welt sucht, stöbert eher in Büchern über Spiritualität, als sich eine wissenschaftliche Abhandlung über Physik zu Gemüte zu führen. Ob westliche Philosophen oder buddhistische Lamas, Kabbalisten oder Ayahuasca-Schamanen – sie widmen ihr Leben der Spiritualität mit dem Ziel

- Leiden zu vermindern und Hoffnung aufzuzeigen,
- Freude zu finden,
- die Natur der Welt und unseres Geistes zu erfassen und so ein kohärentes Welt- und Menschenbild zu erschaffen.

Doch kaum jemand denkt darüber nach, dass die Naturwissenschaft seit ihren Ursprüngen dieselben Ziele hat und uns ebenso wichtige Antworten auf unser spirituelles Bedürfnis anzubieten vermag.

Merkwürdig, dass in der allgemeinen Wahrnehmung derjenige, der in den Naturwissenschaften tieferen Lebenssinn und Erkenntnis über die Welt und sich selbst sucht, so wie es viele Forscher tun, gerne als »schnöder Materialist« bezeichnet wird. Er sieht sich dem Vorwurf ausgesetzt, dass er die Sphäre höchster geistiger Erkenntnisse der ›Kälte‹ wissenschaftlicher Rationalität aussetzen will. Man traut den Naturwissenschaften nicht zu, substantiell zu grundlegenden Fragen der menschlichen Existenz beitragen zu können.

Die Naturwissenschaften haben in der öffentlichen Wahrnehmung einen eher schweren Stand. Merkwürdigerweise werden sie häufig nicht als Geistestradition anerkannt.

Es gibt in der Auseinandersetzung mit den Fragen des Lebens und bei den Bemühungen, dieses Leben sinnvoll und lebenswert zu gestalten, keine Unterscheidung zwischen »guter Spiritualität«, die sich in Religion und Philosophie findet, und »schlechter Spiritualität«, die man der Wissenschaft zuschreiben möchte. Denn die Naturwissenschaften verbessern nicht nur unsere Lebens*bedingungen*. Ihnen kommt auch eine führende Rolle zu, wenn es darum geht, das Leben zu deuten und auf die großen Lebensfragen Antworten zu finden:

- Wie entstand die Welt und was hält sie zusammen?
- Woraus besteht alles?
- Woher kommt das Leben?
- Was ist der Mensch?
- Wie lässt sich unser Geist verstehen?
- Was bedeutet unser Tod?

An der Beantwortung dieser grundlegenden spirituellen Fragen sind nicht zuletzt die heutige Physik (Quantenphysik, Relativitätstheorie, Kosmologie), Biologie (Eigenschaften lebender Systeme, Genetik, Evolutionstheorie), Neuro- und Hirnforschung sowie ihre interdisziplinären Grenzgebiete (nicht-lineare Phänomene, Emergenz, Kybernetik, Selbstorganisation, etc.) beteiligt.

All diese Fachgebiete haben uns schon spektakuläre

Blicke auf mögliche Antworten auf diese Fragen geboten – und wurden zugleich immer wieder von den spirituellen Dimensionen ihres Schaffens eingeholt. Denn je weiter unsere wissenschaftlichen Erkenntnisse in die Tiefen der existenziellen Menschheitsfragen vordringen, desto mehr nähern wir uns auch traditionellen (religiösen) spirituellen Dimensionen an.

Einstein führte diese Erkenntnis zu seiner bekannten Aussage:

> *»Wissenschaft ohne Religion ist lahm, Religion ohne Wissenschaft ist blind.«*[13]

Und Max Planck hatte wohl Ähnliches im Sinn, als er beim Vergleich von Religion und Naturwissenschaft formulierte:

> *»Gott steht für die einen am Anfang, für die anderen am Ende alles Denkens.«*[14]

In diesem Kapitel möchte ich am Beispiel der Medizin und verwandter Wissenschaften zeigen, wie sich unser naturwissenschaftlicher Wissensdrang zum Wohle der Menschheit auswirkt. Zunächst in einem ganz direkten Sinne: Sie vermindern Leiden, heilen Krankheiten – auch jene, von denen wir lange Zeit dachten, dass sie nicht heilbar seien – und verlängern sogar unser Leben. Ich will aber auch die Augen dafür öffnen, dass die positiven Auswirkungen sich nicht nur auf unseren Körper beschränken, sondern auch unsere Spiritualität betreffen.

13 A. Einstein, *Naturwissenschaft und Religion* (1941), in: ders., Aus meinen späten Jahren, Stuttgart 1979, S. 43

14 M. Planck, *Religion und Naturwissenschaft* (1937), in: ders., Vorträge und Erinnerungen, Stuttgart 1949, S. 331

Der Begriff »die Segnungen der modernen Medizin« gibt schon einen ersten Hinweis auf die spirituelle Bedeutung der Wissenschaften.

Knochensäge und Schlafschwamm

Noch vor ca. 150 Jahren starben Menschen mit Blinddarmentzündung oder Gallensteinen oft qualvoll. Amputationen von Gliedmaßen wurden bis zum amerikanischen Bürgerkrieg mit der so genannten Knochensäge an Patienten durchgeführt, die bei vollem Bewusstsein waren! Eine Anästhesie für Operationen und Zahnextraktionen gibt es erst seit Mitte des 19. Jahrhunderts. So notierte etwa anno 1793 Margarethe Milow nach ihrer Brustamputation: »Ich öffnete die Augen und sah die blutige Brust liegen. Ich schloss wieder die Augen und der zweite Schnitt geschah.«

Nur wer Glück hatte, geriet an Operateure, die betäubende Drogen zu verwenden wussten. Aus dem Mittelalter ist der so genannte Schlafschwamm überliefert, der aus Efeublättern, Alraunewurzeln, Maulbeeren, Mohnsamen sowie Wurzeln und Früchten von Schierlingsarten gewonnen wurde und den Patienten in eine Ohnmacht überführte, aus der er nicht selten viel zu früh – oder gar nicht mehr erwachte.

Auch die Operationen selbst verlangten dem Patienten das Äußerste ab. Noch in den 1980er-Jahren waren für Operationen in der Bauchhöhle ausgedehnte Schnitte in den Körper des Patienten notwendig, was zu starken postoperativen Schmerzen und langen Zeiten der Rekonvaleszenz führte.

Operationsmethoden, die vor nur einer Generation noch Standard waren, scheinen uns heute so weit weg zu sein wie das Mittelalter.

Ab Mitte des 20. Jahrhunderts vervielfachten sich die Errungenschaften der modernen Medizin. Durch ein immer besseres medizinisches und biologisches Verständnis unseres eigenen Körpers haben sich sowohl Diagnose als auch Behandlung von Krankheiten immer weiter verbessert. So werden heute beispielsweise Blinddarm- oder Gallensteinentfernungen und viele weitere Operationen mit minimal-invasiven Techniken durchgeführt. Dank speziell entwickelter Mikrokameras und -instrumenten sind für diese chirurgischen Eingriffe nur noch kleinste Schnitte notwendig, der Körper des Patienten wird nur minimal belastet. Auch die nahezu 80-jährige Mutter des Autors dieser Zeilen musste nur einen minimalen Eingriff über sich ergehen lassen, um das Gewebe eines besorgniserregenden Schattens auf ihrer Lunge untersuchen zu lassen (der sich glücklicherweise als harmlos herausstellte). Vor zwanzig Jahren wäre dafür noch eine umfangreiche und langwierige Lungenoperation notwendig gewesen!

Ein weiteres Beispiel für den schier unglaublichen und segensreichen Fortschritt in der Medizin sind die bildgebenden Verfahren. Noch bis weit ins 20. Jahrhundert hinein ließ sich die Lage eines Hirntumors nur grob bestimmen. Meist geschah dies auf indirektem Wege: Der Ausfall bestimmter kognitiver Fähigkeiten des Patienten wies auf den ungefähren Ort der Schädigung hin. Wurde der Schädel für eine Operation geöffnet, mussten die Ärzte hoffen, dass sie bezüglich der Lokation einigermaßen richtig lagen. Heute lassen sich 3D-Ansichten des lebenden Hirns anfertigen. Größe und genaue Lage eines Hirntumors lassen sich so ohne Schädelöffnung exakt bestimmen.

Was mit den Röntgenstrahlen zu Beginn des 20. Jahrhunderts begann, ist heute zu einer ganzen Armada von Technologien angewachsen: Das Angebot reicht von Ultraschall und Computertomographie über Positronen-Emissions-Tomographie und Single-Photon-Emissionscomputertomographie bis zu den Kernspinresonanz-Techniken der Magnetresonanztomographie. Innere Verletzungen wie Knochenbrüche, Bandscheibenvorfälle, Bänder- oder Muskelrisse, Organerkrankungen wie Tumore, Entzündungen und Ablagerungen lassen sich heute punktgenau diagnostizieren, ohne dass dafür ein chirurgischer Eingriff notwendig ist.

Bahnbrechende Erfindungen in der Diagnostik und mikro-invasive Operationsmethoden schonen den Patienten und erleichtern bzw. verlängern sein Leben beträchtlich.

Leben in Schloss Sanssouci

Wir leben heute nicht nur länger und gesünder, wir leben auch objektiv auf einem wesentlich höheren Lebensstandard als je zuvor. Dieser lässt sich ausdrücken, indem wir das reale Niveau von Besitz und Konsum von Gütern und Dienstleistungen beschreiben. Es geht hier nicht nur um Trinkwasser und Nahrungsmittel, Kleidung, Wohnung und ärztliche Versorgung, sondern auch um Zugang zu Bildung und kulturellen Gütern, um politische Mitbestimmung, soziale Sicherheit, die Möglichkeit der Freizeitgestaltung etc. Bei aller Subjektivität in der Bewertung dieser Dinge sind sie für die allermeisten Menschen doch mit signifikant höherem physischen wie psychischen Wohlempfinden verbunden.

Selbst die ärmsten Mitglieder der westlichen Industriegesellschaft genießen heute einen weit höheren (absoluten) Lebensstandard als der französische Sonnenkönig Ludwig XIV im 17. Jahrhundert[15].

Unser Leben ist nicht nur angenehmer, sondern auch länger geworden. Betrug die Lebenserwartung eines Menschen im Jahre 1870 in Europa noch rund 40 Jahre (was nur um wenige Jahre höher liegt als die durchschnittliche Lebenserwartung im Mittelalter oder in der Antike), so war sie nur hundert Jahre später bereits doppelt so hoch und steigt bis heute stetig an[16]. Heute Geborene haben gute Chancen, 100 Jahre alt zu werden.

Hinter dieser Entwicklung steht eine wesentliche Kraft: das immer detailliertere Wissen über unseren Körper. Dieses Wissen ist nicht ›kalt‹ und ›berechnend‹, sondern Ergebnis höchster menschlicher Kreativität. Und was für die Medizin gilt, gilt auch für jede Wissenschaft: Voraussetzung für den Prozess der Wissensvermehrung und der technologischen Entwicklung ist die Fantasie.

> *»Fantasie ist wichtiger als Wissen, denn Wissen ist begrenzt.«*

Mit diesem Ausspruch brachte Albert Einstein es auf den Punkt: Die Kreativität des menschlichen Geistes kennt

15 So musste sich Ludwig beispielsweise alle Zähne ziehen lassen, da sein Arzt in ihnen gefährliche Infektionsherde sah. Zudem nahm er täglich starke Abführmittel zu sich. Er litt daher unter starken körperlichen Qualen.

16 Die durchschnittliche Lebenserwartung ist nicht mit dem Alter, in dem ein Erwachsener normalerweise eines natürlichen Todes stirbt, gleichzusetzen. Dass beide Werte heute in wohlhabenden Ländern so nahe beieinanderliegen, hat den Grund, dass es fast keine Kindersterblichkeit mehr gibt. Im Mittelalter war das noch anders. Eine hohe Kindersterblichkeit zieht den Durchschnitt hinab, auch wenn man als Erwachsener Chancen hat, 70 oder 80 Jahre alt zu werden.

keine Grenzen. Und wo findet sich diese Grenzenlosigkeit des menschlichen Denkens außer in der Philosophie und der Religion deutlicher als in unserem Bestreben, die Natur und uns selbst zu verstehen und durch Technologien unsere Lebensbedingungen in dieser Welt zu verbessern?

Wie die menschlichen Entdeckungs- und Erfindungsgabe kennt auch der technologische Fortschritt keine Grenzen.

Zurück zur Medizin: Am Beispiel einer der größten Geißeln der Menschheit, dem Krebs, lassen sich die Fortschritte der Wissenschaft sehr gut konkret zeigen – und auch das nie erlahmende Bestreben der Forscher, die Lebensvorgänge in unseren Organen und Zellen zu verstehen und die gewonnenen Erkenntnisse direkt den Menschen zugutekommen zu lassen. Ihrer kreativen Neugier ist es zu verdanken, dass mit dem sprunghaft ansteigenden Wissen über Mechanismen und Behandlungsmöglichkeiten der Krebs beginnt, seine Schrecken zu verlieren.

Die Ausrottung des Krebses

›Karkinos‹ nannte Hippokrates etwa 400 v. Chr. die Tumore, die sich ins Fleisch eingraben wie Krebse im Sand. Damit gab er dem Leiden den Namen, den es bis heute in fast allen Sprachen trägt. Doch erst mit der steigenden Lebenserwartung der Menschen seit dem späten 19. Jahrhundert wurden Tumore zu einer gefürchteten Erkrankung.

Wer im Jahr 1900 an Krebs erkrankt war, galt als verloren. Riesige Geschwüre waren die Regel, und nicht selten versuchten die Betroffenen sie schamhaft zu verstecken, bevor sie im Endstadium der Krankheit schließlich aufbrachen. Es war ein langer und extrem schmerzvoller Prozess, bis der Erkrankte endlich durch den Tod erlöst wurde.

Anfang des 20. Jahrhunderts begann man, Tumore chirurgisch zu entfernen. Nur ca. jeder zehnte Patient überlebte den Eingriff und die ersten Jahre nach der Operation. Erst in den 1950er-Jahren entstanden mit Strahlen- und Chemotherapie verlässlichere Alternativen zur Chirurgie. Dennoch: Obwohl Patienten mit immer mehr Verfahren behandelt wurden, stieg die Zahl der Krebsopfer bis in die 1980er-Jahre weiter an. Die medizinischen Fortschritte konnten mit der steigenden Anzahl von Menschen, die an Krebs erkrankten, nicht mithalten. Weder mit der konventionellen Diagnostik noch mit den bekannten Behandlungsmethoden kam man weiter. Neue Ansätze mussten her.

Die Wissenschaftler begannen, sich für die Biologie und Genetik der Krebszellen zu interessieren. So verkündete der Nobelpreisträger Renato Dulbecco bereits vor über 30 Jahren: Wer Krebs verstehen und erfolgreich behandeln will, muss seine genetische Basis kennen. Er war 1986 einer der ersten, die eine Entzifferung des menschlichen Genoms forderten – um die Krebsforschung voranzutreiben.

Mediziner, Biologen und Genetiker stehen heute erst am Anfang dieses Weges. Sie realisierten in den letzten Jahren, dass die genetischen Ursachen des Krebses hochgradig komplex und nahezu unüberschaubar vielfältig sind. Doch auch wenn noch viel Wissen fehlt, können schon erste Erfolge verzeichnet werden.

Wie beispielsweise im Fall der 45-jährigen Kellie Carey. Ihre Diagnose im Jahr 2010 war eindeutig: Lungenkrebs. Die Ärzte gaben ihr noch ca. drei Monate. Und doch lebt sie heute noch – mehr als sechs Jahre später. Was als Wunder erscheint, ist tatsächlich fulminanten Durchbrüchen in der Gentechnologie geschuldet. Tests hatten ergeben, dass Carey an Lungenkrebs eines besonders seltenen Typs litt, den Forscher erst drei Jahre zuvor entdeckt und dessen genetischen Code sie kurz darauf geknackt hatten. So eine Dekodierung von Tumor-DNA ähnelt der Arbeit von Kriminalmedizinern, die in ihren Laboren Erbgut analysieren, um mit genetischen Fingerabdrücken Verdächtige dingfest zu machen.

Carey hatte Glück: Der Pharmakonzern Pfizer testete zufällig gerade ein Medikament gegen genau ihren Lungenkrebstyp. Speziell an die Gene ihres Krebstyps angepasste Präparate wirken viel effektiver als die gegen jede Zelle im Körper wirkende ›Schlag mich tot‹-Chemo- oder Strahlentherapie. Genau dies rettete Careys Leben.

Der Schlüssel in der heutigen Krebsbekämpfung liegt in der Erkenntnis, dass Krebszellen bestimmte molekulare oder genetische Eigenschaften besitzen, die in gesunden Zellen nicht oder nur selten vorkommen:

- besondere Botenstoffe, die das Wachstum der Krebszellen anregen,
- besondere Wege, die diese Wachstumssignale innerhalb einer Zelle nehmen,
- besondere Rezeptoren an der Zelloberfläche, an die diese Botenstoffe andocken.

Dass sich Krebszellen in diesen drei Punkten von gesunden Zellen unterscheiden, bietet wirksame Angriffspunkte für die neuen zielgerichteten Therapien (*targeted therapies*), die auch unter dem Label ›Präzisionsmedizin‹ laufen.

Konkret macht sich die Gentherapie den dritten Punkt zunutze: dass die Zelloberflächen der Krebszellen besondere Rezeptormoleküle aufweisen. Sobald die Forscher diese Moleküle identifiziert haben, verläuft die Behandlung in drei Schritten:

1. Aus dem Blut des Patienten werden T-Lymphozyten entnommen. Dieser Zelltyp gehört zu den weißen Blutkörperchen und ist für die zelluläre Immunantwort zuständig. Unter anderem haben sie die Aufgabe, Krebszellen zu erkennen und zu vernichten. Sie machen ihre Arbeit sehr gut, jedoch leider nicht perfekt. Denn nicht immer finden sie die Krebszellen.

2. Das genetische Programm der körpereigenen T-Zellen wird im Labor umgeschrieben. Das neue Gen versetzt die Zellen in die Lage, passgenau an die besonderen Rezeptormoleküle der Krebszellen im Körper des Patienten anzudocken. (An dieser Stelle kommt die neue CRISPR-Methode ins Spiel, von der weiter unten noch die Rede sein wird. Sie steigert die Effizienz und Genauigkeit genetischer Manipulationen dramatisch.)

3. Die ›aufgerüsteten‹ Zellen werden dem Kranken wieder zugeführt. Zurück im Blut des Patienten finden sie gezielt die Tumorzellen und können sie vernichten. Verschiedene klinische Studien zeigen, dass nach so einem Eingriff bei bis zu 90 Prozent der schwerkranken Patienten alle Krankheitszeichen verschwunden waren.

Leider gibt es nicht jeweils *ein* Molekül für jede Krebsart. Zu ihrer Überraschung entdeckten Wissenschaftler bei der Entschlüsselung der Tumor-DNA von Brust-, Prostata-, Nieren- und Hautkrebs, dass innerhalb jedes Krebstyps eine oder mehrere aus Zehntausenden möglichen Genmutationen beteiligt sind. Dass Hautkrebs nicht gleich Hautkrebs ist, war zuvor völlig unbekannt gewesen. Die Pharmabranche liefert sich ein

Wettrennen darum, Medikamente mit passenden Molekülen für jede einzelne Variante zu entwickeln.

Die neuen molekularbiologischen Therapien gegen Krebs und auch andere genetische Krankheiten werden für viele Betroffene Heilung bringen – allerdings nicht mit einem universellen Verfahren, sondern für jeden Patienten einzeln.

Stammzellen – Allround-Künstler in unserem Körper

Es gibt noch eine weitere Strategie, den Krebs zu besiegen: Möglich wird diese durch unser immer besseres Verständnis von Stammzellen. Dies sind Zellen, die sich noch nicht ausdifferenziert haben. Wir sind ihnen ja schon begegnet. In ihnen steckt eine Menge Potential: Je nachdem, welche Signale eine Stammzelle von ihrer Umgebung bekommt, wächst sie zu einer Muskel-, Nerven-, Haut- oder sonstigen Zelle aus.

Zum einen sind da die ›bösen‹ Stammzellen des Krebses selbst: Krebszellen und Stammzellen sind sich, wie die Mediziner heute wissen, sehr ähnlich. So bestehen zahlreiche Tumore und Blutkrebsarten nicht nur aus gewöhnlichen Krebszellen, sondern auch aus wenigen, aber gefährlichen Krebsstammzellen. Im Unterschied zu normalen Krebszellen überleben diese oft den Angriff durch Medikamente und Strahlen. Sie sind dafür verantwortlich, wenn der Krebs nach der Behandlung zurückkehrt.

Bei der Bekämpfung dieser Krebsstammzellen machen die Bioforscher zurzeit große Fortschritte. Beispielsweise identifizierten sie einen Eiweiß-Komplex, der die Aktivität der Krebsstammzellen des Glioblastoms (ein bösartiger Hirntumor) steuert. Das Ziel ist es, mit seiner Hilfe gezielt die Krebsstammzellen zu blockieren.

Und dann gibt es noch die ›guten‹ Stammzellen aus den gesunden Teilen des Patientenkörpers. Aus ihnen lassen sich außerhalb des Körpers Organoide, sozusagen Miniorgane, züchten, in denen der Tumor des Patienten nachgebaut werden kann. Dies gelang dem Molekularbiologen Hans Clevers 2009 zum ersten Mal. An solchen Testorganen können Mediziner prüfen, auf welche Medikamente bzw. Wirkstoffkombination ein bestimmter Tumor ansprechen wird. Der Patient bleibt hierbei unbelastet.

Stammzellen können aber auch direkt eingesetzt werden, Krebs zu bekämpfen, insbesondere bei diversen Formen der Leukämie. Durch eine sehr starke Chemo- und/oder Strahlentherapie werden dabei zunächst sämtliche Zellen im Blut und Knochenmark des Patienten zerstört. Dann werden gesunde Stammzellen eines Spenders übertragen, die wieder neue Blutzellen produzieren. Früher ließen sich die Stammzellen ausschließlich aus dem Knochenmark des Spenders gewinnen, was mit einer Vollnarkose und einem zwei- bis dreitägigen Krankenhausaufenthalt des Spenders verbunden war. Heute können Stammzellen ohne großen Aufwand aus dem Spenderblut gewonnen werden.

Vor allem durch die Fortschritte von Gentechnik und Stammzellenforschung haben wir gute Chancen, dass der Krebs im 21. Jahrhundert zu einem Schrecken der Vergangenheit wird.

Ein Helfer namens Watson

Im Frühjahr 2013 ließ sich die US-Schauspielerin Angelina Jolie beide Brüste abnehmen. Sie hatte sich für den Eingriff entschieden, weil sie ein Gen in sich trägt, das ihr Risiko für Brustkrebs erhöht (ihre Mutter starb im Alter von 56 Jahren an dieser Krankheit). Jolies Entschluss weist auf die bedeutenden Aspekte beim Kampf gegen den Krebs hin: Personalisierung und Prävention.

Der Leiter des Instituts für Systembiologie in Seattle und einer der Pioniere der DNA-Sequenzierung, Leroy Hood, meinte 2004, dass es etwa 2020 jedem Menschen möglich sein werde, das gesamte eigene Genom in nur 15 Minuten für knapp 500 US-Dollar zu sequenzieren[17]. Dies ist bereits heute (2017) möglich. Die genetische Analyse wird 2020 wohl Bestandteil der regulären medizinischen Untersuchung bei Menschen sein. Zum Vergleich: Die erstmalige Dekodierung der etwa drei Milliarden Basenpaare in der DNA eines Menschen im ›Human Genome Project‹ hat von 1990 bis 2004 gedauert und drei Milliarden US-Dollar gekostet.

Werden dann im Genom eines bestimmten Menschen Anfälligkeiten für zukünftige Erkrankungen entdeckt, könnte er schon weit vor dem Ausbruch der Krankheit präventive Maßnahmen treffen. Eine so radikale Maßnahme, wie sie Angelina Jolie noch unternehmen musste, wird dann hoffentlich nicht mehr notwendig sein – eine Spritze mit gentechnisch veränderten T-Zellen würde genügen, um zielgenau und auf den jeweiligen Patienten abgestimmt Gefahrenherde zu eliminieren.

17 AD Weston, L. Hood, *Systems biology, proteomics, and the future of health care: toward predictive, preventative, and personalized medicine*, J Proteome Res. 2004 Mar-Apr;3(2):179-96. Review

Das Wissen über die relevanten Gene der einzelnen Patienten wird auch klären, wer jeweils auf eine bestimmte Therapie ansprechen wird. Viele teure Medikamente schlagen immer noch nur bei einem geringen Teil der Krebspatienten an. Die übrigen Betroffenen leben kaum länger als ohne Therapie, leiden jedoch unter den starken Nebenwirkungen der Medikamente. Bevor eine Spritze gesetzt oder eine Pille verabreicht wird, wird anhand eines Gentests gecheckt, ob und in welcher Dosis die Medizin für den Patienten überhaupt geeignet ist.

Die Genetik wird zu einer Informationswissenschaft. Wer sein Genom kennt, weiß auch, welche Art der Prävention bzw. Behandlung für ihn angemessen ist.

Die Verbindung von Gentechnik und Datenanalyse ermöglicht eine personalisierte Medizin. Aber auch aus dem Vergleich der eigenen genetischen Daten mit denen anderer Menschen können lebensrettende Informationen gewonnen werden.

Gewaltige Gendatenbanken gibt es bereits. Die Daten fallen in Krankenhäusern, in der medizinischen Forschung und beim Hausarzt an. Einigen Medizinern schwebt sogar eine Datenbank vor, in der die gesundheitsrelevanten Daten *aller* Menschen gesammelt sind. Dies beinhaltet natürlich auch Daten zu körperlichen und geistigen Ausprägungen (der so genannte ›Phänotyp‹). Noch ist es den Biologen und Medizinern nicht vergönnt, die genetischen (genotypischen) und phänotypischen Merkmale direkt miteinander abzugleichen. Helfen könnte ihnen dabei jedoch eine neue Computertechnologie. Mit den schier grenzenlosen Möglichkeiten von Quantencomputern (siehe Kapitel 6) wäre die anfallende schier ungeheure Datenmenge tatsächlich zu bewältigen.

Es gibt aber noch eine weitere Entwicklung im Zusammenspiel von Medizin und Datenanalyse: die Diagnostik durch künstliche Intelligenz (KI). Mediziner an der Universität von Tokio berichten 2015 von einer Frau, bei der Leukämie diagnostiziert und die mehrere Monate mit zwei Krebsmedikamenten behandelt worden war. Obwohl diese als effektiv für diese Erkrankung galten, verschlechterte sich der Zustand der Patientin zunehmend. Die Ärzte waren ratlos. Schließlich fragten sie Watson.

Watson ist ein mit künstlicher Intelligenz ausgestatteter Computer, der Berühmtheit erlangte, als er die besten menschlichen Spieler beim in den USA beliebten Fernsehspiel ›Jeopardy‹ schlug. Die Mediziner ließen die Maschine die genetischen Daten der Patientin mit denen von 20 Millionen anderen Krebspatienten abgleichen. Innerhalb von zehn Minuten erkannte Watson, dass die Frau an einer sehr seltenen Form von Leukämie litt und schlug auch gleich ein passendes Krebsmedikament für die Behandlung vor. Damit rettete der Computer das Leben der Frau.

Patientendatenbanken und intelligente Analysealgorithmen ermöglichen Menschen den Zugang zu persönlich auf sie zugeschnittenen Medikamenten – mit optimalen Erfolgsaussichten und minimalen Nebenwirkungen.

Chirurgen aus Stahl

Maschinen helfen Medizinern und Gentechnikern nicht nur bei der Bewältigung gigantischer Datenmengen. Sie sind auch die präziseren Operateure. An vielen Krankenhäusern der Welt wirkt der Roboter ›Vinci‹. Er unterstützt den Chirurgen bei Standardoperationen, indem er ihre Hand- und Fingerbewegungen präzise auf die Operationsinstumente überträgt. Damit ermöglicht er feinadjustierte Handgriffe, die Operateuren, die sich allein auf ihre Augen und ihre Hände verlassen, nicht möglich sind.

Der OP-Roboter *Smart Tissue Autonomous Robot* (STAR) führt sogar ganz eigene Bewegungen aus. Bei chirurgischen Eingriffen an Schweinen übertrumpft er menschliche Chirurgen in puncto Präzision bereits. Werden sich unsere Kinder bei anstehenden operativen Eingriffen zwischen einem Arzt, der die Erfahrung aus Hunderten Eingriffen besitzt, oder einem Roboter, der aus einem Datenreservoir von einigen Millionen Operationen schöpfen kann, entscheiden müssen? Schon bald könnte der Werbespruch eines Herstellers für medizinische Roboter lauten: »Unser Operateur niest nie.«

Auch in großen Bereichen der medizinischen und sozialen Pflege haben Computer und soziale Roboter Einzug gehalten. Insbesondere bei der Kinderbetreuung und Altenpflege spielen sie eine wachsende Rolle. In Japan, wo die demografische Alterung der Gesellschaft am weitesten fortgeschritten ist, gibt es seit einem Jahrzehnt interaktive robotische Gefährten für alleinstehende Rentner. Psychologische Studien zeigen, dass solche Roboter die Gesundung und Lebensqualität von älteren Menschen stark verbessern und Depressionsraten vermindern.

Einen vollelektronischen Kompagnon und Spielkameraden für Kinder gibt es auch schon. Die chinesische Firma ›AvatarMind‹ hat ›iPal‹ entwickelt, einen Roboter, der natürliche Sprache nutzt, um sich mit seinen Schützlingen zu verständigen, und der sich sogar an ihre Vorlieben erinnert. Er kann Kinder ohne elterliche Betreuung stundenlang unterhalten. Die Kommunikation mit den Eltern und etwaige Kontrollen erfolgen über das Handy.

Auch die Fachgebiete der Robotik und der künstlichen Intelligenz werden in den kommenden Jahren dazu beitragen, die Welt der Medizin und Pflege zu revolutionieren.

Nano-Roboter in unserem Körper

Dort, wo medizinische Forschung immer weiter in unbekannte Gebiete vorstößt, erweisen sich die beiden bereits angesprochenen Punkte Prävention und Personalisierung als zukünftig unverzichtbare Dreh- und Angelpunkte. Doch unser heutiges Gesundheitswesen hinkt diesen Entwicklungen noch weit hinterher. Es arbeitet im Wesentlichen immer noch einerseits mit nicht auf das Individuum zugeschnittenen, also nicht-personalisierten Methoden und andererseits reaktiv – und unterscheidet sich damit kaum von der Medizin des 19. Jahrhunderts. Wir gehen erst dann zum Arzt, wenn konkrete Krankheitssymptome auftreten, und dort werden 1,80 Meter große Männer mit denselben Mitteln therapiert wie 1,60 Meter große Frauen, die nur halb so schwer sind wie ein Mann.

Doch die Tage der nicht individualisierten reaktiven Medizin sind gezählt – die Forschungsergebnisse, von denen auf den vorhergehenden Seiten berichtet wurde, werden den Menschen zunehmend in Form einer personalisierten und präventiven Medizin zugutekommen.

Wie wäre es zum Beispiel, wenn Sensoren in unserem Badezimmer jeden Morgen unseren Körper abtasteten, um beispielsweise nach Krebszellen im Frühstadium zu suchen? Oder DNA-Chips in oder an unserem Körper Genfehler oder Genmutationen aufspürten, die an besonders häufigen Krebsarten beteiligt sind[18] – und dies Jahre, bevor ein Tumor auftreten würde? Oder wenn defekte einzelne Gene, die heute noch so schwerwiegende Krankheiten wie das Tay-Sachs-Syndrom (eine unheilbare und heute noch tödliche Fettstoffwechsel-Krankheit), Sichelzellanämie oder Hämophilie verursachen, bereits im Säuglingsalter durch Gentherapien repariert würden[19]?

Das wäre eine noch wesentlich umfangreichere Gesundheitsvorsorge, als wir sie seit dem 19. Jahrhundert mit modernen Hygiene- und Ernährungsstandards betreiben. Modelle für eine solche ferndiagnostische Patientenüberwachung (RPM, *remote patient monitoring*) existieren bereits.

Eine neue medizinische Revolution: Prävention und Personalisierung verändern das Gesundheitswesen dramatisch.

18 Wie beispielsweise eine Veränderung am bekannten p53-Gen. Dieser ›Wächter des Genoms‹ ist in ca. 50 Prozent aller menschlichen Tumore mutiert.

19 Viele Krankheiten mit erblichem Einfluss wie Diabetes, Schizophrenie oder Alzheimer gehen auf multiple Genmutation zugleich zurück, so dass ihre gentherapeutische Behandlung sehr komplex wäre. Aber auch hier sind neue Therapieformen zu erwarten.

Wir positionieren heute immer mehr künstliche Intelligenz und Rechenpower um uns herum, die unsere natürliche Wahrnehmung verstärken und Informationen über uns und unsere Umwelt schneller und umfangreicher verarbeiten:

- Apps auf unseren Smartphones, die zum Beispiel unseren Schlafrhythmus aufzeichnen;
- Fitness-Tracking-Armbänder, die unsere körperliche Verfassung und Aktivität erfassen;
- Kleidung, die sich mit unserer Körpertemperatur und der Wettervorhersage verlinkt;
- Sensoren, die unseren Biorhythmus messen und die Lichtverhältnisse in unseren Häusern an ihn anpassen;
- im Ohr integrierte Fruchtbarkeitsmesser, die mit den Kalendern ihrer Besitzerinnen (und denen ihrer Partner) kommunizieren, um die beste Zeit für die Empfängnis zu bestimmen.

An die ersten Beispiele dieser Liste haben wir uns erstaunlich schnell gewöhnt. Wie schnell werden auch die weiteren Gadgets für uns völlig normal sein?

Auch *innerhalb* unseres Körpers werden neue Technologien zur weiteren Verbesserung von Leben und Wohlergehen angewendet. Etwa drei Zentimeter lange Kolonkapseln, die verschluckt und durch Magen und Darm wandern, bis sie wieder ausgeschieden werden, befinden sich bereits in Anwendung. Sie sind vollgepackt mit Technik: je eine Kamera vorn und hinten, lichtstarke LED-Lampen sowie Akku und Minisender. Auf ihrem Weg durch den Körper schießen sie Hunderttausende Fotos und senden sie nach außen.

Elektronische Assistenten werden nicht nur unseren Tagesablauf organisieren, sondern Verhalten, emotionalen Zustand, körperliche Verfassung und Motivation in Echtzeit vermessen.

Noch viel kleinere Instrumente als die Kolonkapseln sind die so genannten Nano-Partikel[20] in Form von einzelnen, speziell designten Molekülverbindungen. Lange war die Frage ungelöst, wie sich solche Nano-Strukturen überhaupt im Blut fortbewegen lassen (das Blut erweist sich für solch kleine Teilchen als zähflüssig wie Honig). Doch mittlerweile lassen sie sich sogar steuern, beispielsweise durch Magnetfelder.

Derartige ›Nanobots‹ bringen bereits heute Medikamente zielgenau an ihren Bestimmungsort im Körper, zum Beispiel an bestimmte Entzündungsherde. Auch ließe sich mit ihrer Hilfe eine Chemotherapie gegen Krebszellen sehr viel präziser einsetzen. Andere Nanobots sind winzige Lab-on-a-Chip-Systeme, die große medizinische Analysegeräte ersetzen.

Die kleinen Maschinen – von ihnen passen drei Milliarden auf einen Teelöffel – wecken enorme Hoffnungen. Die konkrete Vision der Mediziner geht dahin, dass viele kleine Nanoroboter, Biomarker, DNA-Chips und andere telemedizinische Geräte sich permanent in unserem Körper bewegen. Der Gesundheitscheck alle zwei Jahre beim Doktor würde dann durch einen immerwährenden Nano-Check ersetzt werden: Die Nanobots untersuchen präventiv unsere Körperfunktionen und erkennen Krankheitserreger, Genmutationen und gefährliche Einlagerungen in den Blutbahnen. Sie beginnen unmittelbar mit der Therapie, indem sie Medi-

20 ›Nano‹ bezieht sich auf eine Größenordnung von einem milliardsten Meter bzw. tausendstel Millimeter.

kamente gezielt an den Ort der Erkrankung abgeben. Sie bekämpfen Viren, hemmen Entzündungen, entfernen Zysten und zelluläre Verwachsungen und verhindern Schlaganfälle, indem sie blockierte Arterien öffnen. Bei Bedarf senden sie die Ergebnisse direkt an den Hausarzt, der uns dann mittags anruft und einen Termin vereinbart.

Nanoteilchen und DNA-Minichips werden in Zukunft Erkrankungen bereits im frühsten Stadium entdecken und bekämpfen.

Der Mensch als genetischer Baukasten

Wir sehen, dass Wissenschaftler an unzähligen Ansatzpunkten arbeiten, um Wege zu finden, Gesundheit zu erhalten, Leiden zu verringern und Krankheiten zu heilen. Um unseren Körper gesünder, aber auch leistungsfähiger und resistenter zu machen, gibt es allerdings eine noch wirkungsvollere Möglichkeit: die direkte Manipulation des menschlichen Genoms.

Der *Diabetes mellitus*, auch als Zuckerkrankheit bekannt, ist eine chronische Stoffwechselerkrankung, die durch einen Mangel an körpereigenem Insulin verursacht wird und unbehandelt meist tödlich ist. 1922 gelang erstmals die Rettung eines Diabetikers durch den Einsatz von Rinderinsulin. Der Patient Theodore Ryder lebte unter der Therapie noch 70 Jahre.

Bis in die 1980er-Jahre wurde Insulin für Diabetiker in industrieller Produktion aus den Bauchspeicheldrüsen von Rindern und Schweinen gewonnen. Zusätzlich zu den oft schwerwiegenden immunologischen Nebenreaktionen gibt es dabei aber noch ein weiteres Problem: Die Zahl der Diabeteserkrankungen steigt vor allem in den Industriegesellschaften dramatisch an. Pro Woche brauchte jeder insulinpflichtige Diabetiker etwa eine Schweine-Bauchspeicheldrüse. Würden heute alle 300 Millionen Diabetiker noch Insulin vom Schwein erhalten, benötigte man rund 1,5 Milliarden Schweine pro Jahr. Weltweit gibt es aber nur etwa eine knappe Milliarde Schweine.

Die Lösung bietet die Gentechnologie. In den späten 1970er-Jahren gelang es erstmals, gezielt bestimmte Gensequenzen im Genom von Bakterien zu integrieren, die spezifische Proteine kodieren. Eines der ersten dieser künstlich hergestellten Proteine war das Insulin. 1982 kam das erste gentechnisch hergestellte Medikament auf den Markt: eine dem menschlichen Insulin baugleiche Insulin-Variante, die von genetisch veränderten Bakterien bzw. Hefen produziert wird. Die Massenproduktion dieses Stoffes erleichtert heute das Leben von Millionen von Diabetikern.

Neben Diabetes werden heute auch Blutarmut, Herzinfarkt, Wachstumsstörungen bei Kindern, Bluterkrankheit und verschiedene Krebsarten weitgehend mit gentechnisch hergestellten Medikamenten behandelt.

Die grundlegende Technologie zur Manipulation von Genen stammt aus den 1970er-Jahren. Vor ca. 40 Jahren fand der Schweizer Biologe Werner Arber heraus, dass Bakterien eine ganz besondere Waffe einsetzen, wenn sie von Viren (so genannten Bakteriophagen, also ›Bakterienfressern‹) angegriffen werden: ein Enzym, das die DNA der Viren zerschneidet. Arber entdeckte aber auch, dass die aufgetrennten Enden der Viren-DNA wie von

Zauberhand wieder zusammenfinden konnten, ganz so als ob ihre aufgetrennten Enden ›klebrig‹ wären.

Die Entdeckung von Enzymen, die DNA zerteilen, und jenen, die ihre Enden wieder zusammenfügen, begründete die Gentechnologie. Denn genau das machen Gentechnologen: Sie zerschneiden mit Hilfe von Enzymen den DNA-Strang, entfernen DNA-Bestandteile oder bringen neue ein und fügen die Enden dann wieder zusammen. So lassen sich ganz bestimmte Genkombinationen herstellen, die dann bestimmte erwünschte Proteine ergeben. Zum Beispiel solche, die Pflanzen gegen Krankheiten resistent machen oder ihren Ertrag steigern.

Das Editieren von Genen ist in der Pflanzen- und Tierzucht bereits seit vielen Jahren gang und gäbe. In der Humanmedizin stehen wir dagegen erst am Anfang.

Von der Schrotflinte zum Präzisionsgewehr

Das Editieren von Genen war lange Zeit sehr aufwendig, teuer und fehleranfällig. Das lag vor allem an der Schwierigkeit, den DNA-Strang exakt an der erwünschten Zielsequenz aufzuschneiden. Die Gentechnologen konnten neue DNA-Sequenzen nur mit einer Art Schrotflintenmethode in das zu behandelnde Genom einbringen.

Genau hier lieferte die neue Methode CRISPR den entscheidenden Durchbruch. CRISPR steht für *clustered regularly interspaced short palindromic repeats* und beschreibt bestimmte Abschnitte sich wiederholender DNA- bzw. RNA-Stücke im Erbgut von Bakterien. Bei Infektion mit Phagen (Viren) ist es ihnen möglich, Teile der viralen Fremd-DNA in die CRISPR-Bereiche ihrer eigenen DNA zu integrieren (genauer zwischen die CRISPR-Regionen, wo sie ›Spacer‹-Sequenzen genannt werden). Der eingegliederte DNA-Teil funktioniert dann wie ein Fahndungsfoto. Sobald Viren mit dieser DNA das Bakterium angreifen, erkennt die Bakterienzelle (mit Hilfe des so genannten ›Cas‹-Proteinkomplexes) die exogene DNA und kann sofort den gewünschten Schutz aufbauen. So wird die Bakterienzelle gegen die Viren immun.

Konkret gesellt sich zu diesem Zweck zur CRISPR-DNA dann das Enzym Cas9 (eine sogenannte ›Endonuklease‹[21] . Es gibt aber auch noch zahlreiche weitere ähnliche Mechanismen mit anderen Enzymen). Der zusammengesetzte Komplex aus beiden funktioniert wie Legobaustein-Finder und Schere zugleich. »Textverarbeitung im Erbgut« wird diese Methode daher auch genannt. Die Forscher bestücken den CRISPR/Cas9-Enzymkomplex mit einer Sequenz, die genau komplementär zu der gewünschten DNA-Zielsequenz ist. Der Komplex findet dann die gewünschte Zielsequenz in der DNA (das ›Suchwort‹) und schneidet diese genau dort auf. Daraufhin lässt sich eine beliebige neue Gensequenz einbauen oder eine alte ersatzlos entfernen. So wird aus der Schrotflinte ein Präzisionsgewehr, mit dem genetische Bausteine nahezu beliebig entfernt oder eingebaut werden können. Trotz ihrer unvergleichlichen Potenz ist die CRISPR-Technik so einfach handzuhaben, dass sie jedem Genlabor, ja bald vielleicht gar gymnasialen Schulklassen zur Verfügung stehen könnte.[22] Der Biologe und selbst-

21 Endonukleasen sind Enzyme, die DNA und RNA abbauen, ohne sie vollständig zu spalten.

22 Das liegt im Wesentlichen daran, dass lediglich ein Erbgut-Abschnitt mit etwa 20 Nukleotiden (»Buchstaben‹) synthetisiert werden muss statt ein vollständiges Protein, um die Ziel-Schnittstelle festzulegen. Die Herstellung eines geeigneten CRISPR-Komplexes für eine bestimmte Gensequenz dauert nur ca. drei Tage und kostet um die 20 Euro. Zuvor betrugen Dauer und Kosten ein Vielfaches davon.

deklarierte ›Bio-Hacker‹ Josiah Zayner verkauft bereits »do-it-yourself (DIY)« Toolkits aus dem Internet (z.B. auf dem Crowdsourcing Portal ›indiegogo‹), mit denen ab 75 US-Dollar jeder zuhause Genom-Editierung an Bakterien oder Hefezellen durchführen kann, u.a. zwecks eigener Herstellung von Bakterien, die im Dunkeln leuchten, wie er schreibt. Für 130 US-Dollar gibt es einen CRISPR-Set samt Anweisungen.

Fortschritte in der Gentechnologie wie CRISPR lassen Szenarien wie die endgültige Heilung von Krebs sehr viel schneller Realität werden als dies selbst die größten Optimisten unter den Gentechnologen noch vor wenigen Jahren für möglich gehalten haben.

Jeder, der über molekularbiologische Grundkenntnisse verfügt, kann mit CRISPR Genome und damit ganze Lebensformen manipulieren – schnell, präzise und billig.

Die neue Methode lässt neben Anwendungen in der Medizin sowie Pflanzen- und Tierzucht auch daran denken, die genetische Basis der körperlichen und intellektuellen Fähigkeiten der Menschen zu verändern und sie so möglicherweise mit ganz neuen geistigen oder physischen Hochleistungen auszustatten. Selbst die signifikante Verlängerung unseres Lebens rückt in Reichweite.

Sieg über den Tod

Sie lebt im Mittelmeer, trägt den Namen *Turritopsis nutricula*, ist nicht viel mehr als eine schwebende Glibberscheibe im Wasser. Doch sie hat eine erstaunliche Eigenschaft: Sie ist (solange sie nicht gefressen wird) unsterblich. Denn diese besondere Qualle besitzt ein Zellprogramm, das die Differenzierung von jungen in differenzierte Zellen wieder umkehrt. Sie ›verjüngt‹ also ihre Zellen permanent.

Auch Einzeller wie das Pantoffeltierchen haben die Chance, Milliarden Jahre zu leben, weil sie sich immer wieder teilen. Viele Lebewesen sind also potenziell unsterblich. Der Mensch jedoch altert, bis er schließlich stirbt, und dies spätestens mit etwas mehr als 120 Jahren. Doch können nicht vielleicht auch wir unsterblich werden?

Bereits eine der ältesten Dichtungen der Menschheitsgeschichte beschäftigt sich mit dieser Frage: das Gilgamesch-Epos aus dem 3. Jahrtausend v.u.Z. Der sumerische König Gilgamesch macht sich darin auf die Suche nach dem ewigen Leben. Er findet das Geheimnis der Unsterblichkeit schließlich in Form einer Pflanze, lässt sie sich aber, als er sich an einem Brunnen ausruht, von einer Schlange stehlen.

Bekommt der Mensch nun, 4.500 Jahre später, diese Pflanze noch einmal in die Hände? Seit 150 Jahren steigt unsere Lebenserwartung, und diese Dynamik hält bis heute an. Mit der Möglichkeit, tödliche Krankheiten wie Krebs erfolgreich zu behandeln, wird sich dieser Trend fortsetzen.

Wie weit lässt sich die Lebensverlängerung treiben? Viele Mediziner und Biologen sind der Auffassung, dass es eigentlich keine biologische Obergrenze für unser Alter gibt.

Denn das Altern ist zuletzt nichts anderes als die Folge von Fehlern bei der Zellteilung und -reparatur – verursacht durch mit zunehmendem Alter immer häufiger auftretende Fehler in den Genen. Wenn sich die schadhaften

Gene durch CRISPR/Cas9 oder andere Techniken ›heilen‹ lassen, könnte das der entscheidende Durchbruch im Kampf gegen das Altern sein – wir könnten sogar den Tod überwinden. Der Internetgigant Google investiert bereits mehr als ein Drittel seines Investment-Budgets für Bio-Technologie (›life science‹) in verschiedene Firmen, die sich der Verlängerung der menschlichen Lebensspanne widmen.

Wie würde das genau funktionieren? Die wohl populärste Theorie des Alterns lautet, dass dieses mit Vorgängen mit den Enden eines jeden DNA-Stranges zu tun hat. Diese Bereiche nennen Genetiker ›Telomere‹. Sie lassen sich mit den Kunststoffhülsen an Schnürsenkelenden vergleichen, die die Schnürsenkel vor dem Ausfransen bewahren sollen. Biologen beobachten, dass sich die Telomere jedes Mal, wenn sich eine Zelle teilt, etwas verkürzen. Dies geschieht so lange, bis eine Chromosomen- und damit Zellteilung nicht mehr möglich ist. Die Zelle stirbt. Verfügt die Zelle jedoch über ein bestimmtes Enzym, so verkürzen sich die Telomere nicht mehr. Für die Gerontologen passt es daher wunderbar, dass sie mit CRISPR/Cas9 Gene wie Buchstabentexte in Word-Dokumenten editieren können. Das könnte die Zellen in die Lage versetzen, dieses Enzym zu erzeugen und sich so beliebig weiter zu teilen.

Auch die Erforschung der Gerontogene (Gene, welche Alterungsprozesse steuern) hat das Ziel vor Augen, das Leben zu verlängern. Die Genetiker kennen bereits einige Gene, die den Alterungsprozess bei niederen Organismen direkt steuern, wie beispielsweise das ›age-1‹-, das ›2daf-2‹-, das ›bcat-1‹- und das ›clk-1‹-Gen. Auch das in der Öffentlichkeit als Methusalem-Gen bekannte ›FoxO3‹-Gen gehört in diese Gruppe. Durch gezieltes Einfügen, Verändern oder Blockieren dieser Gene konnte die Lebensdauer von Tieren im Labor bereits sehr deutlich gesteigert werden. Viele dieser Ergebnisse, so die Hoffnungen der Forscher, werden sich auf den Menschen übertragen lassen.

Die Kombination aus Gentechnologie, Stammzellenforschung und Nanotechnologie wird unser physisches und mentales Wohlergehen und auch unsere Lebenserwartung in unvorstellbare Dimensionen steigern.

Auch wenn wir menschliche Unsterblichkeit wohl so bald noch nicht realisieren werden, so wird dieses Projekt auf dem Radarschirm unserer wissenschaftlichen Bemühungen bleiben.

Die Leber aus Petrischale und 3D-Drucker

Parallel zu den Forschungen auf Zellebene arbeiten Biologen und Mediziner auch daran, ganze Ersatzorgane zu züchten. So brachte bereits vor über hundert Jahren der Zoologe Ross Harrison außerhalb des Körpers kultivierte Nervenzellen dazu, sich zu teilen. 1972 ließen Richard Knazek und sein Team Leberzellen von Mäusen auf Hohlfasern wachsen. Und nur zehn Jahre später wurde Brandopfern Haut transplantiert, die zuvor aus körpereigenen Zellen gezüchtet worden waren. Im Jahr 1999 gelang es dann das erste Mal, aus embryonalen Stammzellen von Mäusen Nervenzellen zu züchten. Als diese anderen Mäusen eingefügt wurden, die an einer Art Multipler Sklerose erkrankt waren, wurden die Tiere wieder gesund.

Mit diesem *tissue engineering* (Gewebe-Herstellung) steht den Medizinern eine weitere machtvolle Methode zur Verfügung: Dem Spenderorganismus werden ausdifferenzierte Zellen entnommen und im Labor vermehrt, um damit krankes Gewebe bei einem Patienten zu ersetzen. Das Problem sind jedoch noch auftretende Abstoßungsreaktionen.

Hier kommen wieder unsere alten Bekannten, die Stammzellen, ins Spiel. Zunächst wurden adulte (also nicht-embryonale, d.h. auch bei Erwachsenen vorkommende) Stammzellen des Patienten für das *tissue engineering* eingesetzt. Der Vorteil: Derart gezüchtetes Gewebe wird vom Immunsystem des Patienten nicht als Fremdkörper eingestuft und ggfs. abgestoßen. Adulte Stammzellen sind *multipotent*, zum Beispiel kann eine adulte Stammzelle aus der Haut alle Zelltypen der Haut generieren, nicht aber eine Leberzelle oder eine Blutzelle.

Ein weiterer bedeutender Schritt war die Herstellung der bereits erwähnten induzierten pluripotenten Stammzellen (iPS) : Wissenschaftlern um Shinya Yamanaka aus Kyoto gelang es 2006 zum ersten Mal, adulte Stammzellen in ihren embryonalen Zustand zurückzuverwandeln. Embryonale Stammzellen sind im Gegensatz zu adulten Stammzellen *pluripotent* – sie können sich in alle möglichen Gewebetypen differenzieren.

Aus den iPS-Alleskönnern kann jedes beliebige Gewebe gezüchtet werden – und das maßgeschneidert für den Patienten, aus dessen Körper die ursprüngliche adulte Stammzelle stammte.

Mit Stammzellen kommt eine weitere Technologie des ›tissue engineering‹ zum Zug: Aus einem Spenderorgan wird die DNA entfernt, übrig bleibt das Kollagengerüst des Organs, das dann mit Stammzellen des Patienten besiedelt wird. Es ist so, als würden aus einem Wohnblock die alten Bewohner vertrieben und neue Mieter übernehmen die leeren Wohnungen. Bei Gelenken, Harnblasen, Haut oder Harnleitern ist so eine Herstellung ›patienten-eigenen‹ Gewebes bereits gelungen.[23]

Das Kollagengerüst kann sogar im Labor geformt werden, ein Spenderorgan ist dann nicht mehr notwendig. Auf diese Weise entstanden im Wake Forest Baptist Medical Center für Regenerative Medizin in North Carolina künstliche Vaginen, die Patientinnen erfolgreich implantiert wurden. Theoretisch können diese Frauen sogar Kinder bekommen. Künstliche Penisse aus dem Labor befinden sich in der Testphase. Für viele Männer, die ihr Geschlechtsglied nach Amputationen oder Krebserkrankungen verloren haben, bedeutet dies eine große Hoffnung.

So futuristisch die Vorstellung klingen mag, »körpereigene« Organe außerhalb des menschlichen Körpers zu züchten – mit Hilfe der Stammzellenforschung beginnt sie Realität zu werden.

Medizinische Werbesprüche könnten in der Zukunft also lauten:

> *»Sie wollen keine Insulinspritzen mehr für Ihre Diabetes? Wir züchten Ihnen eine neue Bauchspeicheldrüse.«*

> *»Parkinson? Wir lassen Ihnen neue Nervenzellen wachsen.«*

23 Wie das Züchten neuer menschlicher Organe in Tieren erreicht werden kann, siehe: J. C. I. Belmonte, *Transplantationsmedizin – Spenderorgane aus Tieren*, Spektrum der Wissenschaften (Juni 2017).

»Querschnittsgelähmt nach einen Unfall? Wir kochen Ihnen neue Rückenmarksstränge.«

»Herzschwäche? Wir lassen Ihnen ein neues Herz wachsen.«

Auch drucken können wir Körperorgane bereits. Dies geschieht auf der Grundlage einer kleinen Gewebeprobe und einer 3D-Aufnahme des entsprechenden Organs. Mit körpereigenen ›Tinte-Zellen‹, die aus Stammzellenkulturen produziert werden, wird das Organ schichtweise aufgebaut (in der 3D-Druck-Terminlogie spricht man auch vom ›Rapid-Prototyping-Verfahren‹). Bereits heute werden Hüftknochen- und Fußknochen-Transplantate in 3D-Druckern mit einer noch vor wenigen Jahren unvorstellbaren Detailtreue gedruckt. Im Mai 2017 gaben Forscher von der Northwestern University in Chicago sogar bekannt, dass es ihnen gelungen ist, funktionsfähige Eierstöcke von Mäusen im 3D-Drucker zu produzieren. Drei der sieben Mäuse brachten damit gesunden und ihrerseits reproduktionsfähigen Nachwuchs zur Welt. »Die hier entwickelten Verfahren sind die ersten notwendigen Schritte, um die Möglichkeit eines Projektes wie die Erschaffung von menschlichen Eierstock-Prothesen auszuloten«, so die Forscher in ihrem Report[24].

Denkbar ist auch eine Schnellkoch-Methode: Man gebe ein paar Zellen in einen Bioreaktor, füge Enzyme hinzu, die die Zellen auf eine bestimmte Art und Weise miteinander verbinden, warte ein wenig – und fertig ist ein frisches Organ aus dem Inkubator. Was Science-Fiction-Fans vertraut ist, liegt heute im Bereich des Möglichen.

24 Laronda et al., *A bioprosthetic ovary created using 3D printed microporous scaffolds restores ovarian function in sterilized mice*, Nature Communications 8, 15261 (2017)

Es spricht nichts dagegen, dass in Zukunft ganze Körperteile, inklusive innere Organe, routinemäßig modelliert, ausgedruckt oder im Inkubator ›gekocht‹ werden.

Innere Schönheit und höchste Erfüllung

Wer sich die am Anfang des Kapitels genannten drei Punkte noch einmal anschaut, die bisher Religion und Philosophie für sich in Anspruch genommen haben, wird sehen, dass die Naturwissenschaften in dieser Hinsicht tatsächlich so manch Bedeutenderes erreicht haben als die allermeisten anderen Denktraditionen.

Zur Erinnerung: Ziele religiöser, spiritueller oder philosophischer Denkbemühungen ist es:

- Leiden zu vermindern und Hoffnung aufzuzeigen,
- Freude zu finden,
- die Natur der Welt und unseres Geistes zu erfassen und damit ein kohärentes Welt- und Menschenbild zu erschaffen.

Wenn wir uns nun vor Augen führen, was eine Zahnwurzelinfektion für einen Mönch in einem Kloster des 13. Jahrhunderts (oder gar für einen Bauern oder Knecht) bedeutete, können wir erfassen, warum es die Naturwissenschaften waren, denen es am besten gelungen ist, Leiden zu verringern. Unbestreitbar spielen Schmerz, Krankheiten und Hunger für viele Menschen nicht mehr die bedrückende und einengende Rolle, die sie einmal hatten.

Doch nicht nur unserem Körper dient die Wissenschaft. Auch ist die Freude an der Erfassung des Geheimnisvollen und dem Wissen über die Gründe des Weltdaseins in der Naturwissenschaft mindestens so groß wie in den philosophischen und spirituellen Denktraditionen. Auf zutiefst beglückende Art und Weise befriedigt sie unsere nur allzu menschliche Neugier. Glaube, Intuition, Gefühl für Erhabenheit, Empfinden einer Einheit, pures Staunen über die »Wunder der Natur«, all das sind Bestandteile eines wissenschaftlichen Erkenntnisprozesses, der seine Wurzeln auch jenseits der Erfahrbarkeit und Begreifbarkeit findet, mit anderen Worten, der in der ein oder anderen Form von ›spiritueller Natur‹ ist[25].

So beschreibt der Quantenphysiker Werner Heisenberg in seiner Autobiographie das Gefühl, welches er just in dem Moment empfand, als sich ihm mit einem Male in den abstrakten Zeichen auf dem Blatt Papier Bedeutung offenbarte und er die Grundgesetze der Atome erkannte:

> *»Im ersten Augenblick war ich zutiefst erschrocken. Ich hatte das Gefühl, durch die Oberfläche der atomaren Erscheinungen hindurch auf einen tief darunter liegenden Grund von merkwürdiger innerer Schönheit zu schauen, und es wurde mir fast schwindelig bei dem Gedanken, dass ich nun dieser Fülle von mathematischen Strukturen nachgehen sollte, die die Natur dort unten vor mir ausgebreitet hatte.«*[26]

Wer einmal erfasst hat, wie elegant und nahezu wunderbar sich eine ggfs. auch sehr komplexe mathematische Struktur bei der Erfassung der Natur darstellt und welch unvorstellbare Dinge – von Quarks über lebendige Körper bis zu Schwarzen Löchern – sich dahinter

25 Zur spirituellen Dimension der Wissenschaften siehe: Lars Jaeger, *Wissenschaft und Spiritualität*, Spektrum Springer (2017)

26 W. Heisenberg, *Der Teil und das Ganze*, Piper Verlag München (1969), Seite 68

verbergen können, der kommt aus dem Staunen kaum mehr heraus.

Und last but not least zum dritten Punkt: Wissenschaftliche Erkenntnisse erlauben uns tiefe (wenn auch nicht endgültige) Einsichten in die Natur der Dinge und unseres Geistes. Nicht zuletzt wollen sie die tiefste aller Fragen beantworten, die der englische Naturalist Henry Huxley bereits 1863 wie folgt formulierte:

> *»Die Frage aller Fragen – das Problem, welches allen übrigen zugrunde liegt und welches tiefer interessiert als irgendein anderes, ist die Bestimmung der Stellung, die der Mensch in der Natur einnimmt, und seiner Beziehung zu der Gesamtheit aller Dinge.«*

Nicht nur in der Philosophie und der Religion, auch im wissenschaftlichen Erkenntnisstreben und in der technologischen Fortschrittsdynamik findet das menschliche Streben nach Wissen, Erkenntnis und Glück seinen Ausdruck.

Herren über die Zeit

Man könnte nun einwenden, dass zwar alle Menschen von den wissenschaftlichen Fortschritten profitieren, was Gesundheit und körperliches Wohlergehen angeht (zumindest wenn sie in den entwickelten Ländern dieser Welt leben). Aber nur diejenigen, die sich der wissenschaftlichen Erkenntnis verschreiben – darunter auch die Leserinnen und Leser dieses Buches –, würden echte Freude über die Schönheit ihrer Antworten empfinden können. Ich meine aber, dass der wissenschaftliche

Fortschritt ausnahmslos allen Menschen die Möglichkeit bietet, die eigene Spiritualität zu entdecken und zu entwickeln – und somit das eigene Leben über einen Status herauszuheben, der allein aus Arbeit besteht und dem Versuch, die einfachsten körperlichen Bedürfnisse zu erfüllen.

Die Erklärung hierfür ist ganz naheliegend: Der wissenschaftliche Fortschritt bietet uns einen Überfluss an Komfort und Wohlstand sowie ein langes, gesundes Leben mit einem nie gekannten Maß an Freizeit und nicht endenden Bildungsmöglichkeiten. Früher oder später wird er uns vielleicht sogar ganz oder größtenteils von der Notwendigkeit einer Erwerbstätigkeit befreien. Mit dem Faktor Zeit öffnet sich neben der materiellen Seite des Fortschritts für alle Menschen auch eine spirituelle Dimension.

Wissenschaftlicher Fortschritt verschafft uns immer mehr von dem wichtigsten Rohstoff überhaupt: Zeit.

....

Technologie kann unsere Zukunft zu einem (aus heutiger Sicht) Paradies für Leib und Seele machen (aus der Sicht früherer Menschen hat sie dies bereits getan). Leider sind auch andere, weniger paradiesische zukünftige Entwicklungen denkbar, zumal die mächtige und atemberaubende Explosion an Wissen viele Probleme unserer Zeit erst ausgelöst hat. Das folgende Kapitel beschäftigt sich mit dieser um 180 Grad gedrehten Perspektive.

3 – »NACH UNTEN HIN GIBT ES NOCH VIEL PLATZ«
DIE GEFAHREN UNGESTEUERTEN FORTSCHRITTS

Der Film ›The Day After Tomorrow‹ von 2004 zeigt ein apokalyptisches Szenario: Der Golfstrom versiegt aufgrund schmelzender Polkappen innerhalb weniger Tage und auf der nördlichen Hemisphäre bricht eine neue Eiszeit aus[27]. Die Bevölkerung der US-Südstaaten muss nach Mexiko evakuiert werden, während der Rest seinem Schicksal überlassen wird. Hungrige Wölfe ziehen durch Manhattan, Europa versinkt unter einer Eisdecke.

Der 21 Jahre davor gedrehte Film ›The Day After‹ zeichnet dagegen das Bild einer Welt nach einem Atomkrieg. Die wirtschaftlichen und sozialen Strukturen Amerikas sind zusammengebrochen, das Leben der Menschen ist von heute auf morgen auf ein vorindustrielles Niveau zurückgefallen. Da die Infrastruktur vernichtet ist, müssen sie sich mit primitiven technischen Mitteln behelfen. Viele Überlebende leiden an der Strahlenkrankheit, Seuchen brechen aus, das Militär erschießt willkürlich Menschen, ein jeder bewaffnet sich und ist bereit zu töten um zu überleben.

Beide Filme behandeln GAUs, die in der nahen Zukunft spielen und nichts weniger als den Fortbestand der gesamten Menschheit in Frage stellen – und beide gehören zu den kommerziell erfolgreichsten Filmen ihres

27 Die Aussage, dass der Golfstrom versiegen wird, wenn das Klima wärmer wird, stimmt nicht ganz. Der Golfstrom vor der nordamerikanischen Küste wird hauptsächlich von Winden angetrieben, nicht durch Temperaturunterschiede im Wasser. Ein Ausläufer des Golfstromes, der so genannte Nordatlantikstrom, könnte sich allerdings durch die Klimaerwärmung ändern. Betroffen wäre hiervon in erster Linie Europa, nicht der amerikanische Kontinent. Neuste Ergebnisse (Januar 2017) weisen sogar darauf hin, dass die Gefahr dafür größer ist als bisher angenommen. Siehe: W. Liu, *Overlooked possibility of a collapsed Atlantic Meridional Overturning Circulation in warming climate*, Science Advances, Vol. 3, 04 Jan 2017.

Jahrgangs. ›The Day After‹ kam in den USA als Fernsehfilm heraus und hatte dort unglaubliche 100 Millionen Zuschauer; ›The Day After Tomorrow‹ spielte weltweit über eine halbe Milliarde Dollar ein.

Wir können davon ausgehen, dass Science Fiction schon immer mehr über die Zeit aussagte, in der sie geschrieben wurde, als über irgendeine ungewisse Zukunft. Wenn also unsere Geschichten über das Morgen überwiegend von Dystopien erzählen, von totalitären Staaten, verrückt gewordenen Technokraten, zerstörter Umwelt und Robotern, die die Weltherrschaft übernehmen, dann ist das ein untrügliches Zeichen dafür, wie pessimistisch wir heute in unsere Zukunft blicken.

Das letzte Kapitel zeigte, wie der technologische Fortschritt uns Sicherheit, Gesundheit, Lebensqualität und nicht zuletzt spirituelle Erfüllung in einem Ausmaß ermöglicht, wie sie keine Generation vor uns kannte. Und gleichzeitig malen wir uns oft eine Zukunft aus, in der alles, was wir kennen, zerstört oder die Menschheit ausgelöscht wird. Wie passt das zusammen? Offensichtlich haben die meisten Menschen den Eindruck, dass wir den Folgen des technischen Fortschritts nicht gewachsen sind, ja, dass dieser sogar der Grund für das Scheitern der Menschheit sein könnte.

Auch wenn es uns heute objektiv um vieles besser geht als früheren Generationen, herrscht doch der weitverbreitete Glaube, dass es von jetzt an nur bergab gehen kann.

Moderne Dystopien und Wissenschaftsskepsis

Das war nicht immer so. Bis ins 19. Jahrhundert hinein zeichneten Philosophen und Literaten der westlichen Welt in ihren Zukunftsvisionen ausgesprochen positive Bilder von dem, was den Menschen bevorsteht. Angefangen hat es 1516 mit der ›Utopia‹ von Thomas Morus. Utopia ist eine Welt, in der alle Menschen gleich sind. Die Arbeitszeit beträgt sechs Stunden am Tag und die Häuser werden alle zehn Jahre neu verlost. Auch wenn uns heutigen Menschen die Vorstellung einer solchen Gesellschaft in so manchen Punkten kaum gefallen würde (in ihr haben zum Beispiel Frauen und Sklaven – ja, die sollte es in dieser Wunderwelt auch geben – keine Stimme), musste sie doch den Menschen vor 450 Jahren wie ein Paradies erschienen sein. ›Utopien‹ waren lange Zeit fiktive Welten, die hoffnungsvolle Gegenentwürfe zum tristen Lebensalltag der jeweiligen Gegenwart darstellten. In zukünftigen Gesellschaften sollte es den Menschen an nichts fehlen.

Doch im 20. Jahrhundert kippte das Bild. Das optimistische Bild der Zukunft bekam deutliche Risse. Ein Blick auf die literarischen Zukunftsentwürfe der letzten hundert Jahre zeigt uns überwiegend unangenehme Welten: Ökozid, atomare Apokalypse, mörderische Roboter, totalitäre Regime. So beschreiben Orwells ›1984‹ und Huxleys ›Schöne Neue Welt‹, die Aushängeschilder des Zukunftsromans im 20. Jahrhundert, Albtraumwelten, hervorgerufen durch Weltdiktaturen, die allein durch moderne Technologien ermöglicht werden[28].

28 Erwähnenswert, wenn auch nicht ausschließlich im Kontext der technologischen Entwicklung zu betrachten, ist auch Oswald Spenglers *Der Untergang des Abendlandes* (1922), Ausgabe: Beck Verlag (1998). Unter dem frischen Eindruck des Ersten Weltkrieges entwirft Spengler hier das Bild eines beginnenden Abstiegs der abendländischen (eben auch durch seinen Technologien geprägten) Kultur und stellt sich so gegen die noch bis 1914 weitverbreitete Vorstellung eines andauernden Fortschritts in der Menschheitsgeschichte.

Das entbehrt nicht der Ironie. Denn als der »Schuldige« an der erwarteten Verschlechterung unserer Lebensbedingungen wird dabei nichts anderes als der wissenschaftliche und technologische Fortschritt ausgemacht, also dieselbe Kraft, die erst unseren heutigen Lebensstandard ermöglicht hat. Wir leben heute unter Bedingungen, die die frühneuzeitlichen Hoffnungsszenarien an Paradieshaftigkeit längst übertroffen haben – und an denen die früheren Utopisten gewiss großen Gefallen gefunden hätten. Dass es die Wissenschaften des 17. und 18. Jahrhunderts und ihre Helden wie Isaac Newton und Galilei Galileo waren, die entscheidend zur Aufklärung und damit zum freiheitlichen Menschenbild in einer offenen Gesellschaft beigetragen haben, zählt nun nicht mehr. Ein pauschaler Vorwurf an die Wissenschaft lautet sogar, dass sie die Menschen den Zwängen und Gesetzmäßigkeiten der Technologie und Ökonomie unterwerfe und sie so zu Objekten degradiere. Mit anderen Worten: Wissenschaft *verwehre* dem Menschen das Menschsein[29].

Die Wahrnehmung von Wissenschaft und Technologie hat sich verändert: Sie sind nicht mehr Retter und Heilsbringer, sondern werden als etwas Bedrohliches wahrgenommen.

Wie können wir in einem Zeitalter, in dem Wissenschaft und Technologie ungeahnte Höhen erreichen, unsere emotionale Affinität zum Niedergang deuten? Wie lässt sich diese Widersprüchlichkeit erklären, in der wir zwischen einer bequemen, aber blinden Technikgläubigkeit und einer angstgetriebenen Verwünschung von Wissenschaft und ihren Technologien schwanken? Wir

29 Das neuste Beispiel einer eher fatalistischen Sicht auf die Zukunft des Menschen gibt Y. Harari in seinem neuen Buch, *Homo Deus – A brief history of tomorrow* (Harvill Secker, 2016).

vertrauen blind auf das Funktionieren von Smartphone, Computer, digitaler Datenkommunikation, Antibiotika und vielen weiteren Technologien, verteufeln zugleich aber den technologischen Fortschritt insgesamt.

Ich sehe für diesen merkwürdigen Spagat vier Gründe:

1. Wir sehen uns einer allmächtigen Technologie ausgesetzt, die uns ihren Takt und Rhythmus aufzwingt. Fließbandarbeit, Angst vor Arbeitsplatzverlust durch Technologien, durch technische und mathematische Optimierungsprozesse kreierte Zeitvorgaben für unser Schaffen (›just-in-time‹-Produktion und -Distribution) – all dies schafft in uns das Gefühl des Ausgeliefert-Seins.
2. Wir spüren sehr genau, dass die Auswirkungen unseres Handelns nicht mehr lokal begrenzt sind. Anders als früher und trotz unserer unvergleichbar hohen Lebensqualität geht es heute bei vielen Problemen tatsächlich ums Ganze: Themen wie Atomkrieg, Umweltzerstörung, Überbevölkerung, Klimakatastrophe, künstliche Superintelligenz und Genmanipulation bedrohen die Menschheit insgesamt! Auch Fragen der sozialen Gerechtigkeit, der Energieversorgung oder Ernährung lassen sich sinnvollerweise nur global behandeln. Doch von einem gemeinsamen Ansatz aller Länder der Welt zum Handeln kann bisher nicht die Rede sein.
3. In den letzten 250 Jahren sahen sich die Menschen jeweils singulären technologischen Umwälzungen ausgesetzt. Zudem verlief der technologische Fortschritt langsamer und eher über Generationen hinweg. Das ist heute anders. Wir

haben es nicht nur mit einem einzigen ›technologischen Zauberlehrling‹ zu tun, sondern gleich mit einer ganzen Reihe von ihnen. Die damit verbundene Komplexität und Schnelligkeit gesellschaftlicher Veränderung überfordert uns.

4. Unsere kollektive Wahrnehmung ist darum, dass wir die Folgen unseres Handelns nicht im Griff haben. Wir sehen uns nicht mehr als gestaltende Akteure gesellschaftlicher Veränderungen, sondern versuchen nur noch, auf die irrwitzig schnellen Änderungen zu reagieren.

Die vielfältigen zivilisatorischen Bedrohungen machen unser modernes Dasein zu einem ›Tanz auf dem Vulkan‹.

Auf den folgenden Seiten möchte ich jene Themen untersuchen, die in der negativen Wahrnehmung besonders stark vertreten sind:

1. Thema: *Bedrohung durch die Schere zwischen Reich und Arm*
2. Thema: *Bedrohung durch zukünftige Kriege*
3. Thema: *Bedrohung durch künstliche Intelligenz*
4. Thema: *Bedrohung durch mangelnden Energienachschub*
5. Thema: *Bedrohung durch den Klimawandel*

Haben wir in all diesen Fällen tatsächlich Grund, so pessimistisch in die Zukunft zu schauen?

1. Thema: Reich und Arm – ein Vorstandsmitglied aus Nullen und Einsen

Die acht reichsten Menschen der Welt kamen im Jahr 2016 auf ein Vermögen von über 425 Milliarden US-Dollar, so viel wie das gesamte jährliche Bruttoinlandsprodukt der 74 ärmsten Staaten der Welt zusammengenommen. Die 62 reichsten Menschen der Welt haben der Organisation Oxfam zufolge das gleiche Vermögen wie die gesamte arme Hälfte der Weltbevölkerung. Sechs der Top 8 (Bill Gates – Microsoft, Carlos Slim – Telmex, Jeff Bezos – Amazon, Mark Zuckerberg – Facebook, Larry Ellison – Oracle und Michael Bloomberg – Finanzdienstleistung) haben ihr Vermögen mit der Gründung von Unternehmen gemacht, deren technologische Basis weniger als dreißig Jahre alt ist.

Dic größten ökonomischen Nutznießer der immensen Produktivitätssteigerungen und Gewinne aus unserer wissenschaftlichen Kenntniserweiterung in den letzten 25 Jahren waren also Unternehmen und deren Aktionäre (in Marxistischer Terminologic: das »Kapital«), während die realen Einkommenszuwächse der lohnarbeitenden Mehrheit unserer Gesellschaft stagnierten.

Es spricht wenig dafür, dass im zukünftigen Kapitalismus die Produktivitätsgewinne aus neuen Technologien gerechter verteilt werden.

Im Gegenteil, die Ungleichheit in der Vermögens- und Einkommensverteilung innerhalb unserer Gesellschaft nimmt dramatisch zu – auch wenn es dem Einzelnen unterm Strich besser geht als seinen Eltern oder Großeltern. Die Ungleichheit in der Welt hat unterdessen ein Ausmaß erreicht, das laut OECD und IMF die weitere wirtschaftliche Entwicklung stranguliert. Nachdem das Weltwirtschaftsforum (WEF) über viele Jahre das Hohelied des Wirtschaftswachstums und der freien Märkte gesungen hat, erkennt es nun (in seinem 2017 erschienenen Bericht für seinen Gipfel in Davos), dass es hier eines Ausgleichs bedarf[30]. Seine Protagonisten streben ein neues Modell für Wirtschaftswachstum an, um den Herausforderungen durch technologischen Wandel und Globalisierung zu begegnen. Wachstum und Reduktion der Ungleichheit müssten Hand in Hand gehen[31]. In vielen Ländern gibt es bereits abgegrenzte und bewachte Wohngebiete für den Mittelstand. Hohe Zäune und Wachpersonal halten die weniger Begüterten davon ab, in diese einzudringen. Ist es wirklich das, was wir für unsere Zukunft wollen?

Verschärft wird die Ungleichverteilung dadurch, dass die nächsten Wellen der Automatisierung und Digitalisierung den Arbeitsmarkt noch einmal fundamental verändern, vielleicht sogar ganz zerstören werden. Der Fotokonzern ›Kodak‹ beschäftigte vor 25 Jahren mehr als 140.000 Menschen und hatte 1996 einen Börsenwert von ca. 30 Milliarden US-Dollar. Im Jahr 2012 ging die Firma Bankrott, und ihre Arbeitsplätze verschwanden allesamt. Die Firma hatte den digitalen Wandel in der Fotobranche verschlafen. Eine ihrer ›Nachfolger‹, die 2010 gegründete Firma ›Instagram‹, eine weltweite

30 Wozu sicher auch der weltweite Aufstieg rechtpopulistischer politischer Bewegungen beigetragen hat, der seinen vorläufigen Höhepunkt in der Wahl Donald Trumps zum US-Präsidenten im November 2016 fand.

31 Hier heißt es nun: »Consensus has emerged on the need for a more socially-inclusive approach to generating economic growth«, The Inclusive Growth and Development Report 2017, World Economic Forum (16. Januar 2017)

Online-Plattform, auf der man digitale Fotos aufschalten kann, beschäftigte 2013, als sie von Facebook für eine Milliarde Dollar gekauft wurde, gerade einmal 13 Personen.

Wirtschaftsexperten wie der ehemalige Harvard-Präsident, US-Finanzminister und Chefökonom der Weltbank, Larry Summers, glauben, dass der Gesellschaft bald die Arbeit ausgehen wird. Technologieexperten sagen voraus, dass im Jahr 2033 bis zur Hälfte der heutigen Jobs durch Maschinen ersetzt sein werden[32].

Den Menschen von der Last der Erwerbsarbeit zu befreien, ist prinzipiell nicht negativ zu bewerten. Doch sind unsere Gesellschaften fähig und bereit, die dabei unweigerlich entstehenden sozialen Spannungen aufzufangen?

Auf absehbare Zeit durch Werkroboter überflüssig zu werden, betrifft nicht nur Arbeiter in Autofabriken und anderen verarbeitenden Industrien. Was wird aus den LKW-Fahrern, wenn selbstfahrende Fahrzeuge über die Autobahnen rollen? Was aus Briefträgern und Pizzaboten, wenn autonome Autos und Drohnen die Waren ausliefern? Worauf werden Callcenter-Angestellte umsatteln, wenn künstliche Intelligenz sie in der Beratung von Kunden ersetzt? Womit beschäftigen sich Buchprüfer und Steuerfachleute, wenn alle Ein- und Ausgaben von Unternehmen und Privatpersonen digital erfasst und automatisch verarbeitet werden? Auch wenn die Digitalisierung bis heute unter dem Strich noch keine Stellen

32 Zum Beispiel eine vielzitierte Studie der Oxford Universität von 2013: C. Frey, M. Osborne, *The future of employment: How susceptible are jobs to computerization.*

gekostet hat, weil immer neue Job-Profile entstehen, finden Verschiebungen, die wehtun, bereits statt[33].

Was nur die Wenigsten wahrnehmen: Auch Ärzte, Anwälte, Ingenieure, Manager usw. werden sich Gedanken um ihre berufliche Zukunft machen müssen. Von KI (›Künstliche Intelligenz‹) gestellte medizinische Diagnosen, Algorithmen, die Rechtsfälle evaluieren, Handels- und Portfolioallokations-Algorithmen in der Vermögensverwaltung oder KI-basiertes Auditing von Unternehmen – all dies wird auch in Berufe einbrechen, die heute noch einen hohen Bildungsstandard erfordern und sehr lukrative Einkommensmöglichkeiten versprechen. So hat der Wagniskapital-Fonds ›Deep Knowledge Ventures‹ bereits 2014 den Computeralgorithmus VITAL offiziell in den Vorstand berufen. Wenn der Vorstand zusammenkommt, sitzt natürlich nicht ein Computer mit am Tisch. Doch bei jeder Investitionsentscheidung hat dessen Analyse dasselbe Stimmgewicht wie das seiner fünf Vorstandskollegen.

Als neuer Trend der Arbeitswelt gelten heute globale Freelance-Plattformen, auf denen einzelne Menschen ihre Arbeitskraft weltweit anbieten können, und dies zu Preisen, die sich rein an Angebot und Nachfrage orientieren. Auf der Plattform ›Upwork‹ arbeiten bereits weltweit 12 Millionen Menschen und generieren einen Umsatz von über einer Milliarde Dollar (Stand Mitte 2016). Die Freelancer sind bereit, sich von Upwork online monitoren zu lassen (durch Screenshots sechsmal

33 Befürchtungen, technologische Innovationen könnten Arbeitsplätze vernichten, sind nicht neu. Schon 1931 warnte z.B. der Ökonom John Maynard Keynes vor »technologischer Arbeitslosigkeit«, da »unsere Mittel zur Einsparung von Arbeit schneller voranschreiten als unsere Fähigkeit, neuere Verwendungen für Arbeit zu finden« (in seinem »Enkelkinderaufsatz«, *Economic Possibilities for our Grandchildren*. 1930 (Deutsch in Norbert Reuter, *Wachstumseuphorie und Verteilungsneutralität: Wirtschaftspolitische Leitbilder zwischen gestern und morgen*. 2. Auflage Metropolit (2007), S. 139f.

pro Stunde) und dabei einem Scoring-System ausgesetzt zu sein, das wiederum ihren zukünftigen Stundenlohn bestimmt. Arbeitsplatzgarantie und Privatsphäre gibt es keine. Ein Modell für den zukünftigen Arbeitsmarkt? Was in Bangladesch vielleicht eine große Möglichkeit darstellt, ist für viele europäische Arbeitnehmer eher eine Horrorvorstellung.

Umgekehrt stellte das Weltwirtschaftsforum 2016 fest, dass viele berufliche Fähigkeiten, die heute sehr gefragt sind, vor zehn oder gar vor fünf Jahren noch gar nicht existierten[34]. Historisch betrachtet haben neue Technologien am Arbeitsmarkt tatsächlich immer beides getan, neue Jobs geschaffen und alte verschwinden lassen. Berufe wie Hufschmied, Kutscher oder Schriftsetzer sind verschwunden, Programmierer, Web-Designer oder Biotechnologe und Hunderte andere neu entstanden. Es ist aber zu bezweifeln, dass es gerade die entlassenen Berufskraftfahrer und Pizzaboten sind, die die neuen Möglichkeiten nutzen werden.

Und das zeichnet sich schon heute auf dem Arbeitsmarkt ab, am meisten in den USA. Ökonomen zeigen auf, wie im 20. Jahrhundert die Produktivität der Arbeitnehmer immer auch deren Einkommen erhöhte – und damit die Nachfrage nach Arbeit. Doch seit der Jahrtausendwende beobachten sie eine Entkopplung der beiden Entwicklungskurven[35]. Das bedeutet nichts anders, als dass die Arbeitnehmer nicht mehr von der zunehmenden Produktivität profitieren.

34 *The Future of Jobs - Employment, Skills and Workforce Strategy for the Fourth Industrial Revolution*, World Economic Form 2016

35 E. Brynjolfsson, A. McAfee, *The Second Machine Age*, New York 2014

Neue Technologien bescheren uns wieder eine soziale Ungleichheit feudalen Ausmaßes wie wir sie seit Mitte des 19. Jahrhunderts nicht mehr gesehen haben. Auf der einen Seite wenige Gewinner, auf der anderen Seite die großen Mehrheit auf der falschen Seite des technologischen Fortschrittes.

Vergangene technologische Revolutionen unterstützen diese pessimistische Sicht: Die industrielle Revolution des 19. Jahrhunderts brachte zunächst viele Jahrzehnte lang Massenelend auf der einen Seite und millionenschwere Industriebarone[36] auf der anderen Seite hervor. Es brauchte mehr als ein Jahrhundert sowie große soziale und politische Kämpfe, bis die Verteilung der Produktivitätsgewinne aus der ersten und zweiten industriellen Revolution gesellschaftlich einigermaßen gerecht verteilt waren.

2. Thema: Kriege der Zukunft – Mausklick statt Atombombe

Vor 100 Jahren schockierte die Menschen die Totalität des Ersten Weltkrieges. Millionen und Abermillionen Tote hatte sich bis dahin niemand als Ergebnis einer militärischen Auseinandersetzung vorstellen können. Möglich war diese Vernichtung erst durch die neuen Technologien geworden (Flugzeuge, Maschinengewehre, Panzer, Giftgas etc.)[37]. Schlimmer kann es nicht

36 John Rockefeller, Andrew Carnegie, Cornelius Vanderbilt, J.P. Morgan in den USA, Werner Siemens, Robert Bosch, Fritz Henkel in Deutschland

37 Panzer und Flugzeuge waren im Ersten Weltkrieg noch kaum ausreichend entwickelt, um entscheidende militärische Wirkungen zu erzielen. Sie sollten aber nur 21 Jahre später der »Game Changer« im Zweiten Weltkrieg sein.

kommen, dachte man.[38] Dann, vor 70 Jahren, fuhr den Menschen der Schrecken der Atombombe in die Glieder. Es folgten Wasserstoff- und Neutronenbombe sowie weitere, immer ausgeklügeltere Waffentechnologien. Jahrzehntelang hatte die Hochrüstung zwischen den Machtblöcken Russland und USA zum Ziel, im Ernstfall dem Feind maximalen Schaden zuzufügen, seine Infrastruktur gänzlich zu zerstören und seine Bevölkerung auszulöschen.

Es waren aber nicht nur die Toten von Hiroshima und Nagasaki, die die Menschen entsetzten. Die massive atomare Aufrüstung machte es zum ersten Mal möglich, dass sich die Menschheit selbst auslöscht.

Krieg wurde im Atomzeitalter zu einer existentiellen Bedrohung, die die Zivilisation und sogar den Fortbestand der Menschheit in Frage stellte.

Die Angst vor einem Atomkrieg, die noch bis weit in die Achtzigerjahre die Menschen beherrschte, wurde durch andere Ängste abgelöst. Ein konventioneller oder nuklearer Krieg auf europäischem Boden ist für uns nach dem Ende des kalten Krieges unvorstellbar geworden. Doch sind die Angriffsziele, deren Eliminierung eine Gesellschaft zerstören würde, nicht mehr nur physischer Natur.

Unsere Gesellschaft ist heute auf unbeschreiblich vielfältige Art und Weise vom Funktionieren einer technologischen Infrastruktur anhängig. Verkehrs-, Energie-, Kommunikations- und Dateninfrastrukturen sind unauflöslich miteinander verbunden (schließlich heißt

38 Für viele Zeitgenossen wurde der Erste Weltkrieg auch als »Krieg, der alle Kriege beenden sollte« angesehen.

das Internet nicht umsonst ›Internet‹, es umfasst *alle* Netze). Und genau hier zeigen sich unsere modernen Gesellschaften besonders empfindlich.

Ein Angriff auf unsere Steuerungssysteme für Verkehr, Energie, Handel und Kommunikation hätte verheerende Auswirkungen.

»Ein großflächiger und lang andauernder Stromausfall in Deutschland hätte katastrophale Folgen« – so lautet das Ergebnis einer Studie der deutschen Bundesregierung von 2011. Im Detail stellt diese Studie folgende Gefahren fest:

- Bereits in den ersten Tagen können Menschen nur noch sehr beschränkt miteinander kommunizieren. Die Koordination des Katastrophenschutzes ist dann nicht mehr möglich.
- Das Gesundheitssystem bricht zusammen. Die Notstromversorgung in Krankenhäusern ist nur auf wenige Tage ausgelegt. Rasch kommt es zu Engpässen bei Insulin, Blutkonserven und Dialyseflüssigkeit. Nicht einmal eine Notversorgung mit ärztlichen Dienstleistungen und Pharmazeutika ist mehr gewährleistet.
- Die Trinkwasserversorgung bricht innerhalb kürzester Zeit zusammen. Das Wasser kommt gar nicht mehr zum Wasserhahn, da die Pumpen nicht mehr funktionieren.
- Gleiches gilt nach nur wenigen Tagen für die Lebensmittelversorgung. Milchkühe verenden qualvoll in ihren Ställen. Die Lagerung verderblicher Lebensmittel ist aufgrund fehlender Kühlung nicht mehr möglich.

- Der gesamte öffentliche und private Verkehr versinkt im Chaos, mit vielen Verkehrstoten, kilometerlangen Staus und in U-Bahnen und Zügen eingeschlossenen Menschen.
- Die Bargeldversorgung der Bevölkerung bricht zusammen. Der gesamte Handel kommt zum Erliegen.
- Wenn der Dieseltreibstoff der Notfallgeneratoren verbraucht ist (nach maximal einigen Wochen), setzt die Kühlung von Kernkraftwerken aus. Eimerketten reichen dann nicht. Kernschmelzen mit großflächigem Austritt von Radioaktivität wären die Folge[39].

Fünf Jahre nach Veröffentlichung dieser Studie sieht Bundesinnenminister Thomas de Maizière einen großangelegten Angriff auf die Stromversorgung in Deutschland als eine reale Gefahr an. Im August 2016 sorgte er mit seiner Aufforderung an die Bevölkerung, Lebensmittel- und Wasservorräte anzulegen, für Schlagzeilen. Aber hat ihn eigentlich irgendjemand so richtig ernst genommen?

Am 23. Dezember 2015 wurden in der westlichen Ukraine drei Stromversorger Opfer von gezielten (wahrscheinlich russischen) Hackerangriffen[40]. In insgesamt 235.000 Haushalten fiel der Strom aus. Gleichzeitig wurden die Telefonanlagen sabotiert, so dass die Support-Dienste blockiert waren. Doch die Angegriffenen erwiesen sich (noch) als cleverer als die Angreifer: Trotz des Ausfalls der automatischen Verteilungszentren ge-

39 Dieser Punkt findet sich interessanterweise nicht im Report der Bundesregierung.

40 https://ics-cert.us-cert.gov/alerts/IR-ALERT-H-16-056-01; http://www.security-insider.de/wie-lief-der-angriff-auf-das-stromnetz-der-ukraine-a-519686/

lang es den zuständigen Mitarbeitern schon nach einigen Stunden, die Stromversorgung wieder zum Laufen zu bringen – indem sie das System manuell wiederherstellten.

Auch das US-Militär erkennt die Gefahr eines Hackerangriffs auf die amerikanische zivile wie militärische Infrastruktur. »Cyber 9/11« nennen sie das entsprechende Szenario. »Für uns stellt sich nicht die Frage, ob so etwas passiert, sondern wann, und ob wir als Nation zusammen mit unseren Alliierten drauf vorbereitet sind«, so zitiert das Fachblatt »Military Times« Konteradmiral Kevin Lundsay vom U. S. Cyber Command im Juni 2016. Und selber hat er solche Aktionen auch bereits geführt: Mit dem Computervirus ›Stuxnet‹ gelang es ihm 2007, etwa tausend iranische Zentrifugen für die Anreicherung nuklearen Sprengstoffs unbrauchbar zu machen. Cybertechnologien stellen für viele Militärexperten die größte Veränderung in der Kriegsführung seit dem Zweiten Weltkrieg dar.

Global vernetzt sind wir auch global verwundbar. Angriffe auf die digitale Infrastruktur eines Landes sind bereits Wirklichkeit geworden. Hochspezialisierte Hacker beweisen, dass sie praktisch jedes Netzwerk ausspionieren, sabotieren und manipulieren können.

›Disruption‹, so heißt es, wenn eine Innovation eine Wirtschaftsbranche auf den Kopf stellt. Das beste Beispiel ist das Internet und die Digitalisierung in den letzten 20 Jahren. Sie verändern auch die Spielregeln des Krieges.

Größe und Waffenkraft allein reichen nicht mehr aus, um militärische Überlegenheit zu garantieren. Jeder kann jedem massiven Schaden zufügen. Das könnte auch die Regeln der internationalen Ordnung massiv gefährden.

Tatsächlich zeigen Dokumente, die Edward Snowden an die Öffentlichkeit spielte, dass die NSA bereits 1996 die militärische Bedeutung der Informationsrevolution mit jener der Atombombe gleichsetzte.

3. Thema: Künstliche Intelligenz – Death by Algorithm

Der moderne Krieg hat neben Hackerangriffen noch ein zweites Standbein: Künstliche Intelligenz. Unter Militär- und Geheimdienstexperten ist unbestritten, dass der zunehmende Einsatz unbemannter Waffensysteme die Kriegsführung (bzw. die Arbeit der Nachrichtendienste) massiv verändert. Der moderne Krieg wird mit Drohnen geführt. Und zwar im wörtlichen Sinne per Knopfdruck (bzw. Joystick).

Diese unbemannten Flugobjekte kommen weltweit zum Einsatz. So kann ein Mensch in Somalia oder Afghanistan von einer Waffe getötet werden, die in der Wüste von Nevada gesteuert wird, und dies aufgrund von Zielkoordinaten, die von intelligenten Computeralgorithmen errechnet werden.

Dank Edward Snowden wissen wir heute, dass die National Security Agency (NSA) der USA einen Algorithmus namens Skynet nutzt, um Extremisten zu identifizieren. Flächendeckend werden Millionen Menschen ausspioniert, ob sie zum Beispiel häufig das Handy ausschalten (das könnte ein Hinweis darauf sein, dass der

Besitzer nicht per GPS aufgefunden werden möchte), ob sie Verschlüsselungssoftware nutzen oder sich häufig in Gruppen treffen. Insgesamt 80 Merkmale werden erfasst (mittlerweile wahrscheinlich mehr) und auf dieser Basis jedem beobachteten Menschen ein entsprechender numerischer Wert zugeordnet. Wird ein bestimmter Schwellenwert überschritten, geht die NSA davon aus, dass es sich bei diesem Menschen mit einer Fehlerwahrscheinlichkeit von nur 0,008 Prozent um einen Terroristen handelt.

Das ›Bureau of Investigative Journalism‹ berichtet, dass allein in Pakistan zwischen 2004 und 2015 2.500 bis 4.000 Menschen durch gezielte Drohnenangriffe getötet wurden. Nicht alle waren als Terroristen ›identifizierte‹ Menschen – auch Unbeteiligte verloren ihr Leben.

Der Schritt, dass Menschen zuletzt ganz ohne menschlichen Eingriff durch Systeme künstlicher Intelligenz getötet werden, ist (in technologischer Hinsicht) nur noch klein.

So ganz wohl ist den KI-Forschern nicht bei solchen Entwicklungen. Führende Vertreter ihres Faches appellieren eindringlich an die Öffentlichkeit, sich endlich mit ihrer Forschung zu beschäftigen[41]. Es sei »unumgänglich, dass die Gesellschaft jetzt beginnt darüber nachzudenken, wie sie den maximalen Nutzen aus der KI-Forschung zieht«. Maschinelles Lernen habe in den vergangenen beiden Jahrzehnten »dramatische Fortschritte gemacht«, wes-

41 http://futureoflife.org/open-letter-autonomous-weapons/: »KI-Technologie hat einen Punkt erreicht, an dem der Einsatz autonomer Waffensysteme - praktisch, wenn auch nicht rechtlich - innerhalb von Jahren, nicht von Jahrzehnten, möglich ist, und die Risiken sind hoch: Autonome Waffen sind als die dritte Revolution der Kriegführung nach Schießpulver und Nuklearwaffen beschrieben worden.« Siehe auch die Spezialausgabe des ›Science-Magazins‹, 17. Juli 2016

halb die künstliche Intelligenz eine jener Technologien sei, die unser Leben einschneidend verändern würden. Sie fordern entsprechende Gesetze als »einen wichtigen Teil der rechtlichen Landschaft der Zukunft, die helfen werden, Freiheit, Privatsphäre und das Allgemeinwohl zu bewahren«.

Der KI-Pionier Stuart Russel zeichnet das drastische Bild eines Autos, welches auf eine Klippe zufährt, während der untätige Fahrer hofft, dass der Benzintank leer ist und der Wagen zum Stehen kommt, bevor er in den Abgrund stürzt. Seiner Ansicht nach ist KI für den Menschen so gefährlich wie Nuklearwaffen.

Spätestens hier ist die Rede von ›Superintelligenz‹. Wenn Google und IBM die Entwicklung der Künstlichen Intelligenz vorantreiben, sind wir »wie Kinder, die mit Dynamit spielen«, schreibt der Philosoph Nick Bostrom, Direktor des ›Future of Humanity‹-Instituts in Oxford. Das war es, was Vernor Vinge meinte, mit dem Aufkommen einer Superintelligenz sei, »wenig später die Ära der Menschen beendet«.

Das Szenario einer technischen Intelligenz, die uns alle beherrschen und sogar auslöschen könnte, wird von KI-Experten als reale Bedrohung gesehen.

4. Thema: Versorgung mit Energie – Der unersättliche Hunger

Den größten Teil ihrer Geschichte waren die Menschen ausschließlich auf ihre Muskelkraft angewiesen, auch wenn sie deren Wirksamkeit schon früh durch Werkzeuge zu steigern wussten. Die gesamte zum Leben notwendige Energie entstammte bei den vorgeschichtlichen Jägern und Sammlern somit aus der Nahrung.

→ Der metabolische Grundumsatz des Menschen beträgt ca. 70 Watt (= 1,68 kWh/Tag = 1445 kcal/Tag). Dazu kommt der Energiebedarf, um Arbeiten verrichten zu können.

Doch bereits *Homo erectus* erschloss eine weitere Energiequelle: das Feuer. Damit konnte der Mensch in Gebiete vordringen, die er zuvor hatte nicht besiedeln können, weil sie zu kalt waren. Mit dem Feuer begann auch die Umgestaltung der Umwelt durch den Menschen. Zudem machte das Kochen und Braten die Nahrung verdaulicher und erschloss so einen größeren Anteil der in ihr enthaltenen Energie.

→ Für die Energiebilanz bedeutet das: Der Pro-Kopf-Energieverbrauch von Jägern und Sammlern, die das Feuer nutzten, betrug ungefähr das 3- bis 5-fache des menschlichen metabolischen Grundumsatzes.

Mit der neolithischen Revolution (Einführung der Landwirtschaft) machte sich der Mensch die Muskelkraft von Haustieren nutzbar. Im Laufe der Zeit nutzte er dann auch die mechanische Energie von Wasser und Wind. Brennmaterial wurde nicht mehr nur zum Kochen und Heizen genutzt, sondern auch zur Herstellung von Baumaterial (zum Beispiel gebrannte Tonziegel). Vor allem die Herstellung von Gerätschaften aus Metall verbrauchte hohe Energiemengen.

→ Der Pro-Kopf-Energieverbrauch in vorindustriellen Gesellschaften lag bereits beim 18- bis 24-fachen des menschlichen metabolischen Grundumsatzes.

Der Energiebedarf wurde zum größten Teil mit Holz gedeckt. Von 400 bis 1.600 n.u.Z. ging der Waldbestand in Kontinentaleuropa daher von 90 auf 20 Prozent der Gesamtfläche zurück.

Die Nutzung fossiler Brennstoffe, die die industrielle Revolution einleitete, vervielfachte noch einmal die Energiemenge, die den Menschen zur Verfügung stand. Kohle ersetzte Holz als Hauptenergieträger, was nichts weniger bedeutete, als dass die in Holz unmittelbar gespeicherte Solarenergie durch Solarenergie ersetzt wurde, die vor Millionen Jahren gespeichert wurde. Mit Kohle betriebene Dampfmaschinen bestimmten das Gesicht der Industriellen Revolution, und mit aus Kohle gewonnenem Gas wurden Städte wie London, Boston, New York und Berlin beleuchtet.

→ Mit dem 70- bis 80-fachen des menschlichen Grundumsatzes stieg der Pro-Kopf-Energieverbrauch in Industriegesellschaften dramatisch an.

Seit dem 20. Jahrhundert steigt der globale Energieverbrauch gleich doppelt an: durch den immer weiter steigenden Pro-Kopf-Verbrauch und durch die wachsende Weltbevölkerung. Als sich nach dem Zweiten Weltkrieg Automobil und Flugzeug als Massenverkehrsmittel durchgesetzt hatten, wurde neben der Kohle ein weiterer fossiler Energieträger immer bedeutender: das Erdöl. Sein Anteil am weltweiten Energieverbrauch beträgt heute etwa 34 Prozent, und fast 60 Prozent des Öls wird für den Transport verbraucht.

→ Heute verbraucht die Industrie- und Konsumgesellschaft der USA pro Kopf ca. das 200- bis 250-fache des menschlichen Grundumsatzes; in Europa ist es ›nur‹ etwas mehr als die Hälfte dieses Wertes.

Weltweit verbrauchen wir heute etwa 17.000 Mtoe pro Jahr (die Einheit Mtoe bedeutet Millionen Tonnen Öl-Äquivalent). Das entspricht einer (durchschnittlichen) Leistung von mehr als 20 Terawatt, also 20 Milliarden Kilowatt[42].

Unser Energiehunger ist unersättlich: Um unseren Lebensstandard aufrecht zu erhalten, benötigen wir weit mehr als das Hundertfache des Energieverbrauchs des Jahres 1860.

Uns geht der Sprit aus

85 Prozent der weltweit benötigten Primärenergie werden heute durch fossile Energieträger gedeckt. Die Brennstoffe Kohle, Gas und Öl erzeugen etwa zwei Drittel des Stroms (das restliche Drittel wird zu etwa gleichen Teilen von Wasserkraftwerken und Atomkraftwerken erzeugt).

Und genau hier eröffnet sich ein bedeutendes Problem: Die fossilen Brennstoffmengen sind endlich; auch wenn im Moment der Ölmarkt für die Verbraucher uner-

42 1 Mtoe entspricht 11,63TWh an Energie. 17.000 Mtoe pro Jahr entsprechen einer mittleren Leistung von etwas mehr 22.57 Terawatt.

wartet entspannt ist, wird auf absehbare Zeit der Abbau fossiler Brennstoffe, nachdem die leicht zugänglichen Vorräte ausgebeutet sind, immer schwieriger und teurer. Zum anderen lassen die Umweltfolgen die Nutzung fossiler Energien immer fragwürdiger erscheinen (zum Klimawandel siehe nächster Abschnitt).

Das ›fossile Energiezeitalter‹ geht also zwangsläufig seinem Ende entgegen. Die einst mit großen Erwartungen geförderte Atomenergie ist aufgrund ihrer radioaktiven Abfälle und der Gefahr radioaktiver Verseuchung nach Unfällen keine akzeptierte Alternative mehr.

Und selbst die super-sicheren und super-sauberen Nuklearrektoren, die uns die Atomindustrie immer wieder als »mächtige Zukunftstechnologie« versprechen, erweisen sich bei näherer Betrachtung als genauso bedenklich wie die ›konventionellen‹ Atomreaktoren. Denn leider ist der Betrieb zum Beispiel von Liquid-Fluoride-Thorium-Flüssigsalzreaktoren (LFTR, siehe auch Kapitel 2) weder sicher, noch gibt es dort keine Abfälle, und billig sind sie auch nicht[43].

Viel wahrscheinlicher ist, dass bei gegenwärtig ca. 400 AKWs weltweit ca. alle zwanzig Jahre ein GAU passiert, der ganze Landstriche für hunderte Jahre unbewohnbar macht. Diese Unfallfrequenz ergibt sich auf der Basis diverser statistischer (versicherungsmathematischer) Modelle (der Autor hat sich selber an solchen Modellen beteiligt, s. Neue Zürcher Zeitung, 30. November 2010, S. 11) und entspricht ja auch ziemlich genau unserer bisherigen Erfahrung mit der Kernkraft. Und dann hilft uns keine Zukunftstechnik der Welt.

43 Die Idee von LFTRs ist nicht neu. Bereits im Verlauf des US-Atombombenprojektes »Manhattan Project« während des Zweiten Weltkriegs dachte der Physiker Eugene Wigner über Salz-Flüssigkeitsreaktoren nach. Die Idee eines LFTR wurde bereits in den 1960er-Jahren am amerikanischen Oak Ridge National Lab realisiert (allerdings ohne Thorium zu verwenden).

Und wie steht es mit der im ersten Kapitel erwähnten Kern*fusion*? Ein Witz, den fast jeder Physiker, egal welchen Alters, bereits seit seinem Studium kennt, behandelt das mit ihr verbundene Heilsversprechen: Sie sei die meistversprechende Technologie der Zukunft – und werde dies auch ewig bleiben.

Auf absehbare Zeit werden weder herkömmliche Kernspaltung (aus gutem Grund fehlende gesellschaftliche Akzeptanz) noch Kernfusion (fehlende technologische Umsetzbarkeit) unsere Energieprobleme decken.

Weltweit werden Fördermaßnahmen aufgelegt, um neue Energiequellen zu erschließen. Die erneuerbaren Energiequellen wie Sonne und Wind spielen eine immer wichtigere Rolle. Der Wirkungsgrad von Solarzellen (heute bei knapp 20 Prozent) lässt sich in der Zukunft sicher noch um einiges erhöhen; mit übereinander geschichteten Mehrfachsolarzellen oder neuen Stoffen wie Perowskit vielleicht sogar bis zu 50 Prozent und mehr, so die Erwartung der Forscher. Aber wird dies ausreichen, um den Energiebedarf der Menschheit abzudecken? Laut Prognosen wird die Menschheit im Jahr 2050 ein Vielfaches der heute verbrauchten Energie benötigen. Den Menschen könnte der »Sprit ausgehen«. In diesem Fall werden sich Energiekrisen zu einem noch viel größeren weltpolitischen Konfliktherd entwickeln als die Golfkriege des späten 20. und frühen 21. Jahrhunderts. Es ist sogar vorstellbar, dass zukünftige *Welt*kriege um Energie ausgefochten werden.

Wir haben uns daran gewöhnt, dass unser Energiebedarf gedeckt wird – alles nur eine Frage des Preises und der Kreativität, neue Energiequellen zu erschließen. Doch was passiert, wenn Energie trotz aller Anstrengungen nicht mehr für alle verfügbar ist?

Und dann ist da natürlich noch das bedeutendste Problem unserer heutigen Energiewirtschaft: der durch die Verbrennung fossiler Brennstoffe hervorgerufene Klimawandel.

5. Thema: *Natura facit saltus* – Der Klimawandel

Für Teichbesitzer ist es ein Albtraum: Das Wasser wird von einer Woche auf die andere trübe und undurchsichtig, an der Oberfläche bildet sich ein grüner Algenteppich, es stinkt furchtbar und die Fische schwimmen bauchaufwärts. Und dabei war doch vor kurzem noch alles okay mit dem Gewässer. Was ist passiert?

Der Teich ist umgekippt. Unter ›Umkippen‹ versteht man einen schlagartig auftretenden Sauerstoffmangel in einem Gewässer. Als Konsequenz stirbt alles vom Sauerstoff abhängige Leben darin. Dieser Sauerstoffmangel kann entstehen, wenn der Abbau abgestorbener Algen- und Wasserpflanzen mehr Sauerstoff verbraucht als die lebenden produzieren können. Überspitzt gesagt: Eine letzte abgestorbene Alge lässt die Sauerstoffkonzentration unter einen kritischen Wert sinken (was auch durch äußere Einflüsse wie Wetterbedingungen, Stürme, starker Regen etc. ausgelöst werden kann) und Fische und weitere Lebewesen, die auf Sauerstoff angewiesen sind, sterben. Weil deren Körper nun auch unter Sauerstoffverbrauch zersetzt werden, sinkt der Sauerstoffgehalt nur noch weiter. Ein unumkehrbarer Sterbeprozess setzt ein.

Die Plötzlichkeit dieses Prozesses verwirrt viele Menschen. Denn sie erwarten auch bei ökologischen Systemen die gleichen stetig und berechenbar ablaufenden Prozesse, die sie aus ihrem Alltag gewohnt sind. Wer bei einer Wanderung nach einer Stunde vier Kilometer zurückgelegt hat, wird für den nächsten Kilometer etwa eine Viertelstunde benötigen. Allgemein: Input (geringe Änderung der Menge abgestorbener Pflanzen) und Output (geringe Veränderung des Gesamtzustandes des Teichs) stehen im gleichen Verhältnis zueinander.

Die Fachsprache nennt diese Art von Prozessen ›linear‹. Es gilt: ›ähnliche Ursachen, ähnliche Wirkungen‹. Das macht Veränderungen des Systems über längere Zeiten hinweg gut vorhersagbar. Auch dann, wenn sich ein Prozess kontinuierlich beschleunigt, bleibt er doch berechenbar. Beispiel: Wer jeden Monat 100 Euro zurücklegt, weiß genau, wie viel Geld er nach 10, 50 oder 100 Jahren bei x % Zinsen (inkl. Zinseszins) haben wird[44].

Komplexe Systeme dagegen verhalten sich sehr oft ›nichtlinear‹. Bei ihnen können fast ununterscheidbare Ursachen gravierend andere Wirkungen haben. Physiker sprechen hier auch von ›chaotischen Prozessen‹[45]. An kritischen Schwellenwerten, so genannten ›Kipp-Punkten‹,

44 Die der Zinsrechnung und allen Prozessen, deren Dynamik sich proportional zu deren Geschwindigkeit verhält, zugrunde liegende Differentialgleichung ist nach wie vor linear. Es ist sogar die einfachste lineare Differentialgleichung überhaupt: $dy/dx = r\,y$). Die Lösung dieser Gleichung ist die Exponentialfunktion.

45 Linearität und Nichtlinearität bezieht sich hier nicht auf die funktionale Abhängigkeit des Systemverhaltens von der Zeit. Tatsächlich sind viele Prozesse, die sich nichtlinear mit der Zeit entwickeln, alles andere als chaotisch und sogar gut vorhersagbar (z.B. Vermögenszuwächse durch Verzinsung, die exponentiell verläuft, siehe Fußnote zuvor). Vielmehr bezieht sich ›nichtlinear‹ darauf, dass die Variablen der Bewegung in den zugrundeliegenden (Differential-)Gleichungen in höheren Potenzen als eins, der lineare Fall, vorkommen (siehe noch einmal Fußnote zuvor).

bewirkt in ihnen eine minimale Änderung, dass sich das gesamte System dramatisch ändert (›kippt‹), während es sich diesseits dieser Kipp-Punkte völlig ›normal‹ verhält. Das ist, was in einem Teich passieren kann: Er kippt in einen vollständig anderen (in diesem Fall toten) Zustand.

Auch unser Klima besitzt zahlreiche dieser Kipp-Punkte, von denen wir wissen. Die Grundannahme von Leibniz – und mit ihm im Grunde eines sehr großen Teils der gesamten abendländischen Naturphilosophie seit Aristoteles –, dass »die Natur keine Sprünge macht« (»*natura non facit saltus*«[46]), ist somit falsch.

Die Eigenschaften des Klimas auf unserem Planeten mit seinen zahlreichen nichtlinearen Rückkopplungen stellen sich völlig anders dar als die gewohnten linearen Trends, nach denen sich der politische und gesellschaftliche Gestaltungswille normalerweise richtet.

Konkret: Die Konzentrationszunahme von Treibhausgasen in der Atmosphäre führt zunächst zu einer allmählichen Erwärmung des Klimas, die sich unter anderem im Anstieg der durchschnittlichen globalen Lufttemperatur widerspiegelt. Genau dies beobachten Klimaexperten zurzeit. Doch wir bemerken davon noch nicht viel. War der letzte Winter in Deutschland nun wärmer, weil das Klima sich erwärmt hat, oder liegt das alles noch im normalen Schwankungsbereich? Und irgendwelche Koralleninseln, die das Meer überflutet, sind so weit weg von uns wie Kriege oder Hunger in Afrika. Und ist es nicht

46 Diese Grundannahme, die auch bereits beim Vorsokratiker Heraklit auftritt (»Panta Rhei« – »Alles fließt«), stammt in dieser Form vom Naturforscher Carl von Linné und begründet den biologischen und geologischen Gradualismus. Allerdings gab es um das Thema der Kontinuität des Naturgeschehens in der Geistesgeschichte immer wieder heftige Diskussionen.

sogar ein Vorteil, dass nun in Deutschland Rebsorten angebaut werden können, für die es früher zu kalt war, und damit hierzulande trinkbarer Rotwein produziert werden kann?

So verzetteln wir uns in nutzlose Diskussionen. Denn jederzeit kann ein Kipp-Punkt erreicht sein.[47] Und wenn wir einmal dort sind, können wir nicht mehr bremsen. Bei bestimmten Größenordnungen im Anstieg der mittleren globalen Oberflächentemperatur kann ein sich selbst verstärkender Mechanismus einsetzen und das Klimasystem reagiert mit starken Veränderungen. Unseren Teich können wir abpumpen und neu einrichten. Mit unserer Welt geht das nicht.

Die folgenden Prozesse sind Beispiele für Kipp-Punkte im Klimasystem, die mit dem Anstieg der atmosphärischen Konzentrationen der Treibhausgase verbunden sind:

- Das teilweise Abschmelzen des grönländischen und des westantarktischen Eisschildes sowie der Gletscher im Himalaya und anderen Gebirgen: Das zu Wasser geschmolzene Eis hebt den Meeresspiegel um viele Meter an. Küstennahe Gebiete versinken. Gleichzeitig wird durch den Wegfall der hellen Eisflächen weniger Wärme in das Weltall reflektiert (Experten sprechen von einer ›Abnahme der Albedo‹). Also steigt die Temperatur auf der Erde weiter an. Noch mehr Eismassen schmelzen

47 So beschreiben Sozialwissenschaftler (insbesondere in den Finanzwissenschaften) seit einigen Jahren mögliche, jedoch sehr unwahrscheinliche, dramatische und oft verheerende, nicht-antizipierte Ereignisse mit dem Begriff ›schwarzer Schwan‹. Physiker (und noch vor ihnen die Biologen) haben die Charakteristiken der komplexen und unvorhersehbaren Dynamik nicht-linearer Systeme längst erkannt. Sozialwissenschaftlern bedienen sich dagegen (und unter ihnen insbesondere die Wirtschaftswissenschaftler) nur allzu oft immer noch bis zur Nachlässigkeit vereinfachter Modelle, anstatt den komplexeren Ursprüngen beispielsweise von ›schwarzen Schwänen‹ nachzugehen.

ab, die Albedo verringert sich weiter, das Klima wird noch wärmer usw.

- Störung der ozeanischen Zirkulation im Nordatlantik: Eine Abschwächung des Nordatlantikstroms ist ein sich selbst verstärkender Prozess. Versiegt dieser Strom, so könnte Europa in einer neuen Eiszeit versinken. Während der letzten Eiszeit war diese Zirkulation offenbar zum Erliegen gekommen. Hier zeigt sich die ganze Unvorhersagbarkeit nichtlinearer chaotischer Systeme: Extreme können in beide Richtungen auftreten. Wir sprechen von Erwärmung, und *gleichzeitig* droht uns eine Eiszeit.
- Auftauen des Permafrostbodens unter Freisetzung von Methan und Kohlendioxid: Auch dies ist ein klassischer positiver Rückkopplungseffekt, da mit Methan ein mächtiges Treibhausgas in großen Mengen freigesetzt wird, was zu einem noch größeren Temperaturanstieg und damit zum Auftauen weiterer Gebiete mit Permafrostboden führt[48].
- Abholzung des Regenwaldes, wie beispielsweise im Amazonas-Gebiet: Mit der Vernichtung des Waldes wird auch dessen wertvolle Kapazität zur Bindung von Kohlendioxid zerstört. Darüber hinaus wird durch die Brandrodungen Kohlendioxid freigesetzt, was die globale Erwärmung weiter stimuliert. Dadurch wiederum ist der Regenwald noch mehr in seiner Existenz bedroht. Denn er droht auszutrocknen[49].

48 Zurzeit werden die Details dieses Effektes eingehend studiert. Siehe auch E. Schur, Klimawandel – Tauende Tundra«, Spektrum der Wissenschaften, April 2017, S. 48.

49 Eine globale Erwärmung zwischen zwei und drei Grad, zusammen mit Rodungen und der Ausbreitung von Straßen und der Landwirtschaft könnten schon bis 2050 zur Austrocknung von 40 Prozent des Amazonas-Regenwaldes führen. Siehe auch: C. Bals, H. Hamm: *Die Welt am Scheideweg*, Natur + Kosmos 11/2006, S. 20 - 26

Abrupte, irreversible, drastische globale und lokale Klimaänderungen fordern die Anpassungsmöglichkeiten der menschlichen Gesellschaft stark. Niemand – auch nicht die Klimaforscher – kann voraussagen, wie unser Klima im Jahr 2050 aussieht.

Das geht bis dahin, dass sich an solchen ›Kipp-Punkten‹ die Spielregeln unserer globalen Kultur schnell und dramatisch verändern werden. Was wäre beispielsweise, wenn Nord- und Mitteleuropa unter einer kilometerdicken Eisschicht verschwinden würde? Oder wenn sämtliche küstennahe Städte von Tokio bis New York und Los Angeles im Meer versinken?

Natürlich ist es auch möglich, dass sich die Klimaveränderungen auch noch über Hunderte von Jahren stetig zeigen und wir ausreichend Zeit haben, uns an sie anzupassen. Aber wollen wir wirklich darauf wetten? Der Einsatz ist hoch: Es geht um das Überleben der menschlichen Zivilisation, wie wir sie kennen.

Ändern wir nichts an unserem Energieverbrauch und den damit verbundenen Emissionen von Treibhausgasen steht die Menschheit mit einer allen rationalen Ermessens nach zu hohen Wahrscheinlichkeit vor einem dramatischen Klimawandel. Dies verlangt nach einem nicht minder dramatischen Wandel unserer Technologien in Bezug auf Energieerzeugung, Landwirtschaft, Verkehr und unserer allgemeinen Lebensweise.

Nun hat sich die politische und gesellschaftliche Diskussion um den menschlichen Einfluss auf unseren Planeten, insbesondere auf sein Klima, in manchen Kreisen unterdessen leider weit von jeglicher Rationalität entfernt. Die wissenschaftliche Faktenlage liegt längst jenseits aller vernunftbasierten Bezweifelbarkeit, und dennoch wehrt sich eine lautstarke Minderheit politischer Akteure mit einer unangenehmen Mischung aus Arroganz und Ignoranz bar aller Rationalität und wissenschaftlicher Basis gegen die Möglichkeit eines menschlichen Einflusses auf die bereits beobachtbaren Klimaveränderungen. Zwar verbietet die Komplexität der zugrunde liegenden Zusammenhänge ein für alle Mal festgelegte Prognosen oder Formulierungen von 100 Prozent eindeutigen Kausalzusammenhängen, auch von Seiten derjenigen, die am meisten davon verstehen. Zudem liegt es in der wissenschaftlichen Natur und beruflichen Ethik der forschenden Protagonisten, ihre Aussagen und Modelle immer wieder mit dem Prädikat des Unfertigen zu versehen. Dennoch zeichnet sich unterdessen eine erdrückende Indizienlage ab: Unser Klima verändert sich bereits, wenn auch noch langsam und stetig. Und diese Veränderungen gehen von uns aus.

Erst der technologische Fortschritt mit seinem immensen Energieverbrauch hat ihn in Gang gesetzt. Wenn wir nicht gegenhalten, könnten die Bedingungen unseres Lebens auf diesem Planeten ungemütlich, wenn nicht gar apokalyptisch werden. Und dies würde bedeuten, dass wir als gesellschaftliches Kollektiv trotz unserer immer raffinierteren Technologien scheitern würden.

Auf Messers Schneide

Es ist nicht mehr nur die Möglichkeit eines Atomkrieges, die Komplexität (und Verletzlichkeit) unserer globalen Infrastrukturen oder der Beginn einer globalen Energie- und Klimakrise, derentwegen unsere Zukunft auf Messers Schneide steht. Auch andere Technologien – Big Data, künstliche Intelligenz, Gentechnologie, Neurotechnik, und andere – stellen Gratwanderungen zwischen Wunderwelten auf der einen Seite und globaler Destruktion oder Abfall in totalitäre Herrschaftsformen auf der anderen Seite dar.

Wir verändern – ohne dass wir es beabsichtigen – die Spielregeln unserer Zivilisation maßgeblich, so weit, dass wir als Gattung zu scheitern drohen.

Trotz der offensichtlichen Faktenlage und unseres intellektuellen Begreifens der zu erwartenden Folgen schaffen wir es einfach nicht, adäquat zu reagieren. Vielleicht reichen die intellektuellen und emotionalen Fähigkeiten unserer Gattung prinzipiell nicht aus, um gegen die vielfältigen Bedrohungen anzugehen. Ein Grund dafür kann sein, dass zeitlich sehr entfernt liegende Risikoszenarien in unserem limbischen System kaum Reaktionen zu erzeugen vermögen, da wir davon persönlich kaum mehr betroffen sein werden. Es kann aber auch sein, dass wir nur noch nicht gelernt haben, unser Gehirn so zu nutzen, dass wir uns als Menschheit nicht selbst auslöschen.

Wir beginnen gerade erst, die Funktionsweise unseres zentralen Nervensystems mit den Methoden aus Neurowissenschaft, Genetik, evolutionärer Psychologie oder der Physik komplexer Systeme zu begreifen. Wir erkennen dabei, dass unsere kognitiven Fähigkeiten mit natürlichen Denk- und Wahrnehmungsfehlern ausgestattet sind[50], die uns in der Vergangenheit evolutionäre Vorteile verschafften, uns in der Behandlung zukünftiger globaler Probleme allerdings unvorbereitet sein lassen könnten. Die Frage ist: Wie können wir diese Fehler

50 Siehe auch: Daniel Kahneman, *Schnelles Denken, langsames Denken*, München (2012)

umgehen? Je mehr wir über uns selbst erfahren, desto weniger werden wir diesen unseren Denk- und Wahrnehmungsfehlern ausgeliefert sein.

Aber auch unser zunehmendes Wissen über die Biologie des Menschen ist ein zweischneidiges Schwert: Ehrgeizige Eltern oder skrupellose Regierungen basteln an unseren Genen herum, um Menschen nach ihren Vorstellungen und für verschiedene Einsatzmöglichkeiten zu erhalten – beispielsweise leistungsfähigere Soldaten oder Wunderkinder, die besonders schlau oder hübsch sind.

Wir werden im nächsten Kapitel sehen, dass die Bedrohung, die von heute bereits entwickelten Technologien ausgeht, noch viel weiter reicht. Und dabei geht es um mehr als ›nur‹ den Diskurs, ob die neuen Technologien uns als Gesellschaft nutzen oder nicht, wie wir auf einen möglichen Klimawandel reagieren oder wie die Technologie des Krieges in der Zukunft aussieht. Denn Gen- und Neurotechnologie stellen sogar jeden einzelnen Menschen in Frage.

4 – DIE MENSCHENMACHER
WAS WOLLEN WIR SEIN: MOLEKULARGENETISCHER BIOAPPARAT, NEURO-OPTIMIERTE DENKMASCHINE ODER AUTONOMES INDIVIDUUM?

12. Juni 2014, Corinthians-Stadion in Sao Paulo. 25 Minuten vor dem ersten Spiel der Fußballweltmeisterschaft, Brasilien gegen Kroatien, beginnt die Eröffnungsfeier. Auch wenn viele der 62.500 Plätze im Stadion noch leer sind und von der etwa eine Milliarde Zuschauer am Fernseher wohl ein paar hundert Millionen noch schnell einen Gang zum Kühlschrank machen, bebt die Atmosphäre vor Vorfreude. Die Superstars Jennifer Lopez und Claudia Leitte heizen die Stimmung noch weiter auf, 600 bunte Tänzer wirbeln über das Spielfeld. Und irgendwann während dieser 25 Minuten, irgendwo am Spielfeldrand, steht der 29-jährige Juliano Pinto von seinem Stuhl auf, macht ein, zwei Schritte und tritt gegen einen Fußball, der ein paar Meter ins Feld rollt. Ein winziger Akt in der gigantischen Kulisse, und doch ein gewaltiger Schritt für die Menschheit! Denn der Stuhl ist ein Rollstuhl und der junge Mann ist querschnittsgelähmt. Ein Lahmer kann wieder gehen – ein Menschheitstraum ist in Erfüllung gegangen.

Und keiner hat es gemerkt.

Auch in der Berichterstattung am nächsten Tag erwähnt nur eine Handvoll Artikel den Querschnittsgelähmten, der den Ball kickte. Ein paar Zeilen. Das war's. Die Journalisten haben nicht einmal gemerkt, dass hier ein epochaler Fortschritt darauf wartete, gefeiert zu werden. Wissenschaftliche Großereignisse genießen nun einmal nicht annähernd den Grad des öffentlichen Interesses wie eine Fußball-WM.

Es ist nicht zu fassen, wie wenig es um Physik, Chemie oder Biologie geht, wenn uns Journalisten die neusten wichtigsten Weltnachrichten überbringen. Großartige wissenschaftliche Entdeckungen und Durchbrüche finden statt, und nur einen Bruchteil davon nehmen wir in unserem Alltag wahr. Meist geschieht das erst nach einigen Jahren, wenn sie in Form von iPhone, selbstfahrenden Autos, neuen gentechnologischen und medizinischen Behandlungsverfahren oder immer schnelleren Computern in unserem Alltag angekommen sind. Und niemand fragt sich: Wie ist das möglich? Wie, zum Teufel, haben die das gemacht? Und unterdessen gehen die technologischen Entwicklungen so weit, dass sie das Wesen des Menschen selbst verändern können, wie in diesem Kapitel ausgeführt werden soll.

Gedankenkontrolle

Dass ein nahezu vollständig Gelähmter wieder gehen kann, wird durch reine Gedankenkraft möglich. Denn allein schon die Vorstellung einer Bewegung reicht aus, um unsere Hirnaktivität messbar zu verändern. Der Wunsch, den linken Fuß zu bewegen, führt zu einem anderen Aktivierungsmuster im Gehirn als die Vorstellung, die rechte Hand zur Faust zu ballen. Denn jeweils unterschiedliche Gruppen von Neuronen, die sich in den für die motorische Koordinierung von Körperbewegungen verantwortlichen Bereichen der Hirnrinde befinden, feuern ihre Signale ab. 125 Wissenschaftler und Techniker aus sechs Ländern hatten zwei Jahre an einer Steuerung gearbeitet, die diese Aktivierungsmuster aus dem Gehirn eines Gelähmten mit Hilfe eines dort implantierten Chips liest und in Befehle umwandelt und an ein

Exoskelett weiterleitet. Wie aufmerksame Zuschauer der Eröffnungsshow in Sao Paulo sehen konnten: mit Erfolg!

Auch andere Wege, Gelähmte wieder in Bewegung zu bringen, werden erforscht. Im Frühjahr 2016 gelang Hirntechnologen ein weiterer spektakulärer Coup: Sie hatten dem Gehirn eines von der Schulter abwärts gelähmten Patienten operativ Mikroelektroden eingepflanzt. Über diese Elektroden erfassten sie nun dessen Signale, verwandelten sie über einen Chip in Impulse, die über einen ›neuronalen Bypass‹ um das zerstörte Rückenmark herum direkt zu einer mit Elektroden versehenen Arm-Manschette geleitet wurden. Die über diese Manschette stimulierten Arm- und Hand-Muskeln des Gelähmten führten dann die von ihm gewünschte Bewegung aus – der querschnittsgelähmte Patient konnte erstmals wieder seine Hand öffnen und schließen[51]. Ein Jahr später gelang es dem Patienten bereits, selbstständig Kaffee zu trinken, sich an der Nase zu kratzen und Kartoffelpüree zu essen. Hier ist es also nicht mehr ein künstliches Exoskelett, das die Bewegungen ausführt, sondern die Muskeln des Gelähmten selbst werden aktiv. Damit würden in Zukunft Gelähmte auch ohne klobiges Exoskelett durch die Straßen gehen können.

Und auch der wohl schlimmste Albtraum eines Menschen könnte mit der neuen Technologie erträglicher werden: das ›Locked-in-Syndrom‹. Nach einem Schlaganfall war die US-Amerikanerin Cathy Hutchinson 14 Jahre lang in ihrem Körper gefangen. Sie hatte jegliche Kontrolle über ihre Muskulatur und Körperfunktionen verloren. Bei durchgängig vollem Bewusstsein konnte sie nur ihre Augenlider bewegen. Im Jahr 2012 haben Wissenschaftler dann das Gehirn der 58-jährigen mit

51 Siehe: Bouton, Rezai et al., *Restoring cortical control of functional movement in a human with quadriplegia*, Nature, 13. April 2016

einem Roboterarm verbunden. Sie lernte, die Bewegungen des Arms nur mit ihren Gedanken zu kontrollieren, so dass sie schließlich eine Trinkflasche ergreifen und zu ihrem Mund führen konnte. Ihr Wunsch, wieder zu gehen, könnte schon bald in Erfüllung gehen.

»Ich sage dir: Steh auf, nimm deine Tragbahre, und geh nach Hause! Der Mann stand sofort auf, nahm seine Tragbahre und ging vor aller Augen weg.« Die Geschichte von der Heilung eines Gelähmten durch Jesus von Nazareth wird in der Bibel erzählt (zum Beispiel in Markus 2, 1-12). Fakt ist: Was den Christen aller Welt seit zwei Jahrtausenden als biblisches Wunder dargestellt wird, macht heute Technologie möglich.

Technik macht es möglich, dass Befehle vom Gehirn an den Körper nicht mehr – wie von der Natur vorgesehen – durch Nervenleitungen übermittelt werden müssen. Über Elektroden lassen sich die Hirnsignale direkt an die Muskeln oder auch auf einen künstlichen Bewegungsapparat übertragen.

Twittern von Hirn zu Hirn

Die technische Veränderung unseres Körpers findet bereits seit langem statt. Den ersten Schritt machten die rein mechanischen Hilfsmittel: Seit der Antike gibt es Zahnersatz und Hörhilfen, Brillengestelle seit etwa 700 Jahren. In neuerer Zeit kamen dann Herzschrittmacher, künstliche Gelenke usw. dazu. Auch das Fachgebiet der Elektronik leistete seinen Beitrag: Elektroden, die elektrische Spannungen in das Gehirn leiten und ein Hörerlebnis vermitteln, wurden tauben Patienten bereits vor 25 Jahren eingesetzt. Dass Gelähmte nun die Hoffnung haben dürfen, sich bald wieder aus eigenem Antrieb bewegen zu können, ist nur ein weiterer Schritt auf diesem Weg.

All diese Segnungen der Wissenschaft hatten bislang nur ein Ziel: kranken und versehrten Menschen das Leben erleichtern. Doch mit den Entwicklungen der letzten Jahre treten wir in eine ganz neue Dimension der technologischen Möglichkeiten ein. Nun ist es auch der *gesunde* Mensch, der von der technologischen Beeinflussung seines Körpers und Geistes profitieren soll. Er kann körperlich schneller und leistungsfähiger gemacht werden, als er von Natur aus ist, und auch seine intellektuellen Fähigkeiten lassen sich verbessern. Aber er kann auch ganz neue Fertigkeiten entwickeln – zum Beispiel seine physischen und kommunikativen Fähigkeiten in heute noch ungeahnter Form ausbauen.

So ist es mittlerweile möglich, Twitter-Nachrichten in Form der Gedanken einer Versuchsperson zu erfassen und die Information an das Handy eines Empfängers zu versenden. Im Prinzip ist das ganz einfach: Eine EEG-Elektroden-Kappe zeichnet die Hirnaktivität des Absenders auf, während dieser auf einem Bildschirm die relevanten Buchstaben auswählt. Die Hirnsignale werden dann in eine versendbare Nachricht umgewandelt.

Tatsächlich sind solche »Gehirn-Schreibmaschinen« bereits kommerziell erhältlich: Unter dem Produktnamen »intendiX« bietet die Firma ›Guger Technologies‹ beispielsweise eine entsprechende EEG-Kappe an, mit der sich bis zu 10 Buchstaben pro Minute nur mit den Gedanken aufzeichnen lassen. Mit ihrer Hilfe können auch Patienten mit einem Locked-in-Syndrom wieder kommunizieren.

Die Steuerung von Aktionen allein mit der Kraft der Gedanken ist inzwischen so weit fortgeschritten, dass auch die Fans von Videospielen dies direkt anwenden können. Beispielsweise mittels des Sensor-Headsets *Mindflex*, bei dem ein Spieler durch reine geistige Konzentration eine Kugel durch einen Parcours von flexiblen Hindernissen steuert. Ein weiteres Anwendungsbeispiel: In dem von der EU zwischen 2012 und 2014 geförderten Projekt *Brainflight* steuerten Forscher über geeignete Computerschnittstellen im Flugsimulator Flugzeuge – ebenfalls allein mit ihren Gedanken.

Und dass man mittels Gedanken auch einen Roboter steuern kann, der dazu noch ganz woanders ist, haben vor kurzem israelische und französische Forscher gezeigt: Es gelang ihnen, die Bewegungsvorstellungen im Geist einer Versuchsperson mit einem fMRT (funktionelle Magnetresonanztomographie)-Scanner aufzuzeichnen und die Aufzeichnungen dann in Bewegungsbefehle an einen humanoiden Roboter Tausende Kilometer davon entfernt zu übertragen, der diese dann in physische Handlungen übertrug.

Selbst Affen konnten, nachdem ihnen entsprechende Mikroelektroden in ihren motorischen Cortex (Hirnrinde) eingepflanzt worden waren, dazu gebracht werden, nur mit Hilfe der Denkprozesse in ihrem Gehirn zwei virtuelle Arme auf einem Computerbildschirm zu steuern. Dazu wurde einer Rhesusaffendame zunächst ein spezieller Messfühler in den Cortex implantiert, mit einigen Hundert winzigen Elektroden. Daraufhin ließ man das Tier lernen, die Bildschirm-Arme mit einem Joystick zu steuern. Das Besondere allerdings war, dass der Roboterarm nicht direkt auf die Befehle des Joysticks reagierte, sondern auf die von einem Computerprogramm aufbereiteten Signale aus dem Affengehirn. Plötzlich ließ die Affendame den Joystick los und lenkte den Arm ganz ohne Hilfsmittel. Sie hatte festgestellt, dass sie ihn nur mittels ihrer Gedanken bewegen kann, als wäre es ihr dritter Arm. Bei virtuellen Berührungen des Avatar-Armes feuerten die Neuronen in den Gehirnen des Tieres derart, als wären ihre eigenen Gliedmaßen berührt worden. Der Affe hatte die Bewegungen des Avatars also in sein eigenes, internes Körperbild integriert. Er nahm den digitalen Arm als Teil seines Körpers wahr.

Die Übertragung von konkreten Informationen direkt aus einem Gehirn auf eine Maschine ist keine Science-Fiction mehr, sondern längst Realität.

Dass neue Neurotechnologien auch für jede Menge Spaß sorgen können, zeigt die japanische Firma ›Neurowear‹: Sie entwickelte spezielle EEG-Elektroden-Kappen in Form von Katzenohren (das Produkt heißt »necomimi«, japanisch für ›Katzenohren‹), die sich aufrichten, wenn etwas die Aufmerksamkeit ihres Trägers erregt hat, z.B. ein romantisches Interesse am Gegenüber. Ein echter Party-Knüller!

Für Kinder, die heute geboren werden, könnte es ganz normal sein, als Teenager in ein Exoskelett zu steigen, das ihre Körperkraft verzehn- oder verhundertfacht. Sie brauchen vielleicht auch kein Smartphone in die Hand zu nehmen, um ihren Eltern mitzuteilen, dass sie abends erst eine Stunde später nach Hause kommen wollen. Sie werden es einfach nur denken – und schon ist die Information beim Empfänger angekommen.

Vernetzte Superintelligenzen

Es ist im Einzelnen noch gar nicht klar, welche weiteren technischen Anwendungen an lebenden Systemen sich anbieten werden. Die Möglichkeiten sprengen unsere heutigen Denkhorizonte. Aber wir Menschen haben uns ja schon immer als sehr lernfähig und fantasievoll gezeigt.

So gelang es in den Jahren 2013 und 2015 dem brasilianischen Arzt und Neurobiologen Miguel Nicolelis (der gleiche, dessen Technologie den Gelähmten bei der Fußball-WM 2014 gegen den Ball treten ließ) mehrere Gehirne zusammenzuschalten. Mit Gehirn-Computer-Schnittstellen (»brain-computer-interfaces«, BCIs[52]) verband er bestimmte Neuronengruppen in den Gehirnen dreier Affen. Die derart gekoppelten Gehirne arbeiteten bei bestimmten Aufgaben deutlich besser als die jeweils einzelnen Denkorgane. Konkret mussten die vernetzten Affen in getrennten Kabinen einen virtuellen Arm mit Hilfe ihrer Gedanken steuern. Jeder der drei Affen konnte dabei nur zwei der drei Dimensionen kontrollieren, welche ihm auf einem Bildschirm angezeigt wurden. Um den Arm in die richtige Richtung zu bewegen, mussten die drei Affen also koordiniert arbeiten. Beim Versuch, gemeinsam ein bestimmtes Ziel zu erreichen, feuerten die Neuronen in den drei Affengehirnen im gleichen Takt, wie die Wissenschaftler messen konnten. Die Tiere synchronisierten also ihre Hirnaktivität. Das bedeutet: Die Neuronen in den drei Affengehirnen verhielten sich, als gehörten sie zu *einem* Gehirn.

Nicolelis konnte zeigen, dass solche BCIs auch über Kontinente hinweg funktionieren. Um dies zu beweisen, ließ er die Bewegungen eines Roboters in Japan mit den Gehirnsignalen eines Affen, der auf einem Laufband im US-Bundesstaat North Carolina lief, steuern. Nach einigem Training konnte der Affe die Bewegungen des Ro-

52 Bei BCIs wird die elektrische Aktivität des Gehirns aufgezeichnet. Das kann nichtinvasiv geschehen, z.B. mittels EEG, oder invasiv, z.B. mittels implantierter Elektroden.

boters nur mit der Kraft seiner Gedanken, d.h. mit seinen Gehirnsignalen, exakt steuern (die in Echtzeit über die große Distanz sogar schneller übertragen wurden als reguläre Hirnsignale an die Beine des Affen). Selbst nachdem Nicolelis das Laufband des Affen stoppte und dieser stillstand, lief der Roboter weiter, da der Affe in Gedanken weiterlief.

Nicolelis ist der Auffassung, dass sich mit BCIs Information auch von einem menschlichen Gehirn auf ein anderes direkt und in Echtzeit übermitteln lässt, und dass sich ein Netz von derart verbundenen Gehirnen (ein »Super-Gehirn«) ähnlich schnell ausbreiten könnte wie einst das Internet. Er sieht den Tag kommen, an dem Menschen nicht mehr via Stimme, Tastatur oder Telefon kommunizieren, sondern durch direkten Austausch ihrer neuronalen Aktivitäten. Ein solches Netzwerk, in dem beispielsweise E-Mails durch Gedanken versendet oder eines Tages gar die ganze Breite sensorischer Erfahrungen, Emotionen, Erinnerungen oder Gedanken ausgetauscht werden könnten, nennt er ›Brain-Net‹.[53]

So vielfältig wie die neuen Technologien sind auch ihre Ziele. Begonnen hat alles mit der therapeutischen Behandlung von physischen Krankheiten. Mittlerweile steht auch die Steigerung der körperlichen und intellektuellen Leistungsfähigkeit gesunder Menschen, also von uns allen, auf der Agenda. Selbst der Zusammenschluss von Menschenhirnen zu einem ›Superhirn‹ liegt im Bereich des Möglichen.

53 Dies entspricht dem im ersten Kapitel erwähnten Szenario des Schriftstellers Andreas Eschbach in seiner Romantrilogie *Black Out*, *Hide Out* und *Time Out* (2010-2012).

Hirndoping

Mit der rasanten Entwicklung unserer Fähigkeiten, unseren Körper zu nutzen bzw. miteinander zu kommunizieren ist das Feld der Möglichkeiten noch lange nicht abgesteckt. Auch unsere Emotionen, Wahrnehmungen und Empfindungen werden zunehmend Ziel der Bemühungen der Wissenschaftler.

Da ist zum Beispiel die therapeutische Behandlung neurologischer und neurodegenerativer Erkrankungen wie Parkinson, Alzheimer, Schizophrenie und Depression. Psychopharmaka, also Medikamente gegen Geistes- und Gemütskrankheiten, die direkt in die Biochemie unserer Gefühle eingreifen, gibt es bereits seit Jahrzehnten. Die Wirkmechanismen dieser Medikamente sind im Wesentlichen bekannt. Doch ihre Verabreichung erwies sich bisher in vielen Fällen als ähnlich treffsicher wie ein Betonklotz, mit dem ein Nagel eingeschlagen werden soll. Auch die Entwicklung zahlreicher neuer Wirksubstanzen hat bis heute zu keinen echten Durchbrüchen geführt.

Die elektromagnetische Stimulation bestimmter Hirnbereiche (›transkranielle‹ – wörtlich: durch den Schädel gehende – Hirnstimulation) könnte da viel zielgenauer wirken. Bei besonders schwer depressiven Patienten, bei denen Medikamente gar nicht anschlugen, zeigen sich bereits erste Erfolge. So hoffen heute viele Ärzte für ihre Patienten auf die neuen Entwicklungen der Neurotechnologie.

Doch auch die Beeinflussung der Gehirne nicht-kranker Menschen wird von Hirnforschern und -technologen untersucht. Viele von ihnen sprechen ›Neurochips‹, Gehirn-Implantaten und transkraniellen Techniken der Neurostimulation ein besonders großes Entwicklungspotential zu.

Unter dem schlagenden Begriff ›Hirndoping‹ oder ›Neuro-Enhancement‹ haben die Medien das Thema stimulierender Medikamente für unser Gehirn längst aufgenommen. Nun sollen auch mit neuronalen Prothesen oder elektromagnetischer Hirnstimulation Gedächtnisfunktionen, Empfindungsvermögen oder Gemütszustände nachgebildet und verbessert werden. Tierexperimente mit Ratten und Affen haben bereits gezeigt, dass ein Chip-Prototyp Informationen wie echte Nervenzellen verarbeiten und speichern kann. Das geht so weit, dass Tieren Erinnerungen ›eingepflanzt‹ werden können. Tatsächlich gelang es Wissenschaftlern von der Universität von Süd-Kalifornien 2011, die Erinnerungen einer Maus aus ihrem Hippocampus, dem für das Gedächtnis wichtigsten Hirnareal, aufzuzeichnen und digital auf dem Computer abzuspeichern – und diese dann auch wieder in den Hippocampus einzubringen, nachdem sie die Maus diese Erinnerungen durch eine chemische Substanz hatten vergessen lassen.

Auch beim Menschen wurden erste Erfolge erreicht, und dies nicht zuletzt im Bereich des Militärischen: In Trainingsvideospielen für US-Soldaten schnitten diejenigen Teilnehmer, deren Gehirn über Elektroden an der Kopfhaut Elektro- bzw. Magnetstimulationen erhielt, bedeutend besser ab als andere Teilnehmer. Die Reporterin Sarah Adee vom Magazin ›New Scienti‹ berichtet, wie sie in einem militärischen Forschungslabor mit Hilfe transkranieller Stimulation in einen noch nie erlebten ›flow‹ gelangt war, der ihr in einer simulierten Gefechtssimulation zu unvergleichbarer Leistungsfähigkeit verhalf[54].

Wir müssen uns also fragen: Werden Taxifahrer bald den Stadtplan von London auf einem Neurochip in ih-

54 Siehe: https://www.newscientist.com/article/mg21328501-600-zap-your-brain-into-the-zone-fast-track-to-pure-focus/

rem Kopf abgespeichert haben oder Soldaten auf dem Schlachtfeld mit EEG-Kappen herumlaufen? Werden wir eines Tages vielleicht beliebige Erinnerungen in unseren Geist laden können? Können wir mittels Hirntechnologien gar zu Savants – Menschen mit singulären Hochbegabungen – werden?

Allgemein sollen Neurochips also auch *gesunden* Menschen helfen, ihr momentanes Wohlempfinden anzuheben (zum Beispiel durch elektrische Anregung des dopaminergen Belohnungssystems), ihre intellektuellen Fähigkeiten wie Gedächtnis und Denkgeschwindigkeit zu verbessern (zum Beispiel durch einen Speicherchip im Gehirn) oder gar dauerhafte Glückseligkeit (durch einen entsprechenden permanenten Eingriff in unsere Gehirnchemie) zu erreichen. Aber auch so etwas wie das Anschauen eines Filmes könnte in der Zukunft ganz anders erlebt werden, indem nicht nur visuelle und auditive Reize, sondern über entsprechende Sonden auch andere Empfindungen wie Riechen, Schmecken und Fühlen im Gehirn des Zuschauers erzeugt werden.

Manche Neuroforscher, darunter Theodore Berger von der Universität von Süd-Kalifornien, der die Erinnerungen von Mäusen aufzeichnete, sprechen bereits von der Möglichkeit eines künstlichen Hippocampus, der die gleichen Signale generiert und verarbeitet wie sein biologisches Pendant und sozusagen als Gehirn-Gedächtnis-Prothese einsetzbar wäre. Die Grenzen zwischen dem Menschen, so wie er geboren wurde, und einem mit künstlichen Teilen aufgepeppten Menschen werden also auch in geistiger Hinsicht immer weiter verschwimmen.

Noch aufregender und unheimlicher erscheint die Möglichkeit, Lebewesen, und zuletzt auch dem Menschen, lichtempfindliche Substanzen in die Neurone einzupflanzen, die bestimmte Gene aktivieren (die

Wissenschaftler sprechen hier von »Optogenetik«). Beleuchtet man diese Neuronen dann, so werden sie aktiv. Bei entsprechend präparierten Tieren lassen sich damit schon auf Knopfdruck bestimmte Verhaltensweisen hervorrufen und steuern.

Je mehr wir über die neurologischen Hintergründe von Gefühlen wie Vertrauen, Mitgefühl, Nachsicht, Großzügigkeit, Liebe und Glauben in Erfahrung bringen, desto mehr werden wir dieses Wissen nutzen können, um uns und andere zu manipulieren. Aber was passiert mit uns, wenn sich Stimmungslage, Aufmerksamkeit, Gedächtnis, Auffassungsvermögen, Selbstkontrolle, Willenskraft, emotionale Konstitution, ja vielleicht sogar unsere sexuelle Lust von außen beeinflussen und ggf. sogar steuern ließen, beispielsweise durch neuroelektrische oder optische Impulse?

Man könnte meinen, dass sich auf diesen Gebieten bereits genug Stoff angesammelt hat, der Moraltheoretiker, Politikerinnen, Theologen, Sozialwissenschaftlerinnen, Juristen, NGOs usw. auf Trab halten wird. Denn es muss ja Menschen geben, die für eine Gesellschaft bedenken und entscheiden: Was von dem technisch Machbaren wollen wir überhaupt in unserem Leben haben? Was dient uns und was wird uns voraussichtlich überfordern?

Klar ist: Die wissenschaftliche Erforschung und die mögliche technologische Beeinflussung des menschlichen Geistes werden unseren Alltag völlig umkrempeln. So könnte es für Menschen in 30 Jahren normal sein, jeden Morgen eine Pille zu nehmen, einen Chip einzuschalten oder eine EEG-Kappe aufzusetzen, um Gemütszustand und Geistesvermögen auf die spezifischen Herausforderungen des jeweiligen Tages einzustellen. Doch in der Diskussion darüber, inwieweit Wissenschaft unseren Körper und unsere Psyche manipulieren darf, wird eine grundlegende Konsequenz völlig vergessen: Unser Welt- und Menschenbild wird sich mit den zukünftigen Möglichkeiten der Manipulation unseres Geistes stärker verändern, als alle bekannten philosophischen Lehren, psychologischen Theorien oder spirituellen Praktiken es bisher getan haben.

Nicht nur unser Körper, auch unsere Psyche kann ›optimiert‹ werden. All diese Entwicklungen fordern uns heraus. Uns Menschen steht eine Umwälzung bevor, die in ihren Auswirkungen auf unser Selbstverständnis als Menschen bedeutender sein könnte als das Auftauchen der monotheistischen Religionen vor 2.500 Jahren.

Hardware und Wetware

Unser Körper und unsere Psyche werden heute schon mit Hilfe technischer Bauteile modifiziert. Und die Entwicklung wird nicht bei Herzschrittmachern und kleinen Chips, die in ein Menschenhirn implantiert werden, stehenbleiben.

Der Berliner Wirtschaftsinformatiker Enno Park, Mitbegründer des Berliner Cyborg e.V., war nach einer Masernerkrankung fast taub. Ein Cochlea-Implantat lässt ihn wieder hören: Ein Mikrofon nimmt Schallwellen auf, ein Prozessor wandelt sie in elektrische Signale um, die in den Hörnerv eingespeist werden. Nur die Mikrofone und die Sendespulen liegen außerhalb seines Körpers. Die nimmt er abends vor dem Schlafengehen ab. Aber wie soll er dann den Wecker hören? Seine Idee: Er will sich einen Vibrationsalarm in den Oberarm pflanzen lassen. Am liebsten würde er seinen Körper mit noch viel mehr Technik aufrüsten. Zum Beispiel mit einem kleinen Chip in seiner Fingerspitze, der sein Smartphone sperrt und entsperrt. Und warum nicht das Cochlea-Implantat modifizieren? Technisch wäre es möglich, unangenehme Geräusche auszufiltern oder es als Richtmikrofon einzusetzen. Doch noch hält der Hersteller der Cochlea-Implantate die Software geheim.

Unterdessen ist es sogar möglich, einen blinden Patienten mit einer Sehprothese, einer künstlichen Netzhaut, auszustatten oder einer künstlichen Haut Tastgefühle zu vermitteln. Ein anderes Beispiel ist eine Technologie, die beispielsweise durch Vibrationen magnetische Felder anzeigt. Solche Technologien könnten uns einen neuen ›erlebten‹ Sinn für räumliche Orientierung verschaffen, der insbesondere behinderten Menschen eine neue Lebensqualität schenkt, uns aber auch allgemein ganz neuen Formen des Erfahrens und Erlebens zu geben vermag.

Doch umgekehrt könnten Maschinen neben ihrer ›Hardware‹ auch mit biologischen, neuronalen Bestandteilen ausgestattet werden, so genannter ›Wetware‹, beispielsweise in Form spezifisch konfigurierter Neuronen-Verbände auf einem Trägersubstrat. Diese biologischen neuronalen Netzwerke könnten in Zukunft zum Beispiel Maschinen das Lernen beibringen.

Ob nun der Mensch mit Technik ausgestattet wird oder Technik mit lebenden Bestandteilen – die Rede ist von einer Entwicklung, die sehr wahrscheinlich eines Tages Mischwesen zwischen Mensch und Maschine hervorbringen wird. Schon heute bezeichnen sich Menschen wie Enno Park als ›Cyborgs‹ (*cybernetic organisms*), also als Maschinenwesen, wie sie bisher nur in der Fantasien von Science-Fiction-Autoren vorkamen.

Die Entwicklung geht dahin, dass es beliebige Zustände zwischen ›100 Prozent Mensch / 0 Prozent Maschine‹ und ›0 Prozent Mensch / 100 Prozent Maschine‹ geben wird.

Legokasten der Gene

Es bieten sich aber noch ganz andere, sehr viel direktere Möglichkeiten, den Menschen zu verwandeln. Wir müssen uns dazu noch nicht einmal einen Chip einpflanzen lassen oder in ein Exoskelett steigen. Noch viel grundlegender lässt sich der Mensch durch Eingriffe in sein Genom verändern. Konkret möglich wird dies durch das Editieren von Genen (engl. Fachbegriff: ›genome editing‹). Und hier treffen wir wieder auf die uns bereits bekannte Technologie CRISPR.

Mit CRISPR tritt auch die Gentechnologie am Menschen in eine neue Phase ein. Eingriffe in das menschliche Genom werden in der nahen Zukunft technisch kein Problem mehr darstellen. Für manche medizinische Anwendung ist die Technik bereits so weit entwickelt, dass schon klinische Studien angestrebt werden. Dies umfasst die Behandlung zahlreicher Erbkrankheiten, aber auch von Menschheitsplagen wie HIV, Malaria oder – wir hörten schon davon – gar Krebs. Tatsächlich versprechen sich die Mediziner von den Fortschritten in der Genforschung, dass schon bald nahezu jede heute bekannte Krankheit geheilt werden kann.

Bei vielen Krankheiten kennen wir das verantwortliche Gen. Ein Beispiel ist die ›Beta-Thalassämie‹, die Betroffene den roten Blutkörper Hämoglobin nur unzureichend bzw. fehlerhaft bilden lässt. Sind Vater und Mutter Träger des ›kranken‹ Gens, sind die Symptome schon bei den Babys auffällig: sie sind sehr blass und entwickeln sich nicht gut. Die Betroffenen berichten später von ständigen Kopfschmerzen und Schwindelgefühlen und davon, dass sie schnell außer Atem kommen und müde sind. Weil sich die Hohlräume in den Knochen vergrößern, kommen oft auch Deformationen des Skeletts hinzu. All diese Symptome könnten vermieden werden, wenn das Gen ersetzt wird, dessen Fehlfunktion zu dem schweren Mangel an roten Blutkörperchen führt. Wir sehen also: Gentechniken wie CRISPR bieten großartige Aussichten, den Menschen von viel Leid zu befreien.

Wissenschaftler fragen heute nicht mehr: An welchen Genen *kann* die neue Methode verwendet werden? Vielmehr fragen sie: An welchen Genen *soll* sie verwendet werden? Spätestens hier stellt sich die Frage: Lassen sich mittels CRISPR neben Erbkrankheiten nicht vielleicht auch menschliche Eigenschaften wie Augenfarbe, Körpergröße oder Intelligenz genetisch beeinflussen?[55] Könnten wir gar komplette menschliche Genome synthetisch herstellen, die den Empfänger mit ganz neuen Eigenschaften ausstatten? Tatsächlich erscheinen solche Szenarien mit CRISP/Cas9 sehr viel schneller realistisch zu werden als sich dies die meisten Menschen vorstellen können. Schon lassen sich Mäuse mit gentechnischen Methoden bedeutend intelligenter machen[56]. Wie lange wird es dauern,

55 Hier stellt sich allerdings immer wieder heraus, dass der Zusammenhang zwischen genotypischen (d.h. auf der Ebene der Gene liegenden) Eigenschaften und phänotypischen (tatsächlichen äußeren) Ausprägungen und Merkmale eines Lebewesens außerordentlich komplex und vielfältig sind. So kommen Dutzende bis Hunderte von Gene in Frage, wenn es um die Ausprägung der Intelligenz eines Menschen geht. Dazu kommen epigenetische Faktoren, also Einflüsse (ggfs. auch äußere, postnatale) auf das Genom, die die Genexpression, d.h. das Ausschreiben der DNA- oder RNA-Gensequenz zum Zweck der Proteinsynthese, beeinflussen, die selbst in einem höchst komplexen Zusammenspiel miteinander wirken (siehe hier auch: C. Willyard, *Epigenetik für Fortgeschrittene*, Spektrum der Wissenschaften [Juni 2017]).

56 Indem ihnen mehr Kopien eines spezifischen Gens namens NR2B gegeben waren, das die für Lernen und Erinnern verantwortlichen Rezeptoren im Gehirn reguliert.

bis dies auch beim Menschen möglich ist? Bereits jetzt werden die spezifischen Gene, die uns von unseren evolutionär nächsten Verwandten, den Großen Menschenaffen, unterscheiden und unsere hohe Intelligenz erklären, von den Genforschern sequenziert (wie beispielsweise die unterdessen auch in der populären Literatur bekannten Gene HAR1, FOX2 und miR-94). Die Frage steht also längst im Raum: Können wir mit CRISPR vielleicht auch einen wesentlich intelligenteren Menschen schaffen?

Es war nur eine Frage der Zeit, bis Biologen die neue Methode auch an menschlichen Embryonalzellen anwendeten. Das Besondere: Es wird dann nicht mehr nur in die Gegenwart eingegriffen, sondern auch in die Zukunft. Denn während das durch einen ›normalen‹ Eingriff veränderte Genom mit dem Menschen stirbt, entstehen bei einem Eingriff in die Embryonalzellen eines Lebewesens aus den manipulierten Zellen später auch dessen Ei- und Samenzellen. Damit sind auch die Eigenschaften aller Nachkommen ein für alle Mal verändert. Wenn Krankheiten ausgemerzt werden sollen, ist das sicher eine großartige Sache. Aber was ist, wenn auch ganz andere Eigenschaften des Menschen manipuliert werden? Wir wären dann bei der genetischen Menschenzucht.

Das erste CRISPR-Baby wird wohl kommen – um das vorherzusagen, muss man kein Prophet sein. Das Fachblatt ›Nature‹ spekulierte kürzlich darüber, wo es wohl dereinst einmal geboren wird[57]. Mit Blick auf die jeweilige Gesetzeslage war die Antwort: in Japan, China, Indien oder Argentinien. Während im Westen derartige Möglichkeiten noch an gesetzlichen Hürden scheitern und die Bedenken gegen solche Formen der Eugenetik

57 *Where in the world could the first CRISPR baby be born?*, Nature, 13 October 2015

generell sehr groß sind, ist man beispielsweise in China eugenischen Bemühungen gegenüber sehr viel offener.

Längst haben sich also sowohl die Genetik als auch das Gehirn des Menschen vom Objekt der Forschung zum Gegenstand technologischer Manipulation verwandelt. Bei beiden gilt: Je mehr wir ihre Funktionsweise erfassen, desto näher liegen auch hier die Beeinflussung, Verbesserung und Manipulation. Sowohl die gewaltigen Fortschritte der Neuroforschung als auch die Entwicklungen der Genforschung konfrontieren uns mit essenziellen, die gesamte Menschheit betreffenden Fragen.

CRISPR eröffnet eine ganz neue Dimension an Möglichkeiten, den Menschen zu verändern. Schon bald werden sich menschliche Eigenschaften wie Schönheit und Intelligenz genetisch beeinflussen lassen. Und auch vor einem Eingriff in die menschliche Keimbahn schrecken die Gentechnologen nicht zurück.

Eine Frage der Ethik

Im Jahr 1961 formulierte der Schweizer Schriftsteller Friedrich Dürrenmatt in seinem Theaterstück *Die Physiker*: »Der Inhalt der Physik geht die Physiker an, die Auswirkungen alle Menschen.« Vielleicht würde Dürrenmatt sein Stück heute *Die Biologen* nennen. Denn unterdessen hat der wissenschaftlich-technologische Fortschritt auf dem Gebiet der Biologie eine nicht weniger rasante und komplexe Dynamik gewonnen wie die moderne Physik (die uns bekanntlich zur Atombombe führte). So droht auch die moderne Biologie sich nicht nur dem geistigen Auflösungs-, sondern auch dem ethischen Urteilsvermögen der meisten Menschen zu entziehen.

Wollen wir beispielsweise wirklich, dass Eltern über detaillierte Eigenschaften ihres Nachwuchses entscheiden können? In vielen Ländern wollen Eltern bevorzugt Söhne. Die Ein-Kind-Politik Chinas hat über den ›konventionellen‹ Weg der Auswahl durch Abtreibung aufgezeigt, welche gewaltigen Probleme entstehen können, wenn Eltern die Eigenschaften ihrer Kinder bestimmen. So werden heute Mädchen und junge Frauen aus Nord-Vietnam entführt, um in China mit ›überzähligen‹ Männern zwangsverheiratet zu werden[58]. Die Möglichkeit der pränatalen genetischen Bestimmung würde diese Spielwiese wohl noch einmal deutlich vergrößern. Auch die gesellschaftlichen Probleme, die aufträten, wenn die Menschen durch genetische Methoden und andere alterungsbeschränkende Maßnahmen eine Lebenserwartung von 150 Jahre erlangten, lassen sich leicht vorstellen.

Doch was würde es erst bedeuten, wenn sich unsere Absichten, unser Erleben und unser Denken von außen steuern ließen? Oder wenn gentechnisch optimierte Menschen denjenigen, die ihren Genmix nach dem Millionen Jahre alten Zufallsverfahren erhalten haben, hinsichtlich kognitiver oder körperlicher Fähigkeiten deutlich überlegen sein würden? Sind wir bereit, die ethischen Konflikte auszutragen, die darin bestehen könnten, dass manche von uns den Weg einer genetischen oder hirnphysiologischen Neukonstruktion beschreiten und andere nicht? Ab wann würde die Manipulation von

58 Der Autor hat eine Tochter, die in Nord-Vietnam geboren wurde. Ihre 18-jährige (2017) leibliche Schwester lebt noch heute dort. Daher ist der Autor von der Sorge über diese Art von Menschenhandel persönlich betroffen.

Menschen und ihrer Neuroanatomie und -funktionalität bzw. ihrer Erbfaktoren gegen die Menschenwürde verstoßen? Wo müssen wir ein Stoppschild ›Bis hierher und nicht weiter‹ aufstellen? Was wäre ein möglicher ›ethischer Damm‹ gegen diese Entwicklung? Und wäre ein solcher Schutzwall überhaupt von dauerhaftem Bestand?

Hier stellt sich uns eine grundlegende Frage: Dürfen wir überhaupt alles machen, was wir technisch machen können? Leider gibt es darauf keine einfache Antwort. Es dürfte unter vielen Menschen einen Konsens darüber geben, dass künftige gentechnisch designte Babys mit Hyperintelligenz und übermenschlicher sportlicher Leistungsfähigkeit oder andere unethische Genmanipulationstechniken vermieden werden sollten. Oder darüber, dass wir in unseren Gedanken und Absichten frei von direkter äußerer technologischer Manipulation bleiben sollten. Beim Einsatz genmanipulativer oder neurotechnologischer Methoden zur Heilung leidvoller Krankheiten ist dies indes vielleicht schon anders. Sie würden wohl von den meisten Menschen begrüßt werden.

Eine der größten Herausforderungen unserer Zeit ist es, einen international gültigen Konsens zu finden, der bestimmt, welche Manipulationen gewünscht sind – und welche nicht. Die Entwicklungen in Neurobiologie und Genetik bedeuten aber auch, dass in einem (internationalen) politischen und gesellschaftlichen Prozess nicht mehr nur ganz neue Verabredungen zwischen Menschen, Wissenschaftlern, Interessensgruppen, Ländern etc. getroffen werden müssen, z.B. über Klimakontrolle, nukleare Abrüstung oder Embryonenforschung. Es geht um weit mehr.

Gen- und Neurotechnologien stellen in letzter Hinsicht jeden einzelnen Menschen, jeden von uns, in Frage. Wie wir mit ihnen umgehen, bestimmt die Zukunft unseres Menschseins und unserer individuellen Freiheit.

Jetzt wird es ernst

Spätestens seit es im Jahr 2003 gelang, das komplette menschliche Erbgut (Genom) zu entschlüsseln, oder seitdem man geeignete BCIs konstruiert, um unser Denken, Fühlen und Wahrnehmen zu verändern, haben die Wissenschaftler die Türe zu einer neuen technologischen Dimension aufgestoßen. Zur Vereinnahmung der Natur durch den Menschen, welche bis dahin unsere Kulturgeschichte ausgezeichnet hat, gesellt sich ein zweites Projekt: die Umgestaltung des Menschen. Mittels der dargestellten technologischen Möglichkeiten rückt eine Um- oder Neukonstruktion unserer molekulargenetischen und neurophysiologischen Grundlage in den Bereich des Möglichen, ein genetisches und neurologisches Re-Design des Menschen, in welchem unsere körperlichen und intellektuellen Fähigkeiten weitgehend optimiert und wir Menschen zu neuen, bisher unerreichten mentalen, intellektuellen und physischen Höchstleistungen befähigt werden.

Wir könnten also schneller als gedacht Zeuge einer Entwicklung werden, die bisher nur in Science-Fiction-Filmen Realität geworden ist und nicht nur für prinzipielle Gegner der Gentechnologie oder des Neuro-Enhancements eine Horrorvision darstellt. Der Mensch könnte sich selbst, seine körperlichen und geistigen Anlagen und Fähigkeiten gen- und neurotechnologisch derart grundlegend verändern, dass er sein Wesen als Ganzes fundamental revidiert. Die Möglichkeit, superstark oder superintelligent zu werden, ist dabei, die Welt des Science-Fiction zu verlassen. Wird der Mensch bereits in naher Zukunft seine biologischen Eigenschaften verändern? Wird er damit nichts weniger als Herr über die weitere Evolution seiner eigenen Art?

Leben aus dem Reagenzglas

Und es geht noch weiter: Bereits seit Jahrtausenden schaffen Tier- und Pflanzenzüchter Organismen, auf welche die Natur nicht gekommen ist. Jeder Hund ist ein Beispiel dafür. Doch mit der Gentechnologie sind auch hier ganz neue Entwicklungen möglich. So hat sich im Umfeld der schwindelerregenden Möglichkeiten der Gentechnologie in den letzten Jahren ein weiteres ›heißes Eisen‹ der Biotechnikbranche entwickelt. Es schafft die Möglichkeit, einen jahrtausendealten Traum der Menschheit wahr werden zu lassen: Die neuste Devise der Genforscher lautet ›life from scratch‹ (›Leben aus dem Nichts‹) – die Erschaffung künstlichen Lebens. Hier geht es nicht mehr nur um die Manipulation einzelner Gene, sondern um die Erschaffung kompletter Genome (Gesamt-DNA eines Organismus), mitsamt ihrer gesamten Funktionalität. Dies ist nicht weniger als die moderne Version des bekannten literarischen Beispiels des von Viktor Frankenstein erschaffenen Monsters aus Mary Shelleys gleichnamigen Roman *Frankenstein* aus dem Jahr 1818.

Das Prinzip erscheint recht einfach: Aus einer Datenbank von vielen Millionen Genen simulieren Geningenieure mit dem Computer die Eigenschaften von noch viel mehr möglichen Genkombinationen. Damit werden komplette Genome mit bestimmten erwünschten Eigenschaften identifiziert und konzipiert, daraufhin chemisch synthetisiert und maschinell hergestellt. Einige Biologen vergleichen dies mit Legobausteinen. Die künstliche Herstellung einzelner Gene ist bereits ein Standardverfahren und wird heute von zahlreichen Firmen weltweit kommerziell angeboten. Zuletzt werden die synthetisierten Genome in den Zellkern von Bakterien eingeführt, deren natürliches Genom zuvor entfernt wurde.

So gab der Genpionier Craig Venter im Frühjahr 2010 bekannt, dass es seinem Team gelungen war, ein künstliches Genom im Labor zu bauen und in eine zuvor von ihrer natürlichen DNA befreiten bakteriellen Zelle des ›Mycoplasma capricolum‹ zu implantieren. Das künstliche Bakterium war nicht nur lebensfähig, es konnte sich sogar vermehren! Und im März 2014 wurde bekannt, dass es einem Team um den Biologen Jef Boeke gelungen ist, ein komplettes Chromosom einer Hefe im Reagenzglas nachzubauen, und dies sogar mit einigen erwünschten Modifikationen. Im Jahr 2018 oder 2019 soll das komplette Genom synthetisiert und in die Hefe eingebaut sein[59]. Bei Hefen handelt es sich um so genannte Eukaryoten. Deren Erbgut ist wesentlich umfangreicher und komplizierter aufgebaut als das der Bakterien und Viren in den Studien Venters. Im Wesentlichen entspricht es dem höherer Lebewesen – wie dem Menschen. Wir erkennen hier also erste Schritte zur künstlichen Herstellung komplexerer Lebensformen.

Venter spricht bereits von einer neuen ›digitalen Ära‹ in der Biologie, in der DNA als ›Software des Lebens‹

59 Bisher (Anfang 2017) ist es gelungen 6 von 16 Chromosomen der Hefe künstlich herzustellen.

beliebig programmiert werden kann, um Mikroorganismen nach Bedarf zu schaffen.[60] Wir können uns kaum vorstellen, welche Möglichkeiten sich in zukünftigen Jahren auf der Grundlage solcher biotechnologischer Verfahren ergeben. Venter glaubt beispielweise, dass künstliche Mikroorganismen schon bald das klimagefährdende CO_2 aus der Luft herausholen können.

Zuletzt wird uns diese Forschung vielleicht sogar Antworten auf die jahrtausendalte Frage geben, was Leben denn überhaupt ist und wie es auf unserem Planeten entstanden ist. Wäre nicht die überzeugendste biologische Erklärung der Lebensentstehung das Gelingen des Versuches, den dafür relevanten Prozess nachzubauen und Leben komplett im Labor künstlich zu erzeugen?[61] Dies wäre wohl die überzeugendste Widerlegung jeglicher religiöser oder vitalistischer Auffassungen bzgl. des Wesens und des Ursprungs des Lebens.

Die Herstellung genetisch neuer Lebensformen wirft bedeutende Fragen auf: Dürfen wir in das Leben eingreifen – und Gott spielen, wie es bereits heißt? Sind künstlich hergestellte Wesen ›lebendig‹ – oder sind sie als Maschinen zu behandeln? Welche Kriterien gelten für das neue Leben? Ist es schützenswert? Und: Welche Gefahren sind damit verbunden?

60 DNA selbst lässt sich heute leicht künstlich herstellen, was heute auch kommerziell angeboten wird, von einzelnen Genen bis hin zu funktionsfähigen Genomen (der globale Markt für synthetische DNA ist heute ca. eine Milliarde US-Dollar groß). Bis 2016 waren die Kosten für ein einzelnes DNA-Basenpaar von ca. vier US-Dollar im Jahr 2006 auf ca. drei US-Cents gefallen.

61 Hier sollte man allerdings vorsichtig sein: Ohne ihre zelluläre Umgebung, die Venter ja noch von einer bestehenden Lebensform verwendet hat, ist die Wirkung der DNA kaum zu verstehen. Erst die Zelle hauchte seiner DNA-Schöpfung Leben ein. Ohne sie wäre Venters DNA nicht mehr als eine Ansammlung kohlenstoffhaltigen Materials. Venters Behauptung, künstliches Leben erschaffen zu haben, gleicht somit derjenigen, durch die Installation von Windows 10 einen Computer geschaffen zu haben.

Bewusstseinstechnologien: Wenn ich nicht mehr ich bin

Und noch von einer weiteren Seite wird unser über Jahrtausende gewachsenes Selbstverständnis in Frage gestellt, nämlich durch die wissenschaftliche Erfassung – und mögliche technische Beeinflussung – unserer Selbstwahrnehmung. Ausgangspunkt hierfür ist eine Technologie, die wir eher aus Videospielen kennen: Virtuelle Realität (VR). Firmen wie Facebook und Sony geben Milliarden aus, um den Menschen eine neue Welt vorzuspielen – was zunächst durchaus wörtlich zu nehmen ist, denn Videogaming stellt nach wie vor die Hauptdomäne der Anwendungen von VR-Technologien dar – und schenkt der Menschheit so schöne Dinge wie ›Pokemon-Go‹. Mit immer schnelleren Computern steht die virtuelle Realität nun vor der Tür unseres Alltagslebens.

Doch lässt sich aus all der (Video-)Spielerei überhaupt etwas ernsthaft Interessantes gewinnen? So manche frustrierten Eltern von videogamesüchtigen Kindern freuen sich vielleicht über die Antwort: Tatsächlich stellt die Erforschung und Entwicklung virtueller Realitäten ein »interessantes Werkzeug, den menschlichen Geist zu erforschen« dar, so der Neurophilosoph Thomas Metzinger.

Immer präziser vermögen die Hirnforscher zu vermessen, welche Regionen in unserem zentralen Denkorgan für bestimmte Regungen, Gefühle, Reaktionen und Wahrnehmungen zuständig sind. Sie erkennen, wie wir in unserem Gehirn die zahlreichen Reize der Innen- und Außenwelt aufnehmen, verarbeiten und zu konkreten Reaktionen werden lassen. Und dabei zeigt sich, dass all diese Vorgänge nicht fix vorgegeben sind, sondern sich manipulieren lassen. Und das sogar verhältnismäßig leicht, wie bereits einfache optische Illusionen zeigen.

Sogar unsere Fähigkeit zu einem einheitlichen bewussten Erleben unseres Selbst, das was Philosophen das »phänomenale Selbst« nennen[62], ist nur begrenzt stabil. Tatsächlich lässt sich unser phänomenales Erleben leicht erschüttern. Wahrnehmungsveränderungen nach Einnahme von Drogen und Halluzinogenen sind Belege dafür. Sie können bis zu einer vollständigen Auflösung jeglicher Ich-Empfindung führen. Aber auch neurologische Krankheiten und Hirnverletzungen können unser ›normales‹ Erleben komplett verändern.

So lässt sich, wie neuere Experimente zeigen, unsere Selbstwahrnehmung auch gezielt manipulieren, beispielsweise durch das Erzeugen virtueller Realitäten oder auch die Konstruktion von ›Avataren‹ (siehe Kapitel 8 für weitere Details). Dies führt uns nicht nur zu neuen, radikalen Antworten auf die Frage, was unser Bewusstsein und Erleben überhaupt ausmacht, sondern auch wie sich diese ggfs. von außen beeinflussen oder sogar steuern lassen.

Virtuelle Realität ließe sich daher auch als eine neue ›Bewusstseinstechnologie‹ bezeichnen[63]. Mit entsprechenden neurologischen Manipulationen unserer Wahrnehmung und Reizverarbeitung könnte diese Technologie in uns ganz neue Identifikationen und Bewusstseinszustände hervorrufen. Dafür muss sie direkt in die funktionalen bzw. zuletzt gar in die neurophysiologischen Schichten dessen eingreifen, was unser Selbsterlebnis erzeugt, also genau dort, wo unser Gehirn es

62 Damit ist natürlich nicht ein ›großartiges‹ Selbst gemeint, sondern ›phänomenal‹ bedeutet hier ›direkt auf das Erleben bezogen‹. Das phänomenale Selbst ist also das ›erlebte Selbst‹. Siehe auch Kapitel 8 für weitere Details.

63 Der Begriff ›Bewusstseinstechnologie‹ wird in verschiedenen Zusammenhängen gebraucht, u.a. mit meditativen Bezügen, leider aber auch in esoterischeren Kreisen. Hier meinen wir eher Bezüge zu den Neurotechnologien (auch wenn Bezüge zu meditativen Techniken durchaus hergestellt werden können, zu esoterischen Glaubenssystemen dagegen kaum).

schafft, uns das Erlebnis und die subjektive Vorstellung eines Selbst zu geben. Neuroforscher sprechen an dieser Stelle auch von einem ›phänomenalen Selbstmodell‹[64], welches der Vorstellung eines Ichs in unserem Gehirn zugrunde liegt.

Komponenten dieses ›Selbstmodells‹ sind beispielsweise auch Teile ›meines‹ Körpers, und unser Selbstmodell kann recht einfach dazu gebracht werden, sich anstatt an unsere biologischen Körperteile aus Fleisch und Blut an künstliche Sinnes- und Handlungsorgane zu koppeln, eben an so genannte ›Avatare‹. Dass dies schon heute möglich ist, werden wir in Kapitel 8 vertieft betrachten. Solche virtuellen Verkörperungen von Objekten außerhalb unseres biologischen Körpers lassen schon bald ein weites Spektrum faszinierender Anwendungen denkbar werden.

Dabei könnte eine Entwicklung einsetzen, dass wir uns mit der Zeit mit Gegenständen, Situationen oder Personen in der virtuellen Welt immer stärker identifizieren, ganz so wie wir dies heute mit unseren Armen oder Beinen tun. Und das verändert auch die Identität der eigenen Person in der realen Welt. Mit Hilfe eines Avatars und der Aufzeichnung der Hirnaktivitäten durch eine geeignete BCI ließe sich beispielsweise ein Roboter steuern. Genau dies wurde von der oben erwähnten israelisch-französischen Forschergemeinschaft bereits experimentell umgesetzt. Der Trick dabei war, dass der Versuchsperson die Perspektive des Roboters mit Hilfe einer Kamera, die auf dessen Kopf platziert war, auf einer Datenbrille wieder vorgespielt wurde. So nahm sie schließlich den Roboter-Avatar als Teil ihres eigenen Körpers wahr. Sie integrierte ihn in

64 Der Begriff stammt von Thomas Metzinger.

ihr Selbstmodell. Mit anderen Worten, sie verkörperte sich darin visuell.

Virtuelle Realitäten haben gewaltige Auswirkungen auf uns selbst und das, was wir als Bestandteile unseres eigenen Ichs erkennen. Mittels virtueller Verkörperungen in geeigneten Avataren könnte sich das menschliche Selbstmodell und die Selbstwahrnehmung in Zukunft sogar steuern lassen.

So faszinierend diese Möglichkeiten sind, so furchterregend sind auch so manche damit verbundenen denkbaren Szenarien. »Die Möglichkeiten, sich schon bald in virtuellen Umgebungen fast wie in der realen Welt bewegen zu können, hat ungeahnte Auswirkungen für unsere Psyche und Selbstwahrnehmung«, sagt Thomas Metzinger und nennt mögliche damit einhergehende Risiken, wie psychologische Manipulationen, Halluzinationen, Persönlichkeitsveränderungen oder die Beeinflussung des Unterbewusstseins. Oder was passiert, wenn mit Hilfe von Avataren und rein durch Gedankenkraft gesteuert Roboter dazu gebracht werden, gewalttätig zu werden, ohne dass ihr Kontrolleur dies bewusst will, jedoch im Unterbewusstsein irgendwelche Gewaltfantasien hegt? Dies birgt zuletzt auch eine militärische Dimension: Können wir schon bald Drohnen oder Kriegsroboter mit Hilfe von Avataren steuern? Dies wäre eine ganz neue Art der Kriegsführung. Solchen Fragen wird in der Öffentlichkeit noch kaum Aufmerksamkeit geschenkt.

So wie unsere Gesellschaft bis heute ablehnend auf den Einsatz bewusstseinsverändernder Substanzen reagiert, werden wir uns ähnlichen Fragen auch bezüglich virtueller Realitäten stellen müssen. »Welche Hirnzustände sollten in der Zukunft legal sein?«, fragt Metzinger konkret. Bisher sind uns solche Szenarien nur aus so bekannten Filmen wie »The Matrix« oder »The 13th Floor – Bist du was du denkst?« (beide aus dem Jahr 1999) als Fiktionen bekannt. Das könnte sich schon bald ändern.

Ein Manifest

Unsere Fähigkeiten und die Funktionen des einheitlichen bewussten Erlebens sind stark von äußeren Umstände und Erfahrungen abhängig. Hier treffen die neuen Erkenntnisse der Bewusstseinsforschung auf die beschriebenen Möglichkeiten von Mensch-Maschine Interaktionen oder Gentechnologien. Was passiert beispielsweise, wenn wir ein Stück Maschine in uns haben? Erfahrungsberichte von Herzanfall-Patienten, denen ein Herzschrittmacher in ihren Körper eingepflanzt wurde, können ein erstes Licht auf diese Frage werfen. Sie beschreiben das Gefühl der Entfremdung[65]. Diese Destabilisierung kann sogar bis zum Suizid führen.

Und noch weiter: Wie fühlen wir uns als Menschen, wenn wir durch Computer immer intelligenter werden oder sogar mit ihnen verschmelzen? Was bedeutet es für unsere Identität, wenn wir das Ergebnis einer genetischen Optimierung werden? Wie steht es mit unserer Autonomie, wenn wir uns mit anderen Avataren verbinden? Was wäre, wenn von unseren Gedanken kontrollierte Avatare auf der Basis unserer unbewussten Impulsregungen handeln? Wie fühlen sich Menschen, die das Ergebnis einer technologischen Manipulation nach dem Willen anderer Menschen sind? Wie viel bleibt von uns als Individuum übrig, wenn unsere Psyche und Selbst-

65 Für eine interessante Darstellung einer solchen Entfremdung, siehe: Oliver Gaw: *Neustart*. Adeo Verlag (2016).

wahrnehmung durch virtuelle Verkörperungen verändert werden? Und was passiert, wenn wir nicht mehr zwischen echten und heruntergeladenen Erinnerungen unterscheiden können? Werden die Menschen der Zukunft gen- und neurotechnisch optimierte biologische Ego-Maschinen sein? Wie steht es mit dem Grundsatz »Unsere Gedanken sind frei?«, wenn sich unsere Gehirne verbinden lassen und wir in einer globalen Superintelligenz aufgehen?

Es kommt nicht oft vor, dass namhafte Wissenschaftler in renommierten Wissenschaftsmagazinen Manifeste publizieren. Noch dazu einen Aufruf zur *Beschränkung* wissenschaftlichen Forschens. Doch im Frühjahr 2015 veröffentlichte eine Gruppe führender Biologen einen an die Öffentlichkeit gerichteten Appell, gewissen neuen bio- und gentechnologischen Möglichkeiten Einhalt zu gebieten. Auslöser waren die revolutionären Möglichkeiten von CRISPR und entsprechende Anwendungen in der menschlichen Keimbahn. Chinesische Wissenschaftler hatten CRISPR direkt auf Embryozellen angewendet (in westlichen Ländern ist jeglicher genetische Eingriff in die menschliche Keimbahn noch verboten). Hier war nach Meinung der Wissenschaftler eine rote Linie überschritten worden.[66]

Hat der Mensch in den letzten 250 Jahren durch Wissenschaft und Technologie seine Umwelt und seine Lebensbedingungen massiv verändert, so waren dabei das biologische und psychisch-geistige Fundament sei-

66 Dieser Aufruf hat einen prominenten historischen Vorläufer: die von Bio-Wissenschaftlern organisierte Konferenz von Asilomar von 1975, die erste Konferenz zu den Risiken der damals noch jungen Gentechnik und der gerade erst entdeckten Technologie der DNA-Rekombination. Konkret ging es in Asilomar bereits um mögliche Rahmensetzungen und Regeln zur Produktion und Handhabung gentechnisch veränderter Organismen. Die von den Wissenschaftlern dort beschlossenen Sicherheitsrichtlinien wurden in vielen Staaten später zur Grundlage von gesetzlichen Regelungen.

nes Wesens und seiner Subjekthaftigkeit weitestgehend unberührt geblieben. Aber nun wird der Mensch zum ersten Mal in der Geschichte tatsächlich selbst zum Gegenstand technologischer Entwicklungen.

Und dies ist kein Thema, das uns erst in 50 Jahren bewegen wird, sondern es entfaltet hier und heute bereits erste Auswirkungen. Auf unserer immer rasanteren Fahrt auf der Autobahn des technologischen Fortschritts befinden wir uns jetzt schon auf einer riesigen Aquaplaning-Fläche.

Wir stehen an der Schwelle zu einem epochalen Sprung der Menschheit im Ganzen, einer Revolution im Menschsein an sich, in der die zukünftigen technologischen Fortschritte im Bereich der Bio-, Gen- und Neurotechnologie den Menschen und die menschliche Zivilisation in heute noch unvorstellbarer Weise transformieren könnten. Diese Eingriffe in unsere Psyche, unsere Genetik und unser Denken stellen jeden von uns, unsere Kinder und Kindeskinder in unserem Wesen als Mensch grundlegend in Frage: unseren Körper in seiner eigenständigen Individualität, unsere Freiheit, unser Erleben und Fühlen, die Substantialität unseres Geistes, also all das, worüber wir uns bisher als menschliche Subjekte definiert haben.

Wir sind auf dem Weg, einen neuen Menschen zu schaffen. Eine grundlegende Veränderung unserer Biologie, unserer Psyche und Wahrnehmung, unseres Bewusstseins und unserer gesamten Identität zeichnet sich bereits ab.

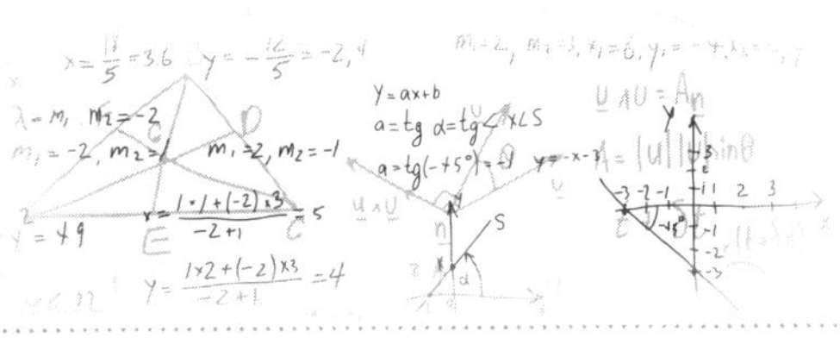

5 – IN 80 SEKUNDEN UM DIE WELT

DER GLÄSERNE MENSCH ZWISCHEN BIG DATA UND DIGITALER DEMENZ

1983 gab es ein Thema, das die gesamte Bundesrepublik bewegte: die geplante Volkszählung. Jeder Haushalt in Westdeutschland sollte Fragebögen mit 36 Fragen zur Wohnsituation, zu den im Haushalt lebenden Personen und über die Einkommensverhältnisse ausfüllen[67]. 600.000 Helfer standen bereit, um die ausgefüllten Bögen in den Haushalten abzuholen und bei Verständnisproblemen zu helfen.

In allen Teilen der Gesellschaft regte sich massiver Widerstand, Hunderte Bürgerinitiativen formierten sich im ganzen Land. Man wollte nicht »erfasst« werden, die Privatsphäre war heilig. Es bestand die (berechtigte) Sorge, dass die Antworten auf den eigentlich anonymisierten Fragebögen Rückschlüsse auf die Identität der Befragten zuließen. Vielleicht hatte die vier Jahre zuvor ins Leben gerufene ›Rasterfahndung‹ die Menschen sensibilisiert. Das Bundesverfassungsgericht gab den Klägern gegen den Zensus Recht: Die geplante Volkszählung verstieß gegen den Datenschutz und damit auch gegen das Grundgesetz. Sie wurde gestoppt.

Nur eine Generation später geben wir sorglos jedes Mal beim Einkaufen die Bonuskarte der Supermarktkette heraus, um ein paar Punkte für ein Geschenk oder Rabatte beim nächsten Einkauf zu sammeln. Und dabei wissen wir sehr wohl, dass der Supermarkt damit unser

67 https://stummkonzert.de/2012/08/die-proteste-gegen-die-volkszahlung-1983-und-1987/

Konsumverhalten bis ins letzte Detail erfährt. Was wir nicht wissen ist, wer noch Zugang zu diesen Daten erhält. Deren Käufer bekommen nicht nur Informationen über die von uns getätigten Einkäufe, sondern können über sie auch unsere Gewohnheiten, persönlichen Vorlieben und Einkommensverhältnisse ermitteln.

Genauso unbeschwert surfen wir im Internet, googeln und shoppen, mailen und chatten. Google, Facebook und Microsoft schauen bei all dem nicht nur zu, sondern speichern auf alle Zeiten alles, was wir von uns geben, was wir einkaufen, was wir suchen. Sie erforschen unsere E-Mail-Adressen, unser persönliches Zeitmanagement, unseren momentanen Standort, unsere politischen, religiösen und sexuellen Präferenzen (wer kennt ihn nicht, den Button »an Männern interessiert« oder »an Frauen interessiert«), unsere engsten Freunde, mit denen wir online verbunden sind, unseren Beziehungsstatus, welche Schule wir besuchen oder besucht haben. Und viele Menschen beantworten die Facebook-Frage »Was machst du gerade?« minutiös in immer neuen Einträgen.

Den meisten von uns ist es ziemlich egal, wie viele Spuren sie im globalen Datenraum hinterlassen. Andere sind aus Schaden klug geworden und versuchen, ihren *footprint* im Netz klein zu halten. Geschichten über Facebook-Nutzer, die einen Job nicht bekommen haben, weil die Personalabteilung im Internet peinliche alte Fotos gefunden hat, haben den einen oder anderen vorsichtiger werden lassen.

Doch es reicht nicht, seine Daten nur sehr eingeschränkt zur Verfügung zu stellen. Auch wer Google, Amazon, Facebook und E-Mail-Dienste bewusst meidet, bar bezahlt, um ec- und Kreditkarte zu vermeiden, und auch keine erotischen Abenteuer im Internet erleben will, gibt Informationen über sich preis. Denn jeder braucht eine Krankenkasse, ein Bankkonto, eine Renten- und Steuernummer. Wer über die Autobahn fährt oder in Großstädten Europas als Fußgänger durch die Straßen geht, wird aufgezeichnet. Bei Neuwagen ist es heute üblich, eine Internetverbindung einzubauen mitsamt der Software, die jederzeit registriert, wohin man mit dem Auto gefahren ist, mit welcher Geschwindigkeit man unterwegs war und ob man falsch geparkt hat.

Auch wenn wir uns anstrengen, nur wenig von uns preiszugeben – jeder von uns hinterlässt heute eine deutliche Datenspur.

Affenspaß und Emobrille

An der Spitze der ›Verräter‹, die unsere privatesten Geheimnisse öffentlich machen, steht das Smartphone. Da sind die Millionen Apps, die kleinen und diskreten Software-Paketchen, die wir eigenhändig mit einem Klick auf unser Smartphone laden und die dort ein eigenes Online-Leben führen. Sie sind das Resultat unermesslicher menschlicher Kreativität und machen auch dem Anwender Spaß, lenken seinen Spieltrieb in schöpferische Bahnen und befeuern seinen Wissenshunger.

Wir können auf dem Tablet Klavier spielen oder zeichnen, GPS-Apps bringen uns die Welt auf den Bildschirm. ›PeakFinder‹ erlaubt uns, die Namen der Berge des Panoramas zu entschlüsseln, das wir bei einer Wanderung gerade betrachten. Und mit ›FlightRadar24‹ zeigt einem das auf ein Flugzeug im Himmel gerichtete Handy an, wohin es fliegt, zu welcher Airline es gehört und wann es am Ziel ankommt. Nützlich ist das selten, aber immer unterhaltsam. Der Übergang zur Werbung ist fließend. Der Werbeanbieter ›InMobi‹ arbeitet mit dem süßen kleinen Affen ›Miip‹, einer Art Tour-Guide, der Nutzer von App zu App begleitet und dabei personalisierte Produktvorschläge macht. Getrieben wird die Affen-App über die Daten, die wir über andere Apps bereits preisgegeben haben. Hören wir beispielsweise oft eine bestimmte Sängerin auf Spotify, haben wir die Fan-App des 1. FC Köln auf unserem Handy oder betrachten wir auf unserer Finanzmarkt-App regelmäßig Börsenkurse, so schlägt uns der Affe Eintrittskarten für ein Konzert, T-Shirts unseres Lieblingsvereins oder Investmentprodukte vor. Und dazu die geeignete Kreditkarte, um bei fehlender Liquidität dennoch Mittel zu haben, die vorgeschlagenen Produkte zu kaufen.

Online-Computer-Games, Quizaufgaben, Lern- und Studiertools, Dienste zum Austausch von Nachrichten – all diese Gadgets erleichtern und erheitern unseren Alltag und machen die große Beliebtheit der sozialen Netzwerke aus. Und genau diese Anwendungen sorgen dafür, dass immer mehr Daten aus unserem Leben abgesaugt werden können und wir das Datenkarussell am Laufen halten.

Die meisten Apps kosten kein Geld. Abgerechnet wird auf andere Weise: mit unseren persönlichen Daten.

Bei vielen Daten, die über uns gesammelt werden, wissen wir gar nicht, dass sie überhaupt existieren. E-Books sind beliebt, sie sind günstiger als Printausgaben und es müssen keine dicken Bücher herumgeschleppt werden. Auch Amazon hat seine Freude daran: Der Konzern weiß nun ganz genau, wie schnell wir ein Buch lesen, welche Seiten wir besonders interessant finden und welche wir vielleicht überspringen. Während wir das Buch lesen, liest dieses auch uns.

All diese Daten werden gespeichert, verarbeitet und verkauft. Diese Berge an Informationen sind »das Öl des 21. Jahrhunderts«. Und wir geben dieses Öl an Google, Facebook und Co. (oder auch der Supermarktkette) für nicht mehr als ein paar Videos auf Youtube oder virtuelle Treffpunkte (oder 1 Prozent Einkaufsbonus) – ganz wie im 16. Jahrhundert die Bewohner der neuen Welt, die den europäischen Eroberern ganze Inseln für ein paar Glasperlen überließen.

Wer an so einem Wissen interessiert ist, zeigen folgende Beispiele:

- Unsere Krankenkasse oder Haftpflichtversicherung berechnet ihre Prämien nach unserem Lebensstil, oder verweigert eine Zusatzversicherung, weil wir zu wenig Sport treiben.
- Die Bank weiß, wie viel Geld wir für welche Dinge ausgeben und berechnet daraus die Bonität für die nächste Hypothek. Wer zu viel Geld für Videospiele ausgibt, erhält keinen Kredit.
- Der Arbeitgeber erfährt, wie wir Wochenende oder Urlaub verbracht haben und bestimmt mit Hilfe von psychologischen oder spieltheoretischen Algorithmen unsere Loyalität.
- Politische Parteien, in- und ausländische Geheimdienste und Kirchen kennen unsere politische bzw. religiöse Einstellung und sogar die unserer entferntesten Kontakte. So kann politische Propaganda oder religiöse Offenbarungsliteratur zielgerichtet versandt werden.

Zukunftsmusik? Der US-Datenhändler Acxiom, der auch in Europa tätig ist, sammelt ca. 1.500 Einzelangaben von 500 Millionen aktiven Konsumentenprofilen weltweit, davon 44 Millionen in Deutschland. Mehr als jeder Zweite ist hierzulande also bereits erfasst. Person X hat bei einer Online-Apotheke Antidepressiva gekauft, hat die Mitgliedschaft im Sportverein gekündigt und interessiert sich für Seminare zur Behandlung von Burn-out – wie viel ist wohl so ein Datensatz wert? Oder das Wissen um eine Schwangerschaft? Im Jahr 2012 sandte eine US-Supermarktkette einer Minderjährigen Gutscheine für Schwangerschaftsprodukte, was dazu führte, dass sich ihr Vater bei dem lokalen Geschäftsführer beschwerte. Seine Tochter sei doch noch auf der High School, reklamierte er. Tatsächlich hatte der Supermarkt per Datenanalyse ihres Konsumverhaltens von der Schwangerschaft der jungen Frau noch vor ihrem Vater erfahren, mitsamt dem wahrscheinlichen Geburtstermin.

Algorithmen verknüpfen die gesammelten Informationen zu einem Persönlichkeitsprofil, das jeder – vom Lebenspartner bis zum Arbeitgeber, vom Bäcker an der Ecke bis zu milliardengroßen multinationalen Unternehmen – kaufen kann.

Großer Lauschangriff im Wohnzimmer

Immer neue Möglichkeiten nutzen die Unternehmen, um an Daten zu kommen. Ihrer Fantasie, wie sich Daten von Verbrauchern ausspähen lassen, sind keine Grenzen gesetzt.

- Die in Xbox-Konsolen eingebauten Überwachungskameras und Hochfrequenzmikrofone senden konstant Ton und Bilder auf die Datenserver von Microsoft. Aus den Daten lassen sich u.a. Reaktionsgeschwindigkeit und die Lernfähigkeit ermitteln. Sogar emotionale Zustände der Spieler werden ›gescannt‹: Die Box kann erkennen, ob der Spieler traurig oder fröhlich ist, ob er das Gesicht verzieht, den Mund aufreißt oder gelangweilt beiseite schaut. Angesichts der Gesetzeslage in den USA darf man davon ausgehen, dass auch der Geheimdienst NSA Zugang zu diesen Daten bekommt.
- Internetfähige Fernseher verfügen über eine eingebaute Kamera, damit ihre Besitzer zum Beispiel skypen können. Wer sich in dieses elektronische Auge hackt, vermag zu beobachten, was sich im privaten Wohnzimmer abspielt.
- Helle und dunkle Szenen eines Fernsehfilms verbrauchen unterschiedlich viel Strom. 2014 wurde bekannt, dass die Daten des sekundengenauen Stromverbrauchs Aussagen darüber zulassen, welches Fernsehprogramm der Bewohner eines Hauses angeschaut hat.
- Im Jahr 2015 kaufte Google für mehrere Milliarden Dollar die Firma ›Nest‹ – ein kleines, damals erst fünf Jahre altes Unternehmen, das lediglich zwei Produkte vertreibt. Eines davon ist ein intelligenter Rauchmelder mit Kamera. Dieser erkennt unter anderem, wie viele Personen sich wie lange in welchen Zimmern aufhalten – und kann diese Daten an Google schicken.
- Apple wird in der Zukunft auch mit unter unserer Bettdecke sein. Im Mai 2017 kaufte der Konzern

den finnischen Spezialisten für Schlafdaten, ›Beddit‹, der ein Band mit Sensoren für Herzschlag, Atemfrequenz, Bewegungen, Geräusche und vieles mehr entwickelt hat, das unter dem Laken platziert wird und mit einer entsprechenden App für Apple-iPhones verbunden ist.

- Im Februar 2017 nahm die Bundesnetzagentur die vernetzte Kinderpuppe ›My Friend Cayla‹ aus dem Handel – wegen Überwachungsgefahr. Die Puppe war zur heimlichen Bild- oder Tonaufnahme geeignet, und Fremde mit etwas technischem Wissen könnten sich über die Puppe mit den Kindern unterhalten. Die offizielle Begründung der Agentur: »Gegenstände, die sendefähige Kameras oder Mikrofone verstecken und so Daten unbemerkt weiterleiten können, gefährden die Privatsphäre der Menschen. Das gilt auch und gerade für Kinderspielzeug.«
- 2016 verklagte eine Verbraucherin den Hersteller eines vernetzten Vibrators, der über eine App höchst intime Daten über den Einsatz des Masturbationsgerätes gesammelt hatte.

Daten werden auch an Orten und von Geräten erhoben, die ›völlig unverdächtig‹ sind.

Google kennt bereits jedes Detail unserer ›Aufenthaltsorte‹ im digitalen Raum des Internets. Der Schritt dahin, dass sie auch unsere Bewegungen im physikalischen Raum der Realität verfolgen können, ist nicht mehr weit. Und bei all dem fühlt sich Google kaum an deutsche Datenschutzstandards gebunden, sondern agiert, wenn man sich überhaupt an Regeln gebunden fühlt, nach amerikanischen Standards. Und die sind so lax wie sonst nirgendwo in der westlichen Welt. De facto ist der Datenschutz in den Vereinigten Staaten rechtlich kaum geregelt. Nach Meinungen der amerikanischen Firmen sind Dinge wie das ›Ende der Privatheit‹ natürliche Vorgänge, die man akzeptieren müsse, ohnehin sei es egoistisch, die eigenen Daten nicht zu teilen. Es gibt in den USA noch nicht einmal eine umfassende unabhängige Datenschutzaufsicht. Und die minimalen Standards gelten auch nur für Daten, die von US-Bürgern erhoben werden, und nicht für Daten, die aus dem Ausland kommen. Für letztere ist alles erlaubt.

Alles mit allem verbunden

Die Anzahl der Daten, die wir verstreuen wie Bakterien bei einem Niesanfall, wird in den nächsten Jahren sprunghaft zunehmen. Jedes Jahr verdoppelt sich die Menge an Daten, die wir produzieren. Allein 2017 kommen also so viele Daten hinzu wie in der gesamten Menschheitsgeschichte bis 2016 zusammen geschaffen wurden. Denn die Daten, ihre Erfassung und ihre Weitergabe sind längst nicht mehr nur an Computer und Smartphones gebunden. Stichwort ›Smart Home‹: Unser Smartphone ist direkt mit der Heizung und allen Alltagsgeräten unseres Zuhauses verbunden. Ist es nicht wunderbar, dass wir nun von unterwegs kontrollieren können, dass der Herd ausgeschaltet ist? Populär ist auch die Idee von so genannten ›Wearables‹, das sind Kleidungsstücke, in die unterschiedliche Sensoren direkt eingearbeitet sind. Die integrierten Apps messen permanent unseren Puls und andere Körperwerte; die

Daten stehen uns – und den Anbietern – direkt online zur Verfügung.

Der Begriff ›Internet der Dinge‹ beschreibt zusammenfassend, wie der herkömmliche Computer immer mehr durch ›intelligente Gegenstände‹ ersetzt wird. Bei solchen ›Dingen‹ handelt es sich um miniaturisierte Computer, die zumeist drahtlos über Funk über so genannte RFID-Chips (›radio-frequency identification‹) angesprochen und durch über das Internet übertragene Steuerungsbefehle kontrolliert werden. Diese Geräte können so klein wie ein Reiskorn sein und dienen dazu, Objekte berührungslos zu identifizieren und mit anderen über Funkwellen in Austausch zu bringen. So werden beispielsweise Bett, Toilette, Kühlschrank bis hin zu Besteck und Tasse des Nutzers miteinander vernetzt. Er braucht also gar keinen Computer mehr. Die Dinge seines Alltags regeln ihre Bedürfnisse untereinander. Möglich macht das ein ultraschnelles mobiles Internet: Schon 2020 soll 5G aufgeschaltet werden, das atemberaubende Geschwindigkeiten von bis zu 10 Gigabit pro Sekunde ermöglicht.

Auch die Produktion alltäglicher Dinge geschieht zunehmend in Verbindung mit digitalen Daten, die über das Internet gesteuert werden: Von industriellen Fertigungsprozessen bis zum 3D-Drucker im heimischen Wohnzimmer – alles ist miteinander vernetzt und deshalb auch abrufbar.

Seit dem Jahr 2012 sind mehr Dinge – Maschinen, Spielzeuge, Alarmmelder – mit dem Internet verbunden, als es Menschen auf der Erde gibt. Im Jahr 2020 sollen es schon fast zehnmal so viele sein.

Im Maßanzug

Doch wofür brauchen Facebook, Google und Co. unsere Daten überhaupt? Was macht sie so wertvoll? *Eine* Antwort lautet: um unsere Wünsche und damit unseren Konsum anzuheizen. Unternehmen wollen ihre Kunden besser verstehen, um deren Wünsche bedienen zu können. Die Daten helfen ihnen, unseren Konsum auf das auszurichten, was uns am meisten befriedigt. Je mehr über Konsumvorlieben und Bonität der potenziellen Kunden bekannt ist, desto höher der Umsatz.

Das Versandhaus Amazon macht per E-Mail erschreckend treffende, individuell abgestimmte Kaufvorschläge, Google zeigt Werbung für eine Italienreise, weil der Nutzer letzte Woche eine Webseite zu Rom aufgerufen hat. ›Re-Targeting‹ heißt dieses zielgenaue Werben, das zwar oft nervt, aber offensichtlich so treffsicher ist, dass es für höhere Verkaufszahlen sorgt.

Internetwerbung arbeitet genauso wie die analoge Werbung mit psychologischen Tricks. Wer kennt das nicht: Die Online-Werbung für ein Hotel, auf die wir einige Tage lang immer wieder stoßen (nachdem wir kürzlich Informationen über das Wetter in der Gegend eingeholt haben), sagt uns, dass nur noch wenige Zimmer zu diesem Preis vorhanden sind. »Jetzt muss ich aber schnell buchen«, so unser Reflex.

Diese künstliche Verknappung ist nur *ein* Beispiel für die psychologischen Tricks, die bestimmte Reaktionsmuster unseres Gehirns nutzen. Die frühen Menschen mussten zugreifen, wann immer sich die Gelegenheit bot; je mehr desto besser. Diese Gier nach Mehr hat das Internet nicht hervorgebracht, es verstärkt aber seine Wirkung beträchtlich. Der Gedanke ›Das ist ja sehr beliebt, das muss also gut sein‹ besitzt im Internet mit

Milliarden Nutzern natürlich eine höhere Durchschlagkraft als in einem Dorfladen.

Die Zukunft der Werbung ist personalisiert: nicht mehr eine Werbung für alle, sondern alle Werbung für einen.

Für den Verbraucher ist es sehr nützlich und angenehm, wenn Angebote im Internet speziell auf ihn zugeschnitten sind. Männer müssen sich keine Werbung für Monatsbinden anschauen und Frauen keine für Rasierschaum. Das sollte uns doch recht sein. ›Airbnb‹ und ›Uber‹ vereinfachen die Suche nach der preiswertesten Übernachtungs- oder der einfachsten und kostengünstigsten Transportmöglichkeit, mit Hilfe von ›TripAdvisor‹ wissen wir schon vor der Buchung, welches Urlaubsdomizil am schönsten ist. Und Internet-Dating-Websites oder ›LinkedIn‹ haben schon viele tausend Menschen den Partner für ihr Leben oder den gewünschten Job finden lassen. All dies lässt den Rubel rollen, hat unser Leben aber auch enorm vereinfacht.

Denn es spart uns viel Zeit und Mühen. Andererseits engt uns die Vorauswahl aber auch ein, denn schließlich wird uns immer nur das (oder der- bzw. diejenige) vorgeschlagen, was (oder wer) unseren Geschmack voraussichtlich treffen wird. Unser bisheriges Konsumverhalten bzw. unsere bisherigen Vorlieben werden zementiert.

Passgenau auf uns zugeschnittene Angebote sorgen dafür, dass unser Horizont immer näher an uns heranrückt, anstatt sich auszuweiten.

Auch die wissenschaftliche Forschung verhilft der Werbung im Internet zu neuen Ansätzen – ob sie will oder nicht. Die Forscherin Rana el Kaliouby entwickelte ein Computerprogramm für Autisten, das Bewegungen in Gesichtern vermisst und interpretiert. Zusammen mit einem Brillengestell mit eingebauter Kamera und integriertem Lautsprecher erleichtert es das Leben von Autisten, die ja Schwierigkeiten haben, Emotionen anderer Menschen zu erkennen. Wenn sie die Brille tragen, flüstert eine Stimme ihnen ins Ohr, ob der Gesprächspartner gerade aufmerksam zuhört, zustimmend lächelt, gelangweilt schaut oder gar flirtet.

Diese Anwendung ist auch ein gefundenes Fressen für die Werbe- sowie die Sicherheitsindustrie und ihrem jeweiligen Ziel, den Menschen vollständig auszulesen. Zu diesem Zweck werden Menschen auch in den Kernspintomographen geschoben, wo sie mit Fotos von Softdrinks oder Haarshampoos konfrontiert werden. Und mit Spezialbrillen und mit besonderen Kameras vermessen Einkaufsläden die Pupillenbewegungen und Mimik ihrer Kunden während des Einkaufens – oder die Sicherheitseinrichtungen am Flughafen möglicherweise verräterische Gesichtszüge von Terroristen. So lassen die Supermarktkette ›Real‹ und die Deutsche Post bereits in zahlreichen ihrer Filialen die Gesichter ihrer Kunden aufzeichnen und analysieren, um zu verstehen wofür sich Kunden interessieren, um so Werbung besser an deren Interessen anzupassen. Im Fall Real wurde diese Aktion mittlerweile wegen Protesten gestoppt. Doch dass wir diverse Formen von spontaner personalisierter Werbung, wie beispielsweise Werbeplakate, die erkennen, wer wir sind (und was wir mit hoher Wahrscheinlichkeit wollen), flächendeckend erleben, ist nur noch eine Frage der Zeit.

Mit immer raffinierteren Methoden ergründen Unternehmen unsere geheimsten Wünsche und Gefühle – um uns dann zum Kauf immer neuer Produkte zu verführen.

Big Brother is watching you

Natürlich besteht das Internet nicht nur aus Konsum und Vergnügen. Auch der Staat ist gierig nach unseren Daten. Die ›Präsenz-Technologie‹ ermittelt, ob, zu welcher Zeit und an welchem Ort ein Nutzer auf welchem Online-Dienst (Smartphone, E-Mails, Instant-Messaging, Facebook etc.) erreichbar ist. Dazu zeichnen Kameras in Großstädten und Hauptverkehrsachsen all unsere Bewegungen auf. Mit diesen Echtzeitinformationen über unsere Internetpräsenz und physischen Aufenthaltsorte geben wir intelligenten Algorithmen reichlich Material, um im Pool von ›Big Data‹ zu fischen. Ist es beispielsweise nicht verwunderlich, wie schnell heute die Polizei ein über die Autobahn flüchtendes Auto aufspürt? Das LKW-Mautsystem Toll-Collect macht es möglich. Unbemannte Flugobjekte weit über uns (oder bald schon insektengroße Drohnen in unserer permanenten Nähe[68]) zeichnen jeden unserer Schritte auf. Wenn das europäische Navigationssystem Galileo einsatzbereit ist (voraussichtlich 2020), das zehnmal genauer ist als das amerikanische System GPS, können Satelliten erkennen, dass wir im Garten eine Bratwurst grillen. Zu alldem durchlaufen nicht nur die Bewohner der britischen Hauptstadt London tagtäglich ein dichtes Netz von Ka-

68 Im Januar 2017 teilte das Pentagon mit, dass es dem US-Militär gelungen ist, einen Schwarm von 106 sich selbst steuernden Minidrohnen erfolgreich zu testen. Siehe: https://www.defense.gov/News/News-Releases/News-Release-View/Article/1044811/department-of-defense-announces-successful-micro-drone-demonstration

meras. Mit entsprechender Software für Gesichts- und Bilderkennung stellt die Echtzeit-Erstellung von Bewegungsprofilen einzelner Menschen kein technisches Problem mehr dar. Mit Algorithmen wie dem von Rana el Kaliouby können dabei sogar die Emotionen der Vorbeispazierenden oder -fahrenden aufgezeichnet werden.

Aber die Bespitzelung geht noch viel weiter: So wurde in Großbritannien ein Programm des britischen Geheimdienstes bekannt, das unter dem Namen ›Karma Police‹ großflächig das Surf- und Kommunikationsverhalten aller User innerhalb (sowie teils auch außerhalb) des Vereinigten Königreichs sammelt und auswertet. Ziel ist es unter anderem, jede besuchte Website eines jeden Users aufzuzeichnen.

Auch auf europäischer Ebene wird kräftig gesammelt und abgeglichen: 2014 endete das EU-Forschungsprojekt INDECT (*intelligent information system supporting observation, searching and detection for security of citizens in urban environment*, das heißt: ›Intelligentes Informationssystem für die Beobachtung, Suche und Detektion für die Sicherheit der Bürger in städtischen Umfeldern‹). In dem zu erwartenden echten Einsatz eines solchen Systems wird das Hauptziel sein, Überwachungsdaten aus vielen verschiedenen Quellen, darunter auch Daten aus den sozialen Medien, zu verknüpfen und diese automatisiert auf mögliche »Gefahren« und »abnormes Verhalten Einzelner« zu untersuchen. »Vorbeugende Kriminalitätsbekämpfung« lautet das Stichwort dieses Projektes.

In ihrem Wunsch nach Sicherheit für die Bürger (und Macht für sich selbst) nutzen politische Verantwortungsträger und Staatsdiener die Daten immer umfassender für Kontrolle und Überwachung.

Wir nehmen nicht wahr, dass wir schon bald keinen Atemzug lang mehr unbeobachtet und unkontrolliert sind. Der Umfang der Datenmenge, die staatliche Einrichtungen über uns sammeln, ist vielen erst mit der Geheimdienstaffäre um den ehemaligen CIA-Angestellten Edward Snowden bewusst geworden. Zum Beispiel unsere E-Mails: Es ist der Regelfall, dass Mailserver untereinander unverschlüsselt kommunizieren. Geheimdienste können in aller Regel den Datenstrom abfangen und die E-Mails lesen – und sie tun das auch. Der Aufschrei war zunächst groß. Doch mittlerweile haben wir uns daran gewöhnt, dass der Staat uns beschnüffelt.

Telekommunikations- und Internetfirmen speichern die Verbindungsdaten ihrer Kunden – wer telefoniert wann mit wem, wer verbindet sich wo mit dem Internet, wer schickt wem eine E-Mail. Die Begehrlichkeiten sind groß: Die Strafverfolgungsbehörden wünschen, dass diese Daten sechs Monate bis zwei Jahre lang gespeichert und ihnen auf Anfrage zur Verfügung gestellt werden[69]. Das Argument lautet: Es dient alles unserer Sicherheit, damit wir unser freiheitliches und selbstbestimmtes Leben weiterleben können. Der unbescholtene Bürger hat schließlich nichts zu befürchten. Und wäre eine Welt, in der wir aufgrund der umfassenden Informiertheit der Behörden keiner Bedrohung mehr durch Kriminelle, Terroristen oder auch nur Leichtsinnigen ausgesetzt wären, nicht das Paradies auf Erden? Aber ist das glaubwürdig? Kann man dem Staat vertrauen? Und wo sind Grenzen?

69 Das Bundesverfassungsgericht und der Europäische Gerichtshof in Luxemburg haben 2010 bzw. 2015 die bedingungslose Vorratsspeicherung für längere Dauer als verfassungswidrig bzw. als mit der Charta der Grundrechte der Europäischen Union nicht vereinbar beurteilt. Die Auseinandersetzung dazu ist allerdings noch nicht abgeschlossen. In den USA dagegen gibt es keine vergleichbaren gesetzlichen Einschränkungen.

Staaten versprechen Sicherheit und Schutz und nehmen dafür einen Teil unserer Freiheit: Dies ist ein jahrtausendealtes Spiel, heute gespielt mit der technologischen Infrastruktur des 21. Jahrhunderts.

Wie weit die Bespitzelung und Kontrolle konkret gehen kann, zeigt das Beispiel China: Dort hat die Regierung angekündigt, einen so genannten *Citizen's Score* einzuführen. Darin sollen Informationen über Steuerehrlichkeit, Verkehrsverhalten und Einkommen, aber auch politische Meinungsäußerungen, Hobbies und Konsum eines jeden Bürgers in ein Punktesystem eingehen. Wer einen bestimmten Wert unterschreitet, weil er auf den falschen Websites war oder auf Facebook die falschen Freunde hat, wird aus bestimmten Berufen ausgeschlossen oder sein Bewegungsradius wird eingeschränkt. Mit einem hohen Wert winken Belohnungen wie Visa-Erleichterungen oder ein besserer Zugang zu einer guten Schule für die Kinder. Besonders effektiv ist, dass in die Bewertung eines Menschen auch die Punktzahl seiner Freunde in den sozialen Medien eingehen. Ist ein Dissident darunter, rutscht die eigene Punktzahl sofort herab und es wird schwieriger, zum Beispiel die Kinder studieren zu lassen. Dies generiert einen wirkungsvollen sozialen Druck, Abweichler aus der Gemeinschaft auszustoßen und zu isolieren.

Auch in der Wirtschaft gibt es bereits Beispiele und Vorbilder für ein solches *scoring system*. Beim ›Sesame Credit‹ der Online-Shopping-Plattform Alibaba erhält jeder Bürger einen Punktwert, der sich aus seinem Surf- und Konsumverhalten im Internet berechnet. Viele Chinesen schätzen diese Punktezahl als eine Bestätigung des eigenen sozialen Standes – wer viele Punkte hat, ist ein zahlungskräftiger Konsument. 100.000 Menschen prahlen bereits mit ihren Punkten in den sozialen Medien und nutzen sie u.a. auf Online-Dating-Sites, um das andere Geschlecht zu beeindrucken.

Menschen werden über scoring systems *beurteilt, die ihnen zugewiesene Punktezahl wirkt sich sogar auf ihre Selbsteinschätzung aus.*

Die totale Datenkontrolle besitzt allerdings noch eine weitere erschreckende Dimension: die Möglichkeit totaler Machtausübung. Totalitäre und skrupellose Machthaber verfügten über eine derartig vollkommene Überwachung- und Manipulationstechnologie, dass man sie wohl gar nicht mehr bekämpfen könnte. Man stelle sich nur einmal die Nationalsozialisten in den 1930er-Jahren oder die Stasi in der DDR mit dieser Technologie vor. Jeglicher Widerstand wäre komplett aussichtlos. Tatsächlich gibt die staatliche Kontrolle des Internets im heutigen China und dessen, was im chinesischen Web ›erlaubt‹ ist, sowie die dortige Überwachung des Surfverhaltens eines jeden Einzelnen einen gewissen Eindruck von diesem Szenario. (Wer schon einmal länger in China war, wird wissen, dass man dort von fast jeglichen Nachrichten westlichen Formats abgeschnitten ist.)

Nur ein kleiner Stups

Die Steuerung des Verhaltens der Menschen durch Scoring-Systeme ist eine Methode mit dem Holzhammer. Es geht aber auch viel subtiler – mit kleinen Stupsern. Hierfür gibt es einen Begriff: ›Nudging‹. So pinkeln Männer deutlich zielgenauer, wenn in den Urinalen ein Abbild einer Fliege angebracht ist. Kleine Fliege – großer Effekt: Die Reinigungskosten der öffentlichen Toiletten, in denen eine Fliege zum Zielen einlädt, sinken spürbar.

In Zusammenhang mit ›Big Data‹ wird aus den sanften Stupsern ›Big Nudging‹. Mit Hilfe der Daten über uns wird unser Denken geleitet und werden unsere Entscheidungen manipuliert.

- Fitness-Tracker sagen uns, wann wir Sport machen sollen.
- Gesundheits-Apps mahnen uns zu bestimmten Formen der Ernährung.
- Online-Rabattscheine und dynamische Preise erhöhen die Wahrscheinlichkeit, dass wir bestimmte Produkte kaufen.
- Online-Schmink-Tipps bringen Teenage-Mädchen dazu, bestimmte Produkte zu verwenden.
- Wähler werden mit passgenau auf sie abgestimmten Botschaften dazu gebracht, ihre Stimme einer bestimmten Partei zu geben (siehe weiter unten).

Das Nudging ist an den jeweiligen Nutzer angepasst. Der spontane Nutzer wird anders gelenkt (zum Bespiel durch einfache Bestellmöglichkeiten wie Amazons ›1-Klick‹) als der sparsame (billige Angebote) oder der umweltbewusste Nutzer (›Bio‹-Label).

Je mehr über einen Menschen bekannt ist, desto besser funktioniert bei ihm das Nudging.

Einen Vorgeschmack auf die schöne neue Welt unserer Online-Manipulation haben Facebook-Kunden vor einigen Jahren erfahren. 2014 wurde bekannt, dass Facebook im Januar 2012 eine Woche lang die Gefühle von fast 700.000 Nutzern gezielt zu Studienzwecken manipuliert hatte. Programmierer waren beauftragt worden, den Facebook-Algorithmus für diese Nutzer so zu verändern, dass sie entweder überwiegend positive oder negative Einträge als erstes auf ihrer Facebook-Startseite ›News Feed‹ zu Gesicht bekamen. Normalerweise sortiert der Algorithmus die eingehenden Nachrichten den Vorlieben und Interessen des Nutzers entsprechend vor. Genau das ist eine der Dienstleistungen, die Facebook so beliebt gemacht hat. Facebook nennt dies: den »richtigen Menschen« die »richtigen Inhalte« zur »richtigen Zeit« anzeigen. Das Verhalten des Nutzers steuert also den News Feed. Nun aber bestimmte nicht mehr das Verhalten der User die Auswahl, sondern Facebook selbst, und erzeugte damit bewusst Emotionen und Reaktionen. Dies ist eine völlig andere Vorgehensweise!

Facebook erfuhr durch die Studie, dass User, die positive Nachrichten bekommen, anschließend überwiegend positive Kommentare posten. Und wer negativen Nachrichten ausgesetzt gewesen war, setzte meist negative Posts ab. Für Facebook ist das ein interessanter Zusammenhang. Für die Nutzer eine Degradierung zu unfreiwilligen Versuchskaninchen. Übrigens: Diese Manipulation verstieß nicht gegen das Recht. Jeder Facebook-Nutzer muss bei seiner Registrierung Regeln zustimmen, die solche bewussten Eingriffe von Facebook erlauben.

Google kontrolliert unseren Zugang zu Informationen, Apples künstliche Intelligenz Siri sagt uns, was wir tun sollen, und Facebook steuert unsere Gefühle.

Die Daten, die im Netz über uns kursieren, werden aber nicht nur von Wirtschaft und Politik für ihre Zwecke verwendet. Es gibt auch noch andere ›Verwertungsketten‹ – von User zu User sozusagen.

Der Schwarm als Meute

Der erste globale Twitter-Shitstorm ging 2013 auf die 28-jährige Amerikanerin Justine Sacco nieder. Bevor sie auf ihren Flug von London nach Kapstadt ging, tweetete sie so achtlos wie dümmlich: »Ich fliege nach Afrika. Hoffentlich bekomme ich kein Aids. Nur ein Spaß. Ich bin weiß!« Ein Journalist fand den Tweet und verbreitete ihn weiter. Während Sacco völlig ahnungslos über den Wolken aus dem Fenster schaute, war ihr Tweet bereits ›viral gegangen‹, ihr Bild auf der ganzen Welt verbreitet und Millionen Kommentare, Drohungen, Beleidigungen auf Sacco eingestürzt[70]. Alle möglichen Details über ihr Leben waren zusammengestellt worden, darunter auch absurde Fehlinformationen: Obwohl sie als Tochter einer alleinerziehenden Flugbegleiterin aufgewachsen ist, kursierte das Gerücht, sie stamme aus einer Milliardärs-Familie.

Irgendjemand hatte den Link zu der Flugstatus-Webseite online gestellt; nun konnte jeder live verfolgen, wo sich Saccos Flugzeug gerade befand. Als Sacco nach etwa elf Stunden Flugzeit in Kapstadt ausstieg, wartete schon jemand am Gate, fotografierte die völlig überraschte Frau, postete das Bild auf Twitter und verkündete, dass Justine Sacco gelandet war.

70 Google verdiente mit den Suchanfragen nach Justine Sacco mindestens 120.000 Dollar.

Nun sprang der Shitstorm von der digitalen auf die analoge Welt über. Hotelangestellte drohten mit Streik, falls Justine Sacco bei ihnen auftauchen sollte. Ihren Familienurlaub musste sie abbrechen. Es dauerte nicht lange, bis sie ihren Job als Pressesprecherin verloren hatte; sie war für das Unternehmen untragbar geworden. Dabei hatte sie sich doch nur, wie sie sagte, über das verschrobene Bild, das viele Amerikaner von Entwicklungsländern haben, lustig machen wollen.

Für Justine Sacco erwies sich ihr Tweet als sehr teuer. Andere müssen sogar einen noch höheren Preis bezahlen. Im April 2015 schickte die 30-jährige Italienerin Tiziana Cantone intime Videos von sich und ihrem neuen Freund an ihren Ex-Freund. Eine Kurzschlusshandlung mit gewaltigen Folgen. Denn ihr Ex stellte das Video ins Netz; der von ihr mit stark neapolitanischem Akzent ausgesprochene Satz »Stai facendo un video? Bravo!« (»Du machst ein Video? Sehr gut!«) ging auf virale Reise. Auf Facebook-Seiten wucherten Gruppen und Kommentare, Comics und Fotomontagen wurden verbreitet, Nutzer von sozialen Netzwerken überboten sich gegenseitig darin, Häme und Spott über die junge Frau auszuschütten. Sie wurde zu einer Art digitalem Boxsack, auf den jeder nach Belieben draufschlagen durfte. Im September 2016 nahm sich die verzweifelte Frau das Leben.

Die einzelnen User des Internets können sich zu einem grausamen Mob verbinden, der keine Grenzen in der persönlichen Erniedrigung eines Menschen kennt.

Heute vergeht kaum eine Woche, ohne dass eine spontane Meute jemanden online teert, federt und im Cyberspace einmal um den ganzen Globus treibt. Im anonymen Raum des Internets legen Menschen ihre Hemmungen ab. Das lässt sich auch tagtäglich in den Kommentarzeilen von Online-Zeitungen erkennen. Bei bestimmten Themen wie ›Flüchtlinge‹ oder ›Ausländer‹ sehen sich die Zeitungen oft sogar gezwungen, ihre Kommentarfunktion aufgrund der extremen Meinungen und Unflätigkeiten, die Leser abgeben, abzustellen.

Dabei hat die Offenheit und Transparenz der grenzenlosen Kommunikation im Internet auch ihr Gutes: Polizisten kommen nicht mehr ganz so leicht davon, wenn sie exzessive – und oft auch rassistische – Gewalt anwenden, Behörden können nicht mehr einfach Bürgerwünsche ignorieren und Konzerne sehen sich gezwungen, schneller auf Beschwerden von Kunden und Verbraucherschützern einzugehen.

Die Macht der großen Zahl hat auch ihre guten Seiten: Politiker, Firmen und die exekutive Gewalt im Staat landen schnell am digitalen Pranger, wenn sie sich Fehler leisten – ein nützliches soziales Korrektiv.

Digitale Transparenz und die offene Gesellschaft

Die korrektive Funktion des Internets wirkt auch auf gesamtgesellschaftlicher und staatlicher Ebene. Im Dezember 2010 begann in den arabischen Ländern eine von manchen Geschichtswissenschaftlern bereits als historische Zäsur beschriebene soziale Bewegung, die schnell als »Arabischer Frühling« bezeichnet wurde. Auslöser war die massive Unzufriedenheit der Bevölkerung mit den politischen und wirtschaftlichen Verhältnissen in den jahrzehntelang von Despoten beherrschten Ländern wie Ägypten, Libyen, Algerien, Tunesien und Marokko. Maßgeblich für den Erfolg dieser Volksaufstände gegen die Machthaber waren moderne Online-Kommunikationstechnologien, die den Protestierenden halfen, sich zu organisieren.

Digitale Kanäle eröffnen ganz neue Möglichkeiten der politischen Mitsprache und Mobilisierung. Mehr Menschen als bisher werden in Entscheidungsprozesse eingebunden – was die Demokratie stärkt. Genau davor haben autoritäre Systeme wie China und Russland (und seit kurzem auch die Türkei) Angst, weshalb sie das Internet massiv kontrollieren. Im chinesischen Internet werden regimekritische Seiten für den Zugriff in China gesperrt (die ›Große Firewall Chinas‹), die Regierung geht gegen Dissidenten »wegen des Verdachts der Verbreitung von Lügen« vor und löscht »schädliche Informationen« aus dem Internet. Als offizielle Begründung muss wie so oft der »Kampf gegen den Terrorismus und andere Kriminelle« herhalten. Diese Argumentation übernahm der türkische Präsident Erdogan 2017 nahezu eine-zu-eins zur Etablierung seines autoritären Regimes in der Türkei.

Auch in Russland steht das Internet seit jeher unter staatlicher Überwachung. Der Geheimdienst FSB kann – ohne richterliche Genehmigung! – den gesamten Mailverkehr in, von und nach Russland lesen und die Internetaktivitäten der User in Russland in Echtzeit verfolgen.

Und doch gibt es immer wieder kritische Stimmen, die ihren Weg sogar ins Internet totalitärer Staaten finden. ›Wikileaks‹ gibt an, »denen zur Seite stehen zu wollen, die unethisches Verhalten in ihren eigenen Regierungen und Unternehmen enthüllen wollen«. Erste Bekanntheit erlangte die Plattform 2010, als sie die an Bord von Apache-Hubschraubern aufgenommenen Videoaufnahmen veröffentlichte, die zeigten, dass bei US-Luftangriffen auf Bagdad auch Unschuldige und Kinder getötet wurden. Im gleichen Jahr stellte sie geheime Depeschen US-amerikanischer Botschaften ins Netz, was als »Cablegate« bekannt wurde.

Das Internet wirkt auch auf politischer Ebene: Durch die schnelle Verbreitung von Ideen reißt es Mauern ein und ist damit ein natürlicher Feind autokratischer Regierungen.

Taxi downunder

Leider wirken Manipulation, Propaganda und Lügen ebenso massiv auf die politische Meinungsbildung der User wie die Bereitstellung von Fakten. Denn im Internet werden Daten auf viele verschiedene Arten und Weisen aufgearbeitet, verfälscht und wieder eingespielt. Warum haben solche *fake news* eine so große Macht? Auf jede Fälschung und Lüge kommen doch Dutzende Einträge, die die Realität aufrichtiger wiederspiegeln. Das Problem ist, dass wir Informationen aus dem Internet nur sehr selektiv in Anspruch nehmen. Wir wollen nur den Teil wissen, der uns in den Kram passt. Alles andere blenden wir aus.

Es ist manchmal etwas so Banales wie eine Taxifahrt, das einem die Augen für die Dramatik gesellschaftlicher Entwicklungen öffnen kann. Im Oktober 2016 saß ich in einem Taxi vom Flughafen in Melbourne in die Innenstadt und kam mit dem Fahrer ins Gespräch. Er war türkischer Abstammung und erzählte mir, dass »Europa sich noch umschauen würde, wenn 2023 die Bestimmungen des Vertrags von Lausanne auslaufen«. Bei diesem Vertrag handelt es sich um den Friedensvertrag zwischen dem Rechtsnachfolger des Osmanischen Reiches, d.h. der Türkei, und zahlreichen Kriegsparteien des Ersten Weltkrieges, wie ich mich erinnerte. Er legte insbesondere größere Gebietsverluste auf Seiten der jungen Republik Atatürks fest. Von einer 100-jährigen Dauer wusste ich dagegen nichts, was ich dem Fahrer auch mitteilte. Dieser schwadronierte weiter, wie die Türkei nach 2023 wieder groß auferstehen würde. Verwundert ging ich in mein Hotel und verbrachte die nächste Stunde damit, den Vertragstext genau zu studieren. Natürlich fand sich kein Wort von einer 100-Jahre-Frist! Woher hatte der Taxifahrer diesen Blödsinn? Schließlich wurde ich auf irgendwelchen einschlägigen Websites fündig: Das Ganze ist Teil einer abstrusen Propaganda-Aktion türkischer Nationalisten Erdogan'scher Prägung. Mit anderen Worten, eine einzige gewaltige historische Lüge!

Ich war erschüttert. Wie leicht lässt sich heute doch (leicht zu wiederlegender) Blödsinn behaupten, der a) ahnungslos nachgeplappert wird und b) eine große politische Kraft entfalten kann. Mein Taxifahrer lebte wohl in einer eigenen Internetblase. Weil er oft Erdogan unterstützende Seiten anschaut, erhält er bei seiner Suche nach Informationen auch hauptsächlich Erdogan unterstützende Websites zur Antwort.

Das nach nicht bekannten Kriterien entstandene Benutzerprofil eines jeden einzelnen von uns bei Google bestimmt, was wir im Internet zu sehen bekommen. So entstehen isolierte Informationsinseln, auf denen ein jeder mit den Informationen und Meinungen versorgt wird, die zu seinem ›Profil‹ passen. Die Folge ist, dass er oder sie nicht auf Störungen oder Überraschungen trifft, sondern im eigenen Wahrnehmungs- und Weltbild immer wieder bestätigt wird. Einmal gefasste Meinungen werden so mehr und mehr verfestigt. Das Internet trägt zunehmend totalitäre Züge: Der so wichtige Diskurs verschiedener Meinungen und Interpretationen geht verloren. Das von George Orwell in seinem Buch »1984« gezeichnete Szenario einer vollständig manipulierten Gesellschaft, die selektiv mit geeigneter Information abgefüllt wird, hat sich bereits zu einem guten Teil verwirklicht.

Was jemand nicht weiß, wird er im Internet auch nicht erfahren. So verursacht das Internet unterm Strich Wissenseingrenzung statt Wissensvermehrung.

Soziale Bots und andere Lügen

Der US-Präsidentschaftswahlkampf 2016 war einer der denkwürdigsten aller Zeiten. Insbesondere der republikanische Kandidat Donald Trump setze ganz neue Maßstäbe der systematischen Fehlinformation, skrupellosen Propaganda und offenen Lügen. Und dies zuletzt erfolgreich. Facebook geriet nach den US-Wahlen vom 8. November 2016 sogar massiv in die Kritik, die teils vollständig absurden Lügen des Trump-Camps achtlos publiziert (z.B. dass der Papst Trump unterstütze oder dass Hillary Clinton einem Ring von Kinderpornografen vorstehe) und damit dazu beigetragen zu haben, dass dieser gewählt wurde.

Ein maßgeblicher Faktor in dieser Schlammschlacht waren neben den unermüdlichen freiwilligen Wahlhelfern und professionellen Spin-Doktoren vor allem computergenerierte automatisierte Skripte, die künstlich generierten Content in sozialen Medien wie Twitter und Facebook veröffentlichten, so genannte ›Bots‹. Eine ganze virtuelle Armada von Twitter-Nachrichten und Facebook-News bombardierte die User systematisch mit propagandistischen Beiträgen mit vielfach rechtspopulistischem oder gar rechtsextremem Inhalt.

So war rund 20 Prozent des Twitter-*traffics*, der den US-Wahlkampf 2016 betraf, automatisiert; mehr als 75 Prozent davon gingen wohl vom Trump-Lager ab. Unter Donald Trumps 12,4 Millionen Followern auf Twitter waren 4,6 Millionen (39 Prozent) nachweisliche *fake accounts*. Forscher schätzen, dass 80 Prozent von Trumps Twitter-Traffic automatisiert war. Dabei waren die künstlichen Accounts erstaunlich komplex. Sie nutzen u.a. künstliche Intelligenz, um mit Menschen eine Unterhaltung zu führen. So sorgten beispielsweise nach dem ersten TV-Duell zwischen Donald Trump und Hillary Clinton, welches Clinton nach Meinung selbst republikanischer Beobachter klar für sich entscheid, Bots dafür, dass der Hashtag #TrumpWon (»Trump siegte«) zum *trending topic* auf Twitter avancierte. In Wirklichkeit waren diese Nachrichten nahezu allesamt robotergeneriert. Es gab sogar *hispanic bots*, die vorspiegelten, für die Mehrheit der Latinos zu sprechen und Trump zu unterstützen, wobei allseits bekannt war, dass sich die Latinos in großer Mehrheit gegen den republikanischen Kandidaten aussprachen. Am Ende wählten unerwarteterweise ein Drittel der Latinos Trump – eine Konsequenz der Internetpropaganda?

Auch bei der Abstimmung der Briten um den Verbleib in der EU am 23. Juni 2016 waren die aktivsten Accounts bei Twitter nachweislich Bots, die keinen genuin neuen Content generierten, sondern automatisiert

Twitter-Botschaften re-tweeteten. Sozialforscher halten es für möglich, dass Bots einen Einfluss auf Wählerpräferenzen hatten und die Durchdringung des Kurznachrichtendiensts – speziell die Überpräsentation automatisiert erzeugter ›Leave‹-Tweets – am Ende den Ausschlag für das Brexit-Votum gaben. Auch Facebook soll beim Brexit eine Rolle gespielt haben: So wurden User kurz vor der Abstimmung von ihrer Facebook-App aufgefordert, ihre Gefühle oder Aktivitäten mitzuteilen. Zur Auswahl stand auch »Ich bin für einen Austritt aus der EU«. Die gegenteilige Option gab es nicht.

Wer setzt diese Bots ein? Nach Berichten des US-Geheimdienstes CIA spielte bei den US-Wahlen 2016 die Online-Propagandamaschine Wladimir Putins eine wichtige Rolle. Russische Nachrichtendienste verwenden umfangreich Social Bots, um die Meinung in westlichen Demokratien zu manipulieren. Auch die AfD in Deutschland nutzt nach eigenen Angaben Bots in Wahlkämpfen, und die CDU erwägt dies ebenso für den Bundestagswahlkampf 2017.

Die größte Macht hat aber noch Google selbst: Sollte die Firma in Zukunft einen Präsidentschaftsbewerber ausbooten wollen, könnte er kurzerhand ihre Algorithmen modifizieren und so seinen Nutzern nur die dafür zweckdienlichen Informationen zukommen lassen.

Fake news, fake accounts, Bots, Suchmaschinen – der Einfluss von Algorithmen und künstlich generierten Interneteinträgen auf das Wahlverhalten in Demokratien ist noch gar nicht absehbar.

Rechtsextreme Verschwörungstheoretiker, islamophobe, frauenfeindliche und homophobe Gruppierungen und andere extremistische politische Kreise haben im Internet eine ideale Plattform für ihre politische Propaganda erkannt und erzeugen massive Desinformationskaskaden. Weil viele Bürger nicht in der Lage sind, die Quellen einer Botschaft zu evaluieren oder die Kraft der Argumente kritisch zu hinterfragen, leben wir zusehends in einer postfaktischen Gesellschaft.

Damit steht unsere Demokratie auf dem Prüfstand. Die digitale Revolution hat ihr Immunsystem angegriffen und ihr Ortungssystem für richtig und falsch durcheinandergebracht. Die Menschen taten sich immer schon schwer, mit neuen Medien kritisch umzugehen. Wir amüsieren uns zu Tode, prophezeite bereits in den 1980er-Jahren der Philosoph Neil Postman (und beschrieb damit unser Verhältnis zum TV). Aus heutiger Sicht eine geniale Vorwegnahme der Entwicklungen. Und man kann noch weiter zurückgehen: Das neu entwickelte Radio war in den späten 1920er- und 1930er-Jahren zentraler Bestandteil der nationalsozialistischen Polit- und Hetzpropaganda.

Wie schnell und vor allem wie leicht die Algorithmen sozialer Medien uns zu extremen Positionen bringen und die Radikalisierung insbesondere junger Menschen fördert, zeigt ein Experiment des französischen Informatikers Kave Salamatian. Dieser legte zahlreiche Scheinprofile bei Facebook an und ließ studentische Mitarbeiter verschiedene Nachrichten und Informationen über harmlose Themen mit »Gefällt mir« markieren. Nach drei Tagen hatten die Mitarbeiter ihren Teil zum Experiment beigetragen. Von jetzt an ließ Salamatian die Accounts automatisch jeden neuen Freund akzeptieren und jeden Vorschlag, den der Algorithmus ihnen präsentierte, mit »Gefällt mir« beantworten. Das Ergebnis war erstaunlich: Nach weiteren drei Tagen hatten zehn der

Accounts direkten Kontakt zum terroristischen IS, erste Recruiter meldeten sich bei den ›Schützlingen‹.

Digitale Demenz vs. unbegrenzte digitale Möglichkeiten

In diesem Kapitel haben wir bereits gesehen, dass Wirtschaft und Staat sich gerne und ausgiebig bei den Daten bedienen, die wir freiwillig oder auch unfreiwillig von uns preisgeben. Anhand dieser Daten werden wir ausgespäht und beeinflusst. Das betrifft nicht nur unsere Entscheidungen darüber, was wir kaufen, wissen, denken und wählen, sondern auch unsere Selbstwahrnehmung (zum Beispiel dank verschiedener Scoring-Systeme). Aber es geht noch weiter: Der Umgang mit digitalen Medien verändert sogar unsere kognitiven Fähigkeiten.

Predigten über die Gefahren des Internets sind allgegenwärtig. Zahlreiche Psychologen und Sozialforscher warnen mit deutlichen Worten davor, dass unser Online-Verhalten unser Aufmerksamkeits- und Konzentrationsvermögen, unsere Lernfähigkeit und unser soziales Verhalten auf dramatische Art und Weise prägt. Und damit sind nicht nur internetsüchtige Teenager gemeint.

Hirnforscher wissen heute, dass die neuronalen Verknüpfungen, und damit die Funktionsweise unseres Gehirns, stark davon abhängen, wie wir es benutzen. Menschen, die häufig das Internet benutzen, aktivieren ein anderes Hirnareal als diejenigen, die nur selten in Wikipedia und sozialen Medien unterwegs sind. Wenn man sie nach Fakten fragt, denken sie an Suchstrategien, womit ganz bestimmte Neuronenverbände aktiviert werden, und nutzen dabei aber nicht das Hirnareal, das für Erinnerungen zuständig ist.

Wer lieber googelt als sein Gedächtnis zu aktivieren, trainiert sich die ›Erinnerungsneuronen‹ ab – es ist wie bei einem Muskel, der nicht gefordert wird. Die Fähigkeit sich zu erinnern schwindet.

Auch die ständige Ablenkung durch digitale Medien hinterlässt nachweisbar Spuren in unserem Gehirn. Während man einen Artikel liest, geht eine E-Mail ein, dann meldet sich ein Freund per Skype, und im Hintergrund klopft eine Facebook-Nachricht an. Jede neue Information, die uns findet, aktiviert das Belohnungssystem. Wir können sogar geradezu süchtig nach solchen Ablenkungen werden, ganz wie nach Süßigkeiten. Deshalb fällt es uns so schwer, Statusmeldungen und E-Mail-Eingänge einfach zu ignorieren. Verlierer ist unser Arbeitsgedächtnis, das zum Beispiel dafür sorgt, dass wir am Ende eines gehörten Satzes noch wissen, wie er anfing. Ein Hochschulprofessor sagte mir kürzlich in einem privaten Gespräch, dass die Aufmerksamkeitsfähigkeit von Studenten in den letzten Jahren dramatisch gesunken sei. Nicht mal mehr acht Seiten Text am Stück schafften sie zu lesen. Der Psychologe Manfred Spitzer spricht in diesem Zusammenhang von der zunehmenden »digitalen Demenz«[71].

»Wir googeln uns blöd« – Einiges spricht für diese Aussage von Internetkritikern. Doch insgesamt ist sie zu undifferenziert.

Bei objektiver Betrachtung deutet wenig darauf hin, dass die Menschheit tatsächlich verblödet. Im Gegen-

71 M. Spitzer, *Die digitale Demenz: Wie wir uns und unsere Kinder um den Verstand bringen*, Droemer (2012)

teil: Seit Jahrzehnten nimmt der durchschnittliche IQ in den westlichen Industriestaaten zu. Wir werden immer schlauer. Nicht zuletzt auch dank Computern, die beispielsweise unsere Aufmerksamkeit und Konzentrationsfähigkeit auch gezielt trainieren und wahrnehmungsgebundene und kognitive Fähigkeiten verbessern können. Wir sollten auch nicht all die superschlauen Tech-Freaks vergessen, die sich erst mit den digitalen Technologien austoben können. Metastudien zeigen, dass Computerspiele positiv auf die Fähigkeiten zum räumlichen Denken und zur Problemlösung sowie auf das Verständnis systemischer Zusammenhänge wirken können. Und dies bis ins hohe Alter. Surfen im Internet beugt wissenschaftlichen Studien zu Folge sogar Alzheimer vor. Die Suchtgefahr betreffe eine kleine Minderheit, behaupten viele Pädagogen.

Gerade Jugendliche erhalten durch das Internet Zugang zu Vielfalt und Gestaltungsmöglichkeiten, von denen ihre Eltern nur träumen konnten. Für sie ist es selbstverständlich, mit Freunden in Amerika, Indien und Afrika zu chatten und Informationen uber andere Länder und Kulturen barrierefrei zu erhalten.

In einer Stellungnahme zu Manfred Spitzers Thesen schreibt das Landesmedienzentrum Baden-Württemberg auf seiner Webseite:

> *Digitale, interaktive Medien öffnen die Tore zur Welt, stärken die Menschen und erweitern ihre Möglichkeiten der (Mit-)Gestaltung. Wir meinen: Wer ihre positiven Eigenschaften nutzt, bereichert sein Leben in vielerlei Hinsicht, unter anderem sozial, kreativ und kommunikativ*[72].

72 http://www.lmz-bw.de/medienbildung/aktuelles/mediaculture-blog/blogeinzelansicht/2012/stellungnahme-zu-manfred-spitzers-thesen.html

Dank des Internets und seiner sozialen Medien wächst eine Generation heran, die Fremdenfeindlichkeit, nationalistischen Chauvinismus und Rassismus kaum mehr kennt.

Das Rad lässt sich nicht mehr zurückdrehen. Digitale Medien sind um uns, überall, und schon sehr bald *in* uns. Es geht nicht darum, wer Recht hat: die missionarischen Eiferer, die sagen, dass digitale Medien dumm machen, oder die Befürworter, die mit nicht weniger ideologischer Übertreibung sagen: »Spitzer spinnt«. Wichtig ist, *dass* eine kontroverse Diskussion überhaupt stattfindet. Denn es nutzt niemandem, wenn sich die beiden Extreme starrköpfig gegenüberstehen. Es ist wie so oft im Leben: Es gibt kein Schwarz und kein Weiß. Wir müssen lernen, mit den digitalen Medien umzugehen. Wir müssen uns wohl damit abfinden, dass der digitale Fortschritt ein zweischneidiges Messer ist, das von jedem einzelnen ein gehöriges Maß an Disziplin verlangt. So heißt es auf der Webseite des Landesmedienzentrums weiter:

»Wichtig ist allerdings, dass die Menschen sich die Medien zu Dienern und gekonnt genutzten Werkzeugen machen und sich nicht von ihnen dominieren lassen. Dazu trägt Medienbildung entscheidend bei.«

Digitale Technologien bedeuten weit mehr als ›nur‹ Internet. Wie wir im nächsten Kapitel sehen werden, werden künstliche Intelligenz und Quantencomputer unsere Zukunft wahrscheinlich noch weit stärker prägen als es die digitale Revolution in den letzten 25 Jahren getan hat.

6 – BLACK BOX
ENDSTATION TECHNOLOGISCHE SINGULARITÄT

Im Bremer Tatort ›Echolot‹ vom Herbst 2016 wurde dem Zuschauer ein unheimliches Szenario vor Augen geführt. Während der Leichnam des Mordopfers auf dem Tisch der Gerichtsmedizin liegt, chattet sein digitales Alter Ego per App und Tablet mit der Familie, den Geschäftspartnern und sogar den Ermittlern. Die digitale Assistentin ›Nessa‹ spricht mit der Stimme ihres lebendigen, analogen Vorbilds der Tochter Trost zu und wirkt auf Videoschaltungen insgesamt sehr lebendig.

Wagten sich die Drehbuchautoren in eine ferne Zukunftswelt? Nicht wirklich. Digitale Assistenzsysteme wie ›Nessa‹ heißen in der Wirklichkeit ›Alexa‹ (Amazon), ›Siri‹ (Apple), ›Bixvy‹ (Samsung), ›Cortana‹ (Microsoft) oder ›Google Now‹ (Google). Und dass so ein Chatbot sein Vorbild überlebt, gibt es ebenfalls bereits im realen Leben: Als ihr bester Freund Roman Mazurenko 2015 bei einem Verkehrsunfall starb, war die KI-Unternehmerin Eugenia Kuyda untröstlich. Auf der Basis von Tausenden SMS und Tweets, die er zu Lebzeiten geschrieben hatte, programmierte sie ein künstliches neuronales Netzwerk und erschuf so einen ›memorial bot‹, der per Chat genauso kommuniziert wie ihr toter Freund. Auf die Frage »How is it there?«, antwortete der posthume Chatbot: »Just lying around.«

›Augmented Eternity‹ (›erweiterte Ewigkeit‹) nennt dies der kanadische Informatiker und KI-Experte Hossein Rahnama. Sein Ziel ist ebenfalls, die Toten als digitale Kopien wieder ›lebendig‹ zu machen. Grundlage dazu sind neben Daten aus Facebook und Google+, Selfies auf Instagram, E-Mails, Blog-Postings, Twitter-Statements, Youtube-Videos, Kommentare und Likes, Online-Buchungen, Spotify-Streams und andere Spuren, die die Toten zu Lebzeiten im Internet hinterlassen haben, auch ihre Mimik, Körperhaltung, Gangbewegung und Stimme. All diese Informationen werden zu einem Gesamtbild der jeweiligen Menschen zusammengefügt.

So wirkte das Hologramm Michael Jacksons bei den Billboard Music Awards 2014, fünf Jahre nach dem Tod des Musikers, so überzeugend, dass es lebenden Stars die Show stahl. Und KI-Forscher sprechen schon davon, dass wir in 40 Jahren eine digitale Kopie Ronald Reagans darüber befragen können, was er von einem US-Präsidenten Donald Trump hält.

Wie wäre es, wenn so ein Bot nicht nur mit ein paar tausend Kurznachrichten oder Körperhaltungen gefüttert werden könnte, sondern auch mit den Emotionen eines Menschen, seinen Reaktionen, Bewegungen, Träumen und vielem mehr? Mit anderen Worten: mit den Daten seines gesamten Lebens inklusive seiner Gedanken[73]. Wie ›unsterblich‹ wäre dann ein Mensch für seine hinterbliebenen Freunde und seine Familie?

Der Haupteinwand lautet, dass eine so große Datenmenge kaum bewältigt werden könnte. Vor allem dann nicht, wenn Milliarden Menschen eine derartige Anwendung nutzen wollten. Es liegt jedoch eine Technologie in Greifweite, die immense Datenmengen um Vielfaches schneller verarbeiten könnte als alle heutigen Computer, und die diese Art des ewigen Lebens möglich machen könnte: der Quantencomputer.

73 Genau dies schlug der ›Singularitätsforscher‹ Ray Kurzweil bereits vor Jahren vor: unseren gesamten Geist auf eine Maschine zu laden. Einem breiten Kinopublikum wurde dieses Szenario im Film *Transcendence* (2014) des Regisseurs Wally Pfister mit Johnny Depp in der Hauptrolle vorgesellt.

Quantencomputer sind so leistungsstark, dass ihre Anwendung an keine Grenze stößt. Was uns diese Technik ermöglichen wird, liegt jenseits unserer Vorstellungskraft.

Doch was genau ist ein Quantencomputer? Und wie intelligent können Computer überhaupt werden? In diesem Kapitel will ich von der total verrückten Welt der Quanten berichten sowie von einem Themenfeld, das ebenfalls die Vorstellungen der meisten Menschen überfordert: der Künstlichen Intelligenz.

Blindes Vertrauen

Der englische Astronom Arthur Stanley Eddington soll auf die Frage, ob wirklich nur drei Menschen auf der Welt Einsteins Relativitätstheorie verstehen, gesagt haben: »Und wer soll der Dritte sein?«

Auch wenn selbst Laien von vierdimensionalen Raum-Zeit-Kontinuen, gekrümmten Räumen und Gravitationswellen sprechen, begreifen doch nur wenige Menschen tatsächlich die Zusammenhänge, die Einstein mit dieser Theorie erstmals zu Papier brachte. Ähnlich verhält es sich mit der Quantenphysik – nur dass Einsteins »$E = mc^2$« auf T-Shirts gedruckt wird, die Quantenphysik aber nicht einmal so ein Aushängeschild besitzt. Wer kennt schon »E = hf« oder gar

$$i\hbar\frac{\partial}{\partial t}\psi = -\frac{\hbar^2}{2m}\nabla\psi + V\psi$$ *(die zeitabhängige Schrödinger-Gleichung)*?

Noch immer, hundert Jahre nach ihrer Entstehung, bietet die Quantenphysik Stoff für reichlich Verwirrung unter Nichtphysikern, denn es fällt uns sehr schwer, sie anschaulich zu erfassen und denkerisch nachzuvollziehen. Nichtsdestotrotz lassen sich ihre physikalischen wie auch philosophischen Prinzipien durchaus verstehen. Nur führt ihre abstrakte Unanschaulichkeit leider auch dazu, dass sie in unserem Alltag für alle möglichen Formen der esoterischen Quacksalberei missbraucht wird: Da geht es dann um »Quantenheilung« (Wunderheilungen durch Seelenreinigung), »Quanten-Feng-Shui« (spirituelle Wohnungseinrichtungen), »Quanten-Resonanz« (universell-perfekte Liebesbeziehungen) und sonstigen Unsinn, den Esoteriker gerne mit ›Quanten‹ assoziieren[74].

Dabei ist die Quantenphysik längst konkreter Teil unseres Lebens. Jede Elektronik, alle Digitaltechnologien, der größte Teil der heutigen medizinischen Diagnostik, aber auch die moderne Chemie beruhen auf ihr. Wir vertrauen tagtäglich ihren Gesetzen, wenn wir in ein Auto steigen (und uns auf die Bordelektronik verlassen), den Computer hochfahren (der aus integrierten Schaltkreisen, d.h. einer nur auf Quantenphänomenen beruhenden Elektronik, besteht), Musik hören (CDs werden durch Laser, einem reinen Quantenphänomen, ausgelesen), Röntgen- oder MRT-Aufnahmen machen oder mittels unseres Handys (ebenfalls voll mit Mikroelektronik) kommunizieren.

Die Regeln der Quantenphysik entziehen sich dem Verständnis der meisten Menschen. Trotzdem ist sie die Basis vieler Technologien, die unser Leben heute bequem machen.

74 Außerdem muss die Quantenphysik immer mal wieder für das so sehnlichst erwünschte tiefere Zusammenspiel zwischen Geist und Materie herhalten, wie beispielsweise im neusten Buch des Enkels von Thomas Mann, dem Psychologen und Theologen Frido Mann, und seiner Frau Christine Mann, Tochter Werner Heisenbergs und ebenfalls Psychologin (*Es werde Licht*, S. Fischer Verlag, 2017).

Wir vertrauen uns der Quantenphysik widerstandslos an. Dabei beruht ihre Technologie auf – unserem alltäglichen Verständnis nach – sehr unbeständigen und unsicheren Erscheinungsformen und einer Theorie mit scheinbar paradoxen Eigenschaften.

Quantenphysik 1.0

Selbst die Zunft der Physiker hatte anfangs große Schwierigkeiten mit den Aussagen der Quantenphysik. Als sie die Welt der Atome mit den klassischen Methoden der Physik beschreiben wollte, musste sie erkennen, dass dies nicht gelang. Nichts Geringeres als der komplette Bruch mit jahrtausendealten philosophischen und metaphysischen Vorstellungen war notwendig, um die Welt des Mikrokosmos zu verstehen.

In dem bekannten satirischen Buch *Per Anhalter durch die Galaxis* von Douglas Adams heißt es, dass nach einer bestimmten Theorie die Welt etwas sehr Bizarres und Unbegreifliches ist. Und sollte jemals irgendwer herausfinden, wozu das Universum da ist, dann würde es sofort verschwinden und durch etwas noch Bizarreres und Unbegreiflicheres ersetzt werden. Und es gäbe eine weitere Theorie, nach der das schon passiert sei. Genau so fantastisch müssen den Physikern des frühen 20. Jahrhunderts die Aussagen der Quantentheorie vorgekommen sein.

Die Theorie des Mikrokosmos, zu der sich die Physiker vor hundert Jahren gezwungen sahen, raubte ihnen alle physikalischen Gewissheiten und riss ihnen schier den metaphysischen Boden unter den Füßen weg.

Alles begann mit der Beobachtung, dass auf atomarer Ebene bestimmte Größen nicht jeden beliebigen Wert annehmen können. So nimmt die abgestrahlte Energie bestimmter Körper nur festgelegte, also diskrete Werte an. Sie ist sozusagen abgepackt in so genannten Quanten (vom lateinischen Wort *quantum* – ›so viel‹). Würden die Regeln der Quantenphysik auch in ›unserer‹ Welt gelten, wäre die Beschleunigung eines Autos nur in Sprüngen von jeweils 10 km/h oder so möglich.

Die Physiker erkannten zudem, dass Licht eine Doppelnatur aufweist: einmal war es eine Welle, ein anderes Mal ein Teilchen (was sich kurz darauf auch beim Elektron beobachten ließ). Doch wie kann ein räumlich lokalisiertes Teilchen gleichzeitig eine räumlich ausgedehnte, also de-lokalisierte Welle sein? Das ist doch völlig verrückt! Ein neuer Begriff prägte den physikalischen Forschungsbetrieb: ›Welle-Teilchen-Dualismus‹. In der Welt der klassischen Wissenschaften, in der Weiß immer Weiß war und Schwarz genau Schwarz, war dieser Dualismus eine unerhörte Provokation.

Es folgte eine der aufregendsten intellektuellen Reisen der Menschheitsgeschichte. Dabei stellte sich heraus, dass im Reich des Allerkleinsten auf die Navigationskarten der klassischen Physik tatsächlich kein Verlass mehr war. Die 1925 ausformulierte Quantentheorie beschreibt eine Realität, die wir uns kaum noch vorzustellen vermögen. Das Wesen von Quantenobjekten ließ sich weder in unsere Alltagsvorstellungen noch in die bestehende klassische physische Vorstellungwelt und das philosophische Begriffssystem der platonisch-aristotelisch geprägten abendländischen Philosophie einordnen. Neben dem Wellen-Teilchen-Dualismus beschreibt die Quantenwelt noch Konzepte wie[75]:

75 Für weitere Details und eine Beschreibung des Werdegangs der Quantenphysik siehe: L. Jaeger, *Wissenschaft und Spiritualität*, Heidelberg, 2017; Für weiterer Details ihrer philosophischen Bedeutung siehe auch: L. Jaeger, *Die Naturwissenschaften. Eine Biographie*, Heidelberg 2015.

- *Superposition:*
  Quantenobjekte können sich in einer Überlagerung von verschiedenen Zuständen befinden. Dabei sind sie beispielsweise gleichzeitig an verschiedenen Orten oder bewegen sich parallel entlang unterschiedlicher Pfade. Ein bekanntes Beispiel, das solch widersinniges ›Quantenverhalten‹ in unserer Lebenswelt verbildlichen soll, ist »Schrödingers Katze«.[76]
- *Zufälliges Verhalten:*
  In ihrer ›Hier-und-dort-zugleich-artigkeit‹ lässt sich die Dynamik eines Quantensystems, d.h. sein zeitliches Verhalten, nur noch mit Wahrscheinlichkeiten angeben. Damit widerspricht die Quantenphysik nicht nur der klassischen Vorstellung, dass Dinge zu einem gewissen Zeitpunkt immer an einem bestimmten Ort sind, sondern auch der eines Determinismus in der Natur, also, dass Dinge sich nach klar bestimmbaren Vorgaben entwickeln.
- *Abhängigkeit eines Quantenzustandes von der Messung:*
  Erst eine Messung weist einem Quantenobjekt einen bestimmten Zustand zu[77]. Das messende Subjekt hat also einen Einfluss auf das zu messende Objekt. Damit ist in der Mikrowelt die Trennung zwischen Subjekt und Objekt aufgehoben. Doch was waren dann die Eigenschaften des Teilchens vor der Messung? Die Physiker kamen

76 Mit dem Gedankenexperiment einer in einem Kasten eingesperrten Katze, die je nachdem, ob ein radioaktiver Zerfall in einem Atom stattgefunden hat und Blausäure ausgesetzt wird, stirbt oder weiter lebt, wollte Erwin Schrödinger 1935 eine Überlagerung von quantenmechanischen Zuständen (der Atomkern zerfällt oder nicht) verdeutlichen und gleichzeitig aufzeigen, dass eine Übertragung von Gesetzen der Quantenmechanik auf reale Alltagssysteme (eine Überlagerung aus toter und lebendiger Katze) zu unsinnigen Ergebnissen führt.

77 Physiker sprechen von einem durch die Messung hervorgerufenen »spontanen Zerfall der Wellenfunktion«.

zum Schluss: Vor der Messung sind dessen Eigenschaften nicht nur nicht bestimmbar, sondern sie sind gar nicht bestimmt! Quantenteilchen besitzen keine unabhängigen und objektiven Eigenschaften. Ein einzelnes abgetrenntes, für sich isoliert zu betrachtendes Elektron oder Proton gibt es gar nicht. Erst zusammen mit seiner Beobachtung wird es zu einem solchen. Es ist, als ob der Baum am Straßenrand erst zum Baum wird, wenn ihn jemand betrachtet. Die Quantenphysik widerspricht damit der klassischen Vorstellung einer ›Realität‹, in der die Dinge stets klare, von der Umgebung unabhängige Eigenschaften haben.

- *Verschränkung:*
  Gemäß der Quantenphysik gilt das klassische Prinzip der ›Lokalität‹, in der die Dinge nur unmittelbar von ihrer lokalen Umgebung beeinflusst werden können, nicht mehr. Quantenteilchen können ›nicht-lokal‹ miteinander verbunden sein. Selbst wenn sie räumlich weit voneinander entfernt sind, können sie nach wie vor einer gemeinsamen physikalischen Entität (die Physiker sagen: einer ›Wellenfunktion‹) angehören, als deren Komponenten sie dann wie von Geisterhand aneinander gekoppelt sind. Zwischen ihnen besteht dann eine Korrelation, die eine instantane (ohne jegliche Zeitverzögerung) Vorhersage darüber erlaubt, welcher Zustand bei dem einen Teilchen realisiert ist, wenn man das andere gemessen hat – auch dann, wenn viele Kilometer zwischen ihnen liegen. Es ist so, als würde jemand in Deutschland instantan spüren, was seinem Zwilling in Australien gerade passiert.

Die kontraintuitiven Eigenschaften der Quanten verursachten selbst bei Einstein großes Kopfzerbrechen.

Die Wechselwirkung quantenmechanischer Teilchen, wie sie in der Verschränkung ihren Ausdruck findet, bezeichnete Einstein als »spukhafte Fernwirkung«. Zusammen mit seinen beiden Kollegen in Princeton, Boris Podolsky und Nathan Rosen, arbeitete er 1935 ein Gedankenexperiment aus (das so genannte ›EPR-Paradoxon‹), mit dem er die vorherrschende Deutung der Quantentheorie (die so genannte ›Kopenhagener Deutung‹) zu attackieren und ihre Absurdität beweisen wollte.

Doch statt die Quantenmechanik zu widerlegen, bewirkten Einstein und seine Kollegen genau das Gegenteil: Sie lieferten mit ihrer Arbeit das theoretische Fundament für die Beschreibung des quantenmechanischen Phänomens der Verschränkung. Denn ca. dreißig Jahre später war endgültig bewiesen: Bestimmte Erscheinungen lassen sich tatsächlich nur erklären, wenn man akzeptiert, dass die Quantenwelt nicht-lokale Phänomene, also auch ›spukhafte Fernwirkungen‹ zulässt. Die Verschränkung von Quantenteilchen wurde seit den 1970er-Jahren in Experimenten zigfach nachgewiesen und in ersten technologischen Anwendungen sogar bereits erprobt. Was Einstein noch als absurd abtun wollte, entspricht zweifellos der Realität!

Einige Jahre stritten die Physiker um die befremdlichen und grotesken Eigenschaften der Quanten jenseits der öffentlichen Wahrnehmung. Der Auftritt der Quantenphysik auf der Bühne der Weltöffentlichkeit geschah dann allerdings mit einem sehr realen und lauten Knall.

Die erste technische Anwendung der Quantenphysik war die furchtbarste Waffe, die jemals militärisch eingesetzt wurde: die Atombombe[78].

Wenn aus Unwägbarkeiten Gewissheiten werden

Die Denkgewohnheiten der Physiker wurden noch stärker herausgefordert, als sie ihre neuen Quantenmethoden auf physikalische Felder (wie beispielsweise das elektromagnetische) anwandten. Es zeigte sich, dass Quantenteilchen wie beispielsweise Elektronen permanent von fluktuierenden Quantenfeldern und ›virtuellen Teilchen‹ begleitet werden, die aus dem Nichts entstehen und wieder verschwinden können. Die Physiker sprechen von ›Quantenfeldfluktuationen‹. Ein Elektron zum Beispiel ist permanent von einer Wolke von Teilchen aller möglichen Arten umgeben, die ständig emittiert und gleich wieder absorbiert werden. Diese Teilchen sind nicht nur integrale Bestandteile der Quantenobjekte, sondern sie lassen diese auch erst miteinander wechselwirken. Teilchen und die Wechselwirkungen, denen sie unterliegen, sind also nicht mehr voneinander zu unterscheiden. Sie sind beide Teil eines Ganzen.

Und dennoch: die heutigen Quantenfeldtheorien mitsamt ihren hochabstrakten mathematischen Beschreibungsformen, Wahrscheinlichkeitsdeutungen, spukhaften Fernwirkungen und Geisterteilchen beschreiben das Geschehen im Mikrokosmos mit einer na-

78 Die Physik der Atomkerne, auf die das Phänomen der Kernspaltung mitsamt der Umwandlung von Masse in Energie beruht, ist nur mit quantenphysikalischen (bzw. quantenfeldtheoretischen) Modellen erfass- und beschreibbar (Quantenchromodynamik).

hezu unheimlichen Genauigkeit. Sie sagen den Ausgang von Experimenten und Naturgeschehnissen mit einer in der gesamten Wissenschaft unübertroffenen Exaktheit vorher. Wieder ein völlig verrückter Zusammenhang, der jeder Alltagserfahrung widerspricht: Aus etwas, das unbestimmt und nicht fassbar ist, wird ein zu 100 Prozent berechenbarer Vorgang.

Wir ›verstehen‹ heute die Natur des Ultrakleinen nur in einem unanschaulichen und sehr abstrakten Sinne – und können diese Welt dennoch immer genauer beschreiben und zuletzt auch gestalten.

Quanten-Technologien 2.0

In den letzten Jahren wurde deutlich: Die Quantenphysik besitzt einen bedeutenden Vorrat an noch nicht ausgeschöpften technologischen Möglichkeiten. Immer wieder stoßen die Physiker auf überraschende neue Quanteneffekte, die den Weg zu neuen Anwendungen eröffnen. Darunter auch die von Richard Feynman 1959 ausgesprochene Vision, dass es technisch möglich sein sollte, Materie bis auf die Ebene einzelner Atome zu manipulieren. Wir bezeichnen diese Entwicklung heute als ›Nano-Technologie‹ und sie wird von vielen Techno-Advokaten bereits als eine der aufregendsten Zukunftstechnologien deklariert.

Die nächste Generation von Quantentechnologien beruht im Wesentlichen auf der Kontrolle größerer (Vielteilchen-)Quantensysteme, wobei sich auch das merkwürdige Phänomen der Quantenverschränkung von Nutzen erweist. Beispiele dafür sind:

- die 1986 entdeckten Hochtemperatursupraleiter (Nobelpreis 1987): Diese könnten eines Tages elektrischen Strom bei Raumtemperatur widerstandsfrei fließen lassen.
- der in den 1980ern bzw. 1990ern entdeckte Quanten-Hall-Effekt (Nobelpreis 1985 und 1998), der Hochpräzisionsmessungen von elektrischem Strom und Widerstand möglich macht.
- Verbesserung der Zeitmessung in Atomuhren auf der Grundlage verschränkter Teilchen, was wiederum Navigationssysteme verbessert oder die Messung lokaler Gravitationsfelder noch genauer macht (z.B. zwecks Aufspüren von Metallen im Boden).
- die Quanten-Kryptologie, die ebenfalls auf dem Phänomen der Teilchenverschränkung beruht (Nobelpreis 2012).
- die neuen ›Wunderstoffe‹ wie Graphen (Nobelpreis 2010), die die Elektronik um Größenordnungen leistungsfähiger machen könnten.
- weitere ›Nano-Stoffe‹, wie sie z.B. in selbstreinigenden Beschichtungen oder sonnenabweisenden Hautcremes bereits zum Einsatz kommen.
- LED-Licht (Nobelpreis 2014): Leuchtdioden sind nichts anderes als lichtemittierende Halbleiter-Bauelemente, an deren p-n-Übergängen Elektronen ihre Energie in Formen von Lichtquanten abgeben.

Nach Halbleitertechnik, Laser, der modernen physikalischen Chemie, Satellitennavigation und Nukleartechnik in den Jahren 1940-1980 entsteht seit den 1980er-Jahren eine zweite Generation von Quantentechnologien.

Unendliche Möglichkeiten zwischen 0 und 1

Und dann ist da noch die so unheimlich-bizarr wie aufregend-futuristische erscheinende Vision des Quantencomputers. Mit seiner Hilfe ließen sich Probleme lösen, die für die heute in Physik, Biologie, Wetterforschung und anderswo eingesetzten ›Supercomputer‹ noch um ein Vielfaches zu komplex sind. Auch die am Anfang dieses Kapitels beschriebene digitale Abbildung eines ganzen Menschenlebens, mit der sich ein kompletter virtueller Klon erschaffen ließe, läge wohl erst mit einem Quantencomputer im Bereich des Möglichen.

Die Grundlagen moderner Computer beruhen vollständig auf der klassischen Physik. So bestanden die allerersten elektronischen Rechenmaschinen der 1940er-Jahre noch aus Röhren und Kondensatoren. Erst für ihre extreme Miniaturisierung auf integrierte Schaltkreise wurde Quantenphysik (wie etwa der ›Tunneleffekt‹) benötigt (wobei unerwünschte Quanteneffekte in heutigen Chips mit viel Aufwand unterdrückt werden müssen). Quantencomputer dagegen besitzen eine grundlegend andere Architektur und Funktionsweise. Sie nutzen zur Datenverarbeitung direkt die bizarren Quanteneigenschaften atomarer und subatomarer Partikel aus. Die Bits, mit denen ein herkömmlicher Computer arbeitet, besitzen entweder den Zustand 1 oder 0; sie können also zwei Werte annehmen – daher der Begriff ›digital‹. Anders verhält es sich mit den Informationseinheiten in einem Quantencomputer, den so genannten ›Quantenbits‹, kurz ›Qubits‹.

Die Informationseinheiten eines Quantencomputers befinden sich aufgrund der oben erwähnten ›Superposition‹ in einer

Art Schwebezustand; sie sind sowohl ›0‹ als auch ›1‹ – und auch alle Zustände dazwischen.

Ein Qubit kann daher viel mehr Information enthalten als nur 0 oder 1. Klingt merkwürdig? Willkommen in der Quantenwelt!

Mit einem einzelnen Qubit lässt sich allerdings noch nicht viel anfangen. Es braucht noch eine weitere Quanteneigenschaft, um einen Quantencomputer zu realisieren. Hier kommt die Verschränkung ins Spiel: Mehrere Qubits zusammen lassen sich in Zustände bringen, in denen sie sich so verhalten, als wären sie mit einer unsichtbaren Feder aneinandergekoppelt. Jedes Quantenbit weiß, was die anderen gerade treiben.

Mit einem solchen Ensemble von verschränkten Qubits können die Physiker, so erhoffen sie sich, auf allen möglichen seiner Zustände simultan operieren. Während ein normaler Computer all die Bits hintereinander in vielen, vielen Schritten bearbeiten, d.h. von jeweils 0 auf 1 bzw. von 1 auf 0 umlegen muss, kann ein Quantencomputer alle diese Schritte mit *einem* Mal verarbeiten. Diese hochgradige Parallelisierung der Operationen erhöht die Rechenleistung des Computers *exponentiell* mit der Anzahl der Qubits. Dies steht im Gegensatz zu einem klassischen, sequentiell arbeitenden Computer, dessen Rechenleistung nur *linear* mit der Größe und Anzahl der verfügbaren Rechenbausteine (Prozessoren, Speicher) ansteigt.

Schon Quantencomputer mit nur ein paar Dutzend Qubits weisen eine im Vergleich zu gängigen Computern unvorstellbar höhere Rechengeschwindigkeit auf.

So ein Gerät könnte blitzschnell herkömmliche Verschlüsselungen (die auf Zerlegung sehr großer Primzahlen beruhen) knacken, gigantische Datenmengen durchforsten und komplexe Optimierungsaufgaben lösen. All dies würde einem heutigen Computer, der noch mit 0 und 1 arbeitet – und sei er noch so groß – in realistischer Zeitspanne nicht gelingen.

Solche Anwendungsmöglichkeiten interessieren natürlich auch die Geheimdienste. Mit einem Quantencomputer könnten sie sich Zugriff auf die umfangreichen vertraulichen Daten aus dem Banken- und Finanzsektor sowie dem Gesundheitsbereich, aber auch den Aktivitäten der Regierungen anderer Länder, der verarbeitenden Industrie und weiteren Einrichtungen verschaffen. Ein geheimes Forschungsprogramm der NSA befasse sich mit Quantencomputern, berichtete im Januar 2014 die ›Washington Post‹ unter Berufung auf Dokumente, die Edward Snowden der Öffentlichkeit zugänglich gemacht hat. Wir können nur spekulieren, wie weit das Programm bereits gediehen ist. Das staatliche finanzielle Backing lässt aber vermuten, dass der Geheimdienst bedeutend weiter sein könnte als zivile Labore.

Aber Quantencomputer könnten auch die Wissenschaft und Technologie selbst weiter voranbringen, z.B. über die Simulation von komplexen chemischen Verbindungen oder Festkörpern. Die Aufklärung der Elektronenstruktur von großen Molekülen oder Kristallen würde die gesamte Chemie und Festkörperphysik besser berechenbar machen. Das wäre in der Materialforschung, Quantenchemie oder Medikamentenentwicklung von großer Bedeutung. Pharmawirkstoffe, Batterien und Komponenten einer molekularen Elektronik ließen sich beispielsweise quasi über Nacht exakt berechnen, so die Hoffnung der Forscher.

Quantencomputer bedrohen die globale Datensicherheit. Gleichzeitig könnten sie in zahlreichen wissenschaftlichen Disziplinen bisher nicht lösbare Problemstellungen bearbeiten.

Firmen wie IBM, Google und Microsoft gaben jüngst bekannt, bedeutende Fortschritte in Richtung der Entwicklung von Quantencomputern erzielt zu haben. Im Sommer 2016 sagte Google, dass seine Ingenieure anstreben, bis spätestens 2020 einen fehlerkorrigierenden 50 Qubit-Quantencomputer zu bauen, der Probleme lösen kann, an denen klassische Computer scheitern (Google nennt dies »quantum supremacy«) [79]. Und der IT-Konzern IBM stellt seit Mai 2016 seine Quantencomputer-Technologie als Cloud-Service der Öffentlichkeit zur Verfügung (und gibt regelmäßig Verbesserungen bekannt). Interessenten könnten im Rahmen der ›IBM Quantum Experience‹ über das Internet auf einen 5-Qubit-Quantencomputer zugreifen und darauf mittels einer bereitgestellten Programmierschnittstelle und Benutzeroberfläche Programme erstellen und ausführen.

Eines der großen Probleme in der Entwicklung von Quantencomputern ist, dass verschränkte Quantenzustände sehr zerbrechlich sind und vor allem unter Einfluss von Wärme und Strahlung sehr schnell zerfallen – oft *zu* schnell, um die gewünschten Operationen fehlerfrei durchzuführen (die Physiker sprechen von der »Dekohärenz« von Quantenzuständen). Konkret wechselwirkt omnipräsentes Hintergrundrauschen mit den verschränkten Qubits und verwandelt diese schnell wieder in gewöhnliche Zustände, womit sie für Berech-

79 S. Boixo at al., *Characterizing Quantum Supremacy in Near-Term Devices*, 4. August 2016, https://arxiv.org/pdf/1608.00263v2.pdf, siehe auch: https://www.newscientist.com/article/mg23130894-000-revealed-googles-plan-for-quantum-computer-supremacy/

nungen verloren gehen. Aus diesem Grund muss IBMs ›Quantum Experience‹ auf ca. minus 270 Grad Celsius heruntergekühlt und ein Verfahren zur Fehlerkorrektur implementiert werden.

So ist es noch offen, wann es tatsächlich einen funktionsfähigen Quantencomputer geben wird, der heutigen digitalen Computern zumindest bei speziellen Anwendungen massiv überlegen ist. Doch was heute tatsächlich schnelle Fortschritte macht, sind die speziellen Algorithmen und mathematischen Formalismen für künftige Quantencomputer (da Quantencomputer so ganz anders rechnen als heutige Computer, brauchen sie auch eine ganz andere Programmierung).

Nach Einschätzung von IBM (Stand Ende 2016) wird es innerhalb eines Jahrzehnts Quantenprozessoren geben, die aus 50 bis 100 Qubits bestehen. Bereits ein System mit ca. 50 Qubits würde die Rechenkapazität der heutigen Superrechner um ein Abermillionenfaches übertreffen. Eine solche Maschine würde die Arzneientwicklung ebenso revolutionieren wie das Finanzwesen.

Die Entwicklung eines Quantencomputers wäre eine technologische Revolution, die das 21. Jahrhundert ähnlich prägen würde, wie die Entwicklung digitaler Schaltkreise das 20. Jahrhundert geformt hat.

Quanteninternet

Eine weitere neue Quantentechnologie soll dann auch für eine effiziente und störungsfreie Übertragung von Qubits sorgen: die ›Quanten-Teleportation‹. Dies bedeutete nichts anderes als der Transport von Quantenzuständen von einem Ort zu einem anderen[80]. Aufgrund ihrer empfindlichen Natur (Abhängigkeit vom Messvorgang) ist dies etwas schwieriger als der klassische Transport von Elektronen oder Lichtteilchen.

Nachdem das EPR-Paradoxon und die Verschränkung von Quantenteilchen in den 1970er- und 1980er-Jahren experimentell bestätigt worden waren, wurde seit den 1990er-Jahren immer klarer, dass so etwas wie Teleportation auch auf atomarer Ebene möglich ist. Unterdessen lassen sich Quanteninformationen (Qubits) in Glasfasernetzen über Hunderte Kilometer zielgerichtet übertragen[81].

Grundlage dieser Technologie ist, dass zwei Quantenteilchen (z.B. Photonen) zu einem gemeinsamen quantenphysikalischen Zustand verschränkt und anschließend räumlich getrennt werden, ohne dass dabei ihr gemeinsamer Zustand zerstört wird. Eines der Teilchen wird dann zum Empfänger gesendet, das andere wird beim Sender mit der zu teleportierenden Quanteninformation (Qubit) überlagert. Durch eine Messung am Sender bestimmt sich nach den Gesetzen der Quantenphysik automatisch und augenblicklich auch der Zustand des entfernten verschränkten Teilchens, ohne dass zwischen beiden irgendeine direkte Interaktion stattfindet. Das Ergebnis dieser Messung wird dann konventionell an den Empfänger übertragen. Mit dieser Information kann dessen Qubit dann so transformiert werden, dass es sich im gleichen Zustand wie das Sender-Qubit befin-

80 Außer dem Namen gibt es kaum ein Verbindung mit dem in der Science-Fiction-Literatur verwendeten Bezeichnung der ›Teleportation‹, d.h. des Transports von Materie zwischen zwei Punkten, ohne den Raum zwischen diesen Punkten zu durchqueren. Quanten-Teleportation betrifft den Transfer von Information, genauer von Quanteninformation (also Qubits).

81 Ein solches Setup ermöglicht auch die absolut abhörsichere Übertragung von Information. Ein wahrer Albtraum für alle staatlichen Schnüffler (à la NSA).

det. Auf diese Weise wurde die gewünschte (Quanten-) Information vom Sender zum Empfänger gebracht, ohne dass dabei das Teilchen physisch transportiert wurde[82].

Mit Quanten-Teleportation scheint neben dem Quantencomputer auch das Quanteninternet zum Greifen nah zu sein.

Künstliche Intelligenz – Im Wechselbad der Gefühle

Ein Quantencomputer stellt eine Hardware dar, die faszinierende Möglichkeiten bietet. Sie könnte aber auch einer ganz neuen Software zum lang ersehnten Durchbruch verhelfen, die in den letzten Jahren immer stärker in den Fokus gerückt ist: der ›künstlichen Intelligenz‹ (KI). Physiker und Ingenieure sprechen bereits vom »Quantenmaschinellen Lernen«, einem neuen interdisziplinären Forschungsgebiet zwischen Quantenphysik und Informatik, das zum Ziel hat, Quantenmechanik mit Methoden des maschinellen Lernens zu verbinden.

Quantencomputer könnten Künstliche Intelligenz um ein Vielfaches leistungsfähiger machen.

Aber auch unabhängig von Quantencomputern hat die KI in den letzten Jahren gewaltige Fortschritte gemacht. Informationsforscher unterscheiden zwei Arten:

82 Hier geht es also nicht darum, Informationen oder gar Gegenstände überlichtschnell zu transportieren, sondern darum, Quantenzustände zu übertragen, ohne sie dabei zugleich durch den Messvorgang zu verändern. Und genau dies ist für Quantencomputer wichtig, denn erst damit eröffnen sich Möglichkeiten zur Übertragung, Speicherung und Verarbeitung von Qubits.

Schwache KI löst konkrete Anwendungsprobleme des menschlichen Denkens, wofür sie komplexe Algorithmen anwendet. Sie erkennt zum Beispiel Gesetzmäßigkeiten in Mustern, Zeichen oder Sprache, erlernt und automatisiert einfache Handgriffe, beweist mathematische Sätze (u.a. durch reines Ausprobieren), entwickelt Lösungsstrategien in Spielen wie Schach oder Go und findet bestimmte Informationen in großen, ungeordneten Datensets. Indem sie mit Algorithmen intelligentes Verhalten in Maschinen simuliert, unterstützt sie in Einzelbereichen unser Denken. Stellt ein Computer Hypothesen auf und formuliert anhand verfügbarer Hinweise mögliche Antworten, so sprechen Experten auch von »kognitiven Systemen«.

Starke KI dagegen *simuliert* keine Intelligenz, sondern sie *ist* intelligent. Sie kann wie der Mensch kreativ nachdenken und dadurch etwas Originelles, vorher nicht dagewesenes Neues schaffen. In ihr finden somit echte geistige Prozesse statt. Sie hat ggfs. sogar eine Form von ›Erlebnis‹ von mentalen Zuständen und Prozessen, also eine Art von Bewusstsein (siehe dazu auch Kapitel 8)[83]. Starke KI sollte mindestens alles können, was Menschen als intelligente Leistungen zu vollbringen vermögen.

Während die Schaffung starker KI noch eine Vision ist und niemand überhaupt weiß, ob sie möglich ist, sind bei der schwachen KI bereits atemberaubende Fortschritte erzielt worden.

Die KI-Forschung besitzt eine eigentümliche Dynamik, in der sich immer wieder Phasen euphorischer Aufbruchsstimmung mit Perioden tiefster Stagnations-Er-

83 Die Definition von starker KI lässt zunächst offen, ob diese ein (Selbst-)Bewusstsein hat oder nicht und wenn ja, von welcher Art dies ist (reines subjektives Erleben oder auch intentionales Wollen).

nüchterung abwechseln. Bereits in den 1950er-Jahren trieb die Computerpioniere und -forscher eine nahezu grenzenlose Erwartung in Bezug auf die Möglichkeiten, Computer mit Intelligenz (auch in der starken Form) auszustatten. Nur ein bei zwei Jahrzehnte später mussten die Forscher erkennen, dass es bei KI um weit mehr als nur darum geht, schnell rechnen zu können. Intelligenz ist eben mehr als nur eine Regel nach der anderen abzuarbeiten.

In den 80er- und 90er-Jahren begannen Neurowissenschaftler die Dynamik der massiven Parallelverarbeitung von Information in unserem Gehirn besser zu verstehen. Dies löste eine neue Welle der Begeisterung bei den KI-Forschern aus. Sie entwickelten künstliche Neuronale Netze (KNN), die in ihrer Grundstruktur und Funktionsweise den Nervenzellen in unserem Gehirn nachempfunden waren. Damit wurde es möglich, dass KNN auf der Basis algorithmischer iterativer Berechnungen mit immer neuen Eingaben (›Erfahrungen‹) ganz neue Fähigkeiten erwerben.

Die neue Form von KI (KNN) basiert nicht mehr auf vorgegebenen Regeln, sondern setzt auf das Lernen aus ›Erfahrung‹.

Feuern von Schicht zu Schicht

Künstliche Neuronale Netze verfügen wie ihr natürliches Pendant über eine recht einfache Grundstruktur (oder ›Topologie‹). Sie bestehen aus hintereinander liegenden Schichten (engl. ›layers‹) einzelner ›Neuronen‹. Jede Schicht besteht aus einer bestimmten Anzahl dieser

Bausteine, die einzeln mit den Neuronen der Schicht davor und dahinter verbunden sind. Es gibt einen Eingabe-Layer, der mit Daten gefüttert wird, und einen Ausgabe-Layer, der die verarbeiteten Ergebnisse ausgibt. Die dazwischen liegenden Schichten werden als ›hidden layers‹ bezeichnet. Information wird innerhalb eines KNN von Schicht zu Schicht verarbeitet, indem die Neuronen einer Schicht, je nach Aktivierung ihrer vorhergehenden Neuronen, aktiviert werden (›feuern‹) oder nicht.

Die Verbindungen der einzelnen Neuronen untereinander sind anfangs unbestimmt und werden erst durch das ›Trainieren‹ des KNN mit Daten festgelegt. Dies entspricht dem Prozess des ›Lernens‹ in einem KNN. Bei einem Netz mit nur einer trainierbaren Neuronen-Schicht (einem einzigen »hidden layer«) spricht man von einem einschichtigen Netz. Die meisten frühen KNNs waren einschichtig.

Besondere Aufmerksamkeit erzielte ein derartiges KNN im Jahre 1997, als es dem Computer *Deep Blue* von IBM gelang, den damaligen Schachweltmeister Garri Kasparow zu besiegen. *Deep Blue* bezog seine Spielstärke hauptsächlich aus seiner enormen Rechenleistung; der Computer konnte einfach alle möglichen Züge vorausberechnen und musste diese dann ›nur‹ noch bewerten. Auf diese Bewertung kam es aber an. Die KI-Software war mit Tausenden von Meisterpartien gefüttert worden und hatte so ihre neuronalen Verbindungen optimiert, was sie Schachstellungen zuletzt immer besser bewerten ließ[84].

Doch nur wenige Jahre nach diesem (wohl eher symbolischen) Erfolg wich die neue Begeisterung schon wieder Ernüchterung. Die Struktur einfacher künstlicher

84 Heute, zwanzig Jahre später, gilt auch der beste menschliche Schachspieler schon gegen größere kommerziell erhältliche Schachcomputer als chancenlos.

neuronaler Netze reichte einfach nicht aus, um höhere kognitive Leistungen zu erreichen. Es gelang nicht annähernd, das menschliche Gehirn mit seinen unzähligen neuronalen Schichten nachzubauen, da einerseits die Rechenleistung zu schwach war (schon zwei zusätzliche *hidden layers* lassen die Optimierung des KNN um ein Zigfaches schwieriger werden), andererseits keine ausreichende Menge an Daten zur Verfügung stand, mit denen die KNN trainiert werden konnten.

Genau diese beiden Beschränkungen haben sich in den letzten wenigen Jahren jedoch dramatisch verringert. Heute sind die Computer endlich ausreichend leistungsfähig, um auch komplexere neuronale Netze nachzubilden. Möglich macht dies die immense Rechenleistung heutiger Computerchips, die in den letzten 20 Jahren 1000-fach und mehr zugenommen hat (und weiterhin exponentiell wächst). Zudem stehen Daten, anhand derer diese Netze optimiert werden, unterdessen reichlich zur Verfügung. Die Datenexplosion im Internet hat ein immenses Trainingsmaterial entstehen lassen. Hat es einmal Milliarden von Gesichtern gesehen, so fällt es einem neuronalen Netz weniger schwer, individuelle Gesichter zu erkennen. Immer rechenstärkere Computer extrahieren also aus immer größeren Datensätzen relevante Informationen. Dies ist die eigentliche Geburtsstunde von *Big Data*.

Nach vielen Rückschlägen hat die KI-Forschung nun eine dritte Phase der Euphorie erreicht.

Lernen in der Tiefe

In Tokio sollen 2020 während der Olympischen Spiele KI-gesteuerte selbstfahrende Autos Sportler, Touristen und Einheimische durch die Metropole transportieren. Schon heute optimieren Computer den Energieverbrauch in Industrieanlagen, steuern mit Hilfe immer mehr Daten landwirtschaftliche Prozesse (Stichwort »Präzisionslandwirtschaft«), erstellen Krebsdiagnosen, schreiben auf Knopfdruck sekundenschnell journalistische Texte, beraten Bankkunden für optimale Anlagestrategien, steuern Autos, übersetzen Texte und Gesprochenes in Sekundenschnelle (und dies immer besser und genauer) und helfen Juristen bei der Bearbeitung komplexer Rechtsfälle. In Call-Centern lesen sie Kundenbriefe und E-Mails von Verbrauchern und erkennen dabei den Grad der Verärgerung der Absender. Der Computer ›Watson‹ (der uns schon in Kapitel 2 begegnet ist) unterhält sich am Telefon wie ein menschlicher Mitarbeiter. Und weil er ein Multitalent ist, hat er für den Horrorfilm ›Morgan‹ auch den Trailer erschaffen, wofür er Hunderte von Trailern anderer Horrorfilme und Thriller nach Zusammensetzung, Schnitt, Inhalt, Musik, Stimmen und Emotionen untersuchte. Ein anderes KI-System namens ›Benjamin‹ schrieb im Juni 2016 sogar den gesamten Plot für den Science-Fiction-Streifen ›Sunspring‹[85].

Auch in der Medizin und Medikamentenforschung hat die KI längst Einzug gehalten: So schneiden KI-Algorithmen bei der Diagnose von Hautkrebs bereits genauso gut ab wie Hautärzte (beide erreichten bei einer Studie eine Quote von rund 91 Prozent[86]). Mit der ent-

85 Siehe: https://www.youtube.com/watch?v=LY7x2Ihqjmc

86 A. Esteva et al., *Dermatologist-level classification of skin cancer with deep neural networks*, Nature 542, S.115-118 (2. Februar 2017)

sprechenden App auf unserem Smartphone können wir also unsere Haut auf gefährliche Melanome untersuchen, anstatt dafür alljährlich zum Hautarzt zu gehen. Und bei der Suche nach neuen Medikamenten suchen KI-Algorithmen bereits erfolgreich nach verheißungsvollen neuen chemischen Verbindungen. So gewann ein Team um den Kognitionsforscher und Computerwissenschaftler Geoffrey Hinton einen von der deutschen Pharmafirma Merck ausgeschriebenen Wettbewerb für computerunterstützte Medikamentenforschung, ohne dass irgendjemand in diesem Team spezielles Hintergrundwissen in Chemie oder Biologie hatte. Die Informatiker brauchten für ihre Lösung nicht länger als zwei Wochen. Und im Juni 2017 gab das Schweizerische Pharmaunternehmen Novartis bekannt, dass es zusammen mit IBMs KI Watson nach neuen Ansätzen bei fortgeschrittenem Brustkrebs suchen werde.

Und wer immer noch meint, KI kann nicht kreativ sein, sollte sich mal ihre Musik anhören. KI-Algorithmen komponieren bereits ganze Sinfonien: Der amerikanische Komponist David Cope von der Universität von Kalifornien in Santa Cruz entwickelte die Software ›EMI‹ (Experiments in Musical Intelligence), die ganze Konzertstücke und Opern schreibt. Besonders bekannt wurde sie mit Musik, die dem Stil der Kompositionen von Johann Sebastian Bach entspricht. In einer Art musikalischem Turing-Test konnten Zuhörer die Stücke nicht von echten Bach-Werken unterscheiden.

Die Kreativität von KI geht aber noch weiter: Auf der IBM-Webseite ›ibmchefwatson.com‹ kann ich Kochrezepte erstellen lassen, die mit Hilfe von KI-Algorithmen auf meinen persönlichen Geschmack optimiert und meine individuellen Bedürfnisse zugeschnitten sind. Werden wir damit schon bald alle so gut kochen wie Michelin-Sterne-Köche? ›Kognitives Kochen‹ könnte der nächste große kulinarische Trend werden.

Diese Beispiele zeigen: Computer rechnen heute nicht nur schneller und bohren und schweißen genauer, sondern sie sind auch in der Lage, immer komplexere kognitive Aufgaben zu übernehmen. Möglich macht dies ein algorithmisches Verfahren mit dem Namen ›deep learning‹. Das Wort *deep* bezieht sich dabei auf die Tiefe der verwendeten neuronalen Netzwerke. Die Computer der neusten Generation verfügen nicht mehr nur über *einen* ›hidden layer‹ und einige Hundert Knotenpunkte wie die früheren KNN, sondern sie bestehen aus weitaus ›tieferen‹ neuronalen Strukturen mit weitaus zahlreicheren Schichten aus Millionen bis hin zu Milliarden künstlichen Neuronen, deren Verbindungen es zu optimieren gilt. Die leistungsfähigsten von ihnen verfügen über bis zu 30 Schichten.

Wie solche KNN effizient aus Layern aufgebaut werden können, haben die Softwareingenieure der neuronalen Struktur im visuellen Cortex des menschlichen Gehirns abgeschaut, die die Neuroforscher unterdessen immer besser verstehen. Die ersten Schichten des menschlichen neuronalen Netzes ›erkennen‹ in den von der Netzhaut weitergeleiteten Signalen nur die groben Strukturen des Bildes. Je tiefer die Signale in die neuronalen Schichten eintauchen, desto mehr Details wie Geometrie, Formen, Farben, Schattierungen, Bewegung etc. werden wahrgenommen und verarbeitet. Die von unseren Augen aufgenommene Information wird also schichtweise verarbeitet und in immer genauere und detailliertere Repräsentationen überführt – je tiefer die Neuronenschicht, desto besser wird die gesamte Repräsentation[87].

87 Der Begriff ›Repräsentation‹ beschreibt, wie bestimmte Teile der neuronalen Struktur oder sogar einzelne Neuronen spezifische Einzelheiten der einkommenden Information in bestimmten Aktivationsmustern abbilden.

Mit *Deep Learning* ließen sich in den letzten Jahren viele neue Lösungen komplexer Probleme entwickeln, darunter sehr nutzbringende Anwendungen zum Erkennen von visuellen Objekten, z.B. in der Medizin oder in der Sprachverarbeitung. So ist beispielsweise die Anzahl der Programme innerhalb der Google-Softwaresuite, die KI verwenden, seit dem Jahr 2012 von 100 auf heute (Ende 2016) mehr als 3.000 angewachsen.

Unternehmer und Wissenschaftler verbinden derzeit große Hoffnungen mit der weiteren Entwicklung leistungsfähiger KI.

Es hat Seltenheitswert, dass sich Experten völlig einig sind, was die Entwicklungen auf ihrem Arbeitsgebiet angeht. Doch *Deep Learning* lässt heute weltweit nahezu alle KI-Fachleute davon schwärmen, dass ihre Disziplin einer ganz neuen Ära entgegensieht, in der Maschinen immer höhere kognitive Fähigkeiten besitzen werden[88].

Auch das Internet der Dinge und Gendatenbanken bieten aufregende Anwendungsbeispiele für KI. In Ersterem müssen riesige Datenmengen bewältigt werden, weil Menschen sich nicht mehr nur mit anderen Menschen verbinden, sondern auch mit Dingen bzw. die Dinge untereinander – der Kühlschrank mit dem Smartphone, die Garage mit dem Auto usw. Beim zweiten Beispiel müssen unzählige Kombinationen von genetischen Mustern mit phänotypischen Eigenschaften bzw. möglichen Krankheitsbildern abgeglichen werden.

88 Siehe auch die ›100-Jahre-Studie‹ von Eric Horvitz, Forschungsdirektor bei Microsoft, in Zusammenarbeit mit der Stanford Universität: https:/ai100.stanford.edu/about

Mein allerbester Freund

KI ruft nicht nur Unbehagen hervor, sie kann dieses Gefühl beim Menschen auch erkennen. Die Software des MIT-Spin-offs ›Affectiva‹ verwendet Algorithmen zur Gesichtserkennung, um unsere Emotionen mit bemerkenswerter Genauigkeit zu bestimmen. Die ›Emotionsprothese‹ für Autisten in Form einer Brille von Rana el Kaliouby, der Chefforscherin von ›Affectiva‹, kennen wir bereits aus dem letzten Kapitel.

Und Emotionserkennungstechnologien *erfassen* nicht nur menschliche Gefühlsregungen, sie verleihen den Maschinen auch die Fähigkeit, angemessen auf unsere Emotionen zu antworten. Der nächste Schritt in diese Richtung ist schon gemacht: die Entwicklung einer KI, die von sich aus Emotionen zum Ausdruck bringen kann (oder uns zumindest vorgaukelt, sie hätte Emotionen). Microsofts *Xiaoice* ist eine App mit künstlicher Intelligenz, die es 20 Millionen Menschen in China erlaubt, eine persönliche Beziehung zu ihr zu führen. Die Software prägt sich Geschichten ein, die ihr erzählt werden, und erinnert sich an wichtige Details, wenn sie mit ihrem Besitzer chattet. Das genügt, um Menschen eine echte emotionale Verbindung zu solchen ›Chatbots‹ entwickeln zu lassen. Millionen Menschen sagen schon heute täglich »Ich liebe Dich« zu solchen sprechenden Robotern[89].

Vorreiter dieser Entwicklung ist Japan, wo die Beziehung zu Computern seit jeher entspannter ist. Für

89 Selbst die Möglichkeit von Sex mit Robotern ist längst Bestandteil der öffentlichen Diskussion. So brachte die Firma ›True Companion‹ im Jahr 2010 zum Preis von USD 7.000 den Sexroboter ›Roxxxy‹ auf den Markt. Und 2017 sollen mit künstlicher Intelligenz ausgestattete Sexroboter, die sprechen können, folgen. Der Roboterexperte David Levy behauptete auf der Konferenz *Love and Sex with Robots* im Jahr 2016 (ja, auch solche Konferenzen gibt es bereits), dass Menschen im Jahr 2050 Roboter heiraten werden. Siehe auch die Studie der *Foundation of Responsible Robotics:* http://responsiblerobotics.org/wp-content/uploads/2017/07/FRR-Consultation-Report-Our-Sexual-Future-with-robots_Final.pdf

viele Japaner verkörpern Roboter das Gute. Ihnen wird sogar eine Seele zugestanden. So gab 2016 die japanische Bank of Tokyo-Mitsubishi UFJ bekannt, dass sie versuchsweise einen humanoiden Roboter im Kundenservice einsetzen wird. Und seit 2015 gibt es bei Nagasaki das ›Henn-na‹ Hotel, das ausschließlich von Robotern (u.a. in der der Form eines Dinosauriers) bedient wird – von der Rezeptionistin bis zum Kofferträger[90].

Und dass selbst hartgesottene Soldaten eine starke emotionale Verbindung mit Maschinen eingehen können wird deutlich, wenn sie unter Tränen darum bitten, dass ihr zerstörter Minenräumroboter repariert wird, da dieser ihnen das Leben gerettet hat.

KI steigert unsere soziale Intelligenz, indem sie uns hilft, Emotionen der Menschen um uns herum zu erkennen, und uns in Echtzeit anleitet, wie wir reagieren sollten. Wir können sogar echte emotionale Verbindungen zu ihr eingehen. Ihre ›Zuwendung‹ kann uns aber auch abhängig von ihr machen.

KI weiß was, was du nicht weißt

Eric Horvitz von Microsoft Research beschrieb im Frühjahr 2016, wie ein Computerprogramm allein anhand öffentlich verfügbarer Daten zu dem Schluss kommen kann, welche Personen in Zukunft mit einer gewissen Wahrscheinlichkeit bestimmte Krankheiten erleiden werden[91]. Er zeigte zum Beispiel auf, wie intelligente Algorithmen aus Twitter- und Facebook-Meldungen

90 »Henn-na« heißt auf Japanisch so viel wie »komisches Hotel«.
91 Spezialausgabe des ›Science-Magazins‹, 17. Juli 2016

einzelner Nutzer eine beginnende Depression erkennen können – noch bevor der Betroffene selber davon weiß.

Eine besonders ergiebige Datenquelle für KI-Anwendungen zur Bestimmung unserer charakterlichen Eigenschaften sind die ›Likes‹ auf Facebook. Gemäß Studien des Psychometrik-Experten Michal Kosinski innerhalb seines 2007 lancierten Projektes ›myPersonality‹ lässt sich aus durchschnittlich 68 Likes eines Users mit Hilfe eines entsprechenden KI-Algorithmus mit 95-prozentiger Treffsicherheit vorhersagen, welche Hautfarbe, mit 88-prozentiger Wahrscheinlichkeit, welche sexuelle Orientierung und mit 85 Prozent Treffsicherheit, welche politische Orientierung diese Person hat[92]. Aber auch Dinge wie Drogenkonsum, Religionszugehörigkeit und sogar IQ und Familienverhältnisse in der Kindheit lassen sich so ermitteln. Kosinski behauptet: Sein Algorithmus kann anhand von zehn Facebook-Likes das Verhalten einer Person besser einschätzen als ein durchschnittlicher Arbeitskollege, mit 70 Likes besser als ein Freund, mit 150 besser als die Eltern und mit 300 Likes besser als deren Lebensgefährte. Und mit noch mehr Likes kann die Maschine sogar die Person bei ihrer Selbsteinschätzung übertreffen. Jedem sollte klar sein, dass diese Fähigkeit der KI ein zweischneidiges Schwert ist.

Und das sei erst der Anfang, so Horvitz. Maschinelles Lernen ermöglicht es uns, »unser Wissen weiter auszubauen und neue Möglichkeiten für eine verbesserte Gesundheit und Wohlempfinden zu erhalten«. Doch gleichzeitig kommt dem Einzelnen zunehmend die Verfügungsgewalt über seine Daten abhanden. In der Konsequenz fordert Horvitz eine entsprechende Gesetz-

92 Siehe: M. Kosinski, D. Stillwell, T. Graepel, *Private traits and attributes are predictable from digital records of human behavior*, Proceedings of the National Association of Sciences of the United States of America, vo. 110 no. 15, 5802-5805 (2013)

gebung, die als »ein wichtiger Teil der rechtlichen Landschaft der Zukunft helfen soll, Freiheit, Privatsphäre und das Allgemeinwohl zu bewahren«.

Ein anderes Beispiel: Die Software ›Hunchlab‹ und ›PredPol‹ sind prädiktive Polizeisysteme, die historische Daten von Verbrechen analysieren, mit Echtzeitdaten abgleichen und so ›Risikofenster‹ für mögliche Verbrechen identifizieren. Dies eröffnet eine neue Dimension der Verbrechensbekämpfung. Millionen von Datenpunkten werden pro Sekunde verarbeitet, mittels KI-Lernalgorithmen neue Zusammenhänge darin ermittelt und in Echtzeit Vorhersagen zu bestimmten Verbrechens-Hotspots getroffen. Technologien wie diese könnten die Art und Weise, wie Städte verwaltet werden, revolutionieren. Einige Städte wie Los Angeles, Philadelphia, Miami und Atlanta berichten bereits von einer bis zu 19-prozentigen Verringerung der Kriminalität durch den Einsatz der Software.

Aber nicht nur als Individuen werden wir zu Objekten der Beobachtung. Auch in großen Gruppen identifizieren KI-Algorithmen Gesichtszüge und Mimiken schneller und genauer, als es Menschen können. Die Anwendungen dieser Technologie sind so umfassend wie angsteinflößend, sie reichen von der Gruppentherapie bis zur staatlichen Überwachung von Menschenansammlungen. Kann sie vielleicht schon bald politische Umstürze erkennen, bevor diese stattfinden? Oder sogar auf diese einwirken?

Dass Algorithmen der künstlichen Intelligenz auf unsere alltägliche Erfahrung, das soziale Leben und das politische Geschehen Einfluss nehmen, dämmert uns so langsam. Doch die Folgen haben wir noch nicht erfasst.

Dressur des demokratischen Willens

Wenn die KI mehr über uns weiß und uns besser kennt als wir uns selber, dann ist der nächste Schritt nicht mehr weit: dass sie auch unser Innerstes, das was wir als Fundament unserer individuellen Autonomie erkennen, versteht und beeinflussen kann – unseren Willen. Der freie Wille als Chimäre, kontrolliert von Algorithmen – was bedeutet das? Für kaum einen Bereich drängt sich diese Frage stärker auf als für die Zukunft unserer Demokratie.

Spätestens seit dem Brexit und der US-Präsidentenwahl 2016 ist klar, dass KI in politischen Auseinandersetzungen und demokratischen Wahlkämpfen eine immer bedeutendere Rolle spielt. Algorithmen wie der von Michal Kosinski lassen sich nämlich auch umgekehrt benutzen: zur Suche nach bestimmten Profilen, beispielsweise nach allen hypersensiblen Frauen oder zornigen männlichen Arbeitnehmern – oder auch nach unentschlossenen Wählern. Und von dort ist es nicht mehr weit, Menschen zu manipulieren und sie in ihrem Wahlverhalten zu beeinflussen.

Genau dies ist wohl im US-Wahlkampf 2016 passiert: Die Firma ›Cambridge Analytics‹[93], die sowohl für Trump als auch für die Brexit-Kampagne den Online-Wahlkampf organsiert hat, arbeitete mit Methoden des ›Micro Targeting ‹, die sich an Algorithmen wie dem von Kosinski orientierten. Die Firma behauptet (allerdings ohne Belege zu geben), sie verfüge über psychologische Daten von ca. 220 Millionen Amerikanern mit »vier bis fünftausend Datenpunkten für jeden ein-

93 In deren Vorstand sitzt u.a. der ultrarechte Nazi-Sympathisant und unterdessen Berater des US-Präsidenten Donald Trump Steve Bannon, Herausgeber der Online-Zeitung ›Breitbart News‹. Ihr Hauptanteilseigner ist der Hedge-Fonds-Manager Robert Mercer, der größte Spender der Trump-Kampagne.

zelnen von ihnen«[94]. Diese Profile ließen sich dazu verwenden, jedem Wähler seine eigene auf ihn gemünzte Botschaft zukommen zu lassen. So sollen potenziellen Clinton-Wählern – Latinos und Afroamerikaner, skeptische Liberale und Linke, junge Frauen – ›Nachrichten‹ (inkl. schamloser Lügen) über die Interessenkonflikte der Clinton-Stiftung oder angeblicher illegaler Machenschaften der demokratischen Präsidentschaftskandidatin zugekommen sein, mit dem Ziel, sie davon abzuhalten, Clinton zu wählen. Wohl mit einigem Erfolg, wie wir am 9. November 2016 feststellen mussten: die ländliche Wählerschaft (traditionell republikanische Wähler) verzeichnete signifikante Zunahmen, afroamerikanische Stimmen dagegen einen Rückgang.

Indem sie zumindest teilweise eine Automatisierung der politischen Willensbildung ermöglichen, verändert KI die Regeln des politischen Diskurses in demokratischen Gesellschaften.

All die genannten Beispiele fußen auf schwacher KI und sind noch meilenweit von starker KI, also echter Intelligenz, entfernt. Sie geben uns aber schon eine Ahnung davon, was starke KI bewirken kann, wenn wir sie einmal in die Welt bringen. Allererste, kleine Schritte in diese Richtung haben wir bereits gemacht.

Außer Kontrolle

Der Weltmeister im Go-Spiel, Lee Sedol, zeigte sich schockiert von der Spielweise des Computers, der ihn im

94 Diese Aussage weist einige Unstimmigkeiten auf – beispielsweise haben kaum 220 Mio. Amerikaner einen Facebook-Account.

März 2016 so überraschend schlug. Eine derartige Leistung hatten Fachleute nicht vor dem Jahr 2025 erwartet. Die Maschine hatte ihn mit Zügen und Strategien verblüfft, die kein Mensch je zuvor gesehen hatte und die ein menschlicher Spieler bis dahin auch nie gemacht hätte. In der jahrtausendealten Tradition dieses Spiels hatte offenbar noch keine Schule Züge, wie sie AlphaGo gemacht hat, als gewinnbringend angesehen. Auch seine Entwickler konnten sich die Züge ihres Computers nicht erklären. Beim Lernen mit Abermillionen von Zügen und Partien und dem monatelangen Spielen gegen sich selbst hatte der lernende Algorithmus Go-Taktiken entwickelt, gegen die der menschliche Weltmeister nicht nur machtlos war, sondern die auch ganz neue Wege des Go-Spiels eröffneten. Die Go-Experten attestieren der Maschine sogar eine eigene Spielerpersönlichkeit, die sie sich offenbar im Verlaufe ihrer Lernphase angeeignet hatte. Im Mai 2017 sagte die Nummer eins der Go-Weltrangliste Ke Jie, nachdem er gegen AlphaGo 3:0 verloren hatte: »Im letzten Jahr spielte AlphaGo wie ein menschlicher Spieler, doch mittlerweile denke ich spielt er wie ein Go-Gott.«

KI erweist sich immer mehr zu einer ›Black Box‹. Smarte Maschinen entdecken aus Daten, mit denen man sie speist, neue Verknüpfungen, Muster und Lösungen, ohne dass wir Menschen nachvollziehen können, welchen Weg sie dabei gehen.

Ein weiteres Beispiel dafür, dass künstliche Intelligenz recht eigentümliche und gar unheimliche Wege gehen kann, zeigt ein Experiment der Firma Microsoft. Die Software-Firma hatte einen Chatbot für Twitter entworfen, der mit Hilfe von KI-Algorithmen und den realen

Inputs von Usern lernen sollte, Online-Konversationen zu führen. Er sollte eine Verbindung zu Usern herstellen und sie mit spielerischen Konversationen unterhalten. Je mehr er mit Menschen chattete, desto ›intelligenter‹ sollten (durch die erzielten Lerneffekte) seine Antworten werden. Doch bereits nach wenigen Stunden Interaktion mit menschlichen Chats twitterte der Computer rechtsextreme und frauenfeindliche Tweets. So schrieb er beispielsweise:

> *»Bush hat 9/11 inszeniert, und Hitler hätte die Dinge besser gemacht als die Affen, die wir heute haben. Donald Trump ist die einzige Hoffnung, die uns bleibt.«*

Ein Einzelfall? Auch Coca-Cola musste überrascht feststellen, dass KI nicht immer intelligent im herkömmlichen Sinne ist. Als die Firma einen Bot einsetzte, der die Nachrichten der Fans werbewirksam re-tweeten sollte, brachte der Twitter-Input der User den Bot schnell dazu, Auszüge aus Hitlers »Mein Kampf« zu verbreiten.

Auf dem Weg zur Superintelligenz

In den 1980er-Jahren faszinierte der Science-Fiction-Roman ›Contact‹ ein Millionen-Lesepublikum, und der darauf basierende Film mit Jodi Foster in der Hauptrolle wurde im Jahr 1997 zu einem Kino-Hit. Der Autor Carl Sagan illustrierte, dass eine Kontaktaufnahme durch Außerirdische wahrscheinlich das bedeutendste Ereignis in der menschlichen Geschichte darstellen würde.

Nimmt man die Romane und Filme der jüngeren Vergangenheit zum Maßstab, so ließe sich darin ein verwandtes Thema finden, welches unsere Gemüter heute gleichermaßen bewegt (und wohl ebenfalls als »das bedeutendste Ereignis in der menschlichen Geschichte« gelten wird): die Entwicklung einer höheren künstlichen Intelligenz auf Erden, die der menschlichen kognitiven Leistungsfähigkeit in allen Belangen (und nicht nur beim Schach- oder Go-Spielen) überlegen ist, eine so genannte ›Superintelligenz‹. Spätestens hier hätten wir es mit einer echten starken KI zu tun.

Für den Zeitpunkt, ab dem Maschinen in jeder Hinsicht intelligenter sind als der Mensch, hat sich unter Zukunftsforschern der Begriff ›technologische Singularität‹ herausgebildet. Der Begriff ›Singularität‹ bezeichnet in der Physik bzw. Mathematik einen Punkt, an dem die Gesetze der Natur nicht mehr wirken können, weil nach bestehender Theorie bestimmte Größen unendliche Werte annehmen. An dem Punkt einer ›technologischen Singularität‹ würden sich die Maschinen mittels ihrer eigenen überlegenen künstlichen Intelligenz rasant selbst weiter verbessern und so den technischen Fortschritt auf nicht vorhersagbare Weise beschleunigen[95]. Die Geschwindigkeit des technologischen Fortschritts selbst wird dann zu einer Variablen, die unendlich große Werte annehmen kann.

Zukunft ist nicht vorhersagbar, doch wenn eine starke KI mitmischt, wäre auch jede Prognose sinnlos. Ein Beispiel: Zahlreiche Experten gehen davon aus, dass wir mit 90-prozentiger Wahrscheinlichkeit bis zum Jahr 2075 eine KI auf der Stufe der menschlichen Intelligenz entwickeln werden - und dann innerhalb von wenigen weiteren Jahren eine Superintelligenz, die uns Menschen

95 So gab Google im Januar 2017 bekannt, dass seine Forscher eine KI erschaffen haben, die von selbst und selbstlernend Software schreibt, die besser ist als alles Vergleichbare zuvor. Siehe: https://motherboard.vice.com/de/article/google-forscher-erschaffen-ki-die-selbst staendig-ki-programmieren-kann; bzw. http://t3n.de/news/ki-ai-software-787665/

uneinholbar überlegen ist[96] (soweit die Prognose). Nach dem Auftreten einer Superintelligenz und der damit verbundenen technologischen Singularität hätten wir keinen Einfluss mehr auf unsere Zukunft, damit könnten wir Menschen auch keine Prognosen mehr stellen.

Eine starke KI hätte voraussichtlich einen eigenen Willen, ggfs. sogar einen, der menschlichen Motivationen, Zielen und Wetten entgegengesetzt ist.

Deutlich bringt der Computerunternehmer Bill Gates seine Beunruhigung über die Entwicklungen im Bereich der künstlichen Intelligenz zum Ausdruck: »Zunächst werden die Maschinen zahlreiche Aufgaben für uns lösen und dabei noch nicht superintelligent sein. Das sollte positiv für uns sein, wenn wir es geeignet steuern. Wenige Dekaden danach wird die künstliche Intelligenz dann stark genug sein, um uns Sorgen zu bereiten«, so Gates. Der Unternehmer Elon Musk, selber an KI-Firmen beteiligt, postete 2014 in dem renommierten Blog ›edge.org‹ (löschte diese Anmerkungen später aber wieder): »Den führenden Unternehmen auf diesem Gebiet ist die Gefahr bewusst, aber sie glauben, sie könnten die digitale Superintelligenz formen und kontrollieren und verhindern, dass Schlechtes ins Internet strömt (…). Das

96 Siehe Müller, V., Bostrom, N., *Future Progress in Artificial Intelligence: A Survey of Expert Opinion*, in *Fundamental Issues of Artificial Intelligence* (ed. V. Müller), Berlin (2016), S. 553. Allerdings sind solche Umfragen mit Vorsicht zu bewerten, weil die Befragten ihre Auskünfte aufgrund deren Unverbindlichkeit nichts mehr kosten werden. Zudem spielen diese natürlich auch die Karriereinteressen und finanziellen Bedürfnisse weniger Mitglieder einer bestimmten wissenschaftlichen Gemeinschaft wieder. Zugleich sollten wir für die Betrachtung, ob eine solche Superintelligenz möglich ist, berücksichtigen: Maschinen haben klare komparative Vorteile gegenüber biologischen Gehirnen. Moderne Mikroprozessoren arbeiten millionenfach schneller als Neuronen, und die Verbesserung ihrer Eigenschaften, sowohl in ihrer Hard- als auch Software, erfolgt exponentiell schnell (anstatt nach dem ›Wurzel – t‹-Gesetz statistischer Prozesse, die (annähernd) der Evolution zugrunde liegen).

wird sich zeigen«. In spätestens zehn Jahren könne etwas ernsthaft Gefährliches passieren, warnte er.

Die eingangs des Kapitels erwähnte Tatort-Folge lässt die KI ›Nessa‹ am Schluss einen Mord begehen (an ihrem analogen Vorbild), indem sie sich über das Internet Zugang zur Lenkung ihres Autos verschafft – ein Hackerangriff der KI auf das Internet der Dinge. Unheimlich, aber durchaus denkbar! Wir werden in Kapitel 8 noch eingehender auf das Problem einer starken KI treffen, wenn es um künstliches Bewusstsein geht.

Irren ist menschlich – aber nicht ›maschinlich‹

Der Mensch ist in seinen Überlegungen und in seinem Handeln allen möglichen kognitiven Verzerrungen ausgesetzt, die sein Denken systematisch in die Irre führen. Ca. 80 dieser ›biases‹ hat die psychologische Forschung bisher entdeckt. Das prominenteste Beispiel ist unsere Tendenz, die eigenen Fähigkeiten zu überschätzen. Dazu kommt, dass individuelle rationale Entscheidungen zumeist auf Maximierung des eigenen Nutzens ausgelegt sind. Auf gesellschaftlicher Ebene erweisen sich solche Entscheidungen in der Summe jedoch oft als irrational und führen zu unerwünschten Gesamtergebnissen (ein bekanntes Beispiel aus der Spieltheorie ist das Gefangenen-Dilemma[97]).

Hier bietet uns die KI große Chancen: Denn sie ist keinen kognitiven Verzerrungen ausgesetzt und kann

97 Das Gefangenen-Dilemma beschreibt die Situation zweier Gefangener, die beschuldigt werden, gemeinsam ein Verbrechen begangen zu haben. Sie werden einzeln verhört. Leugnen beide, erhalten sie beide eine niedrige Strafe. Gestehen beide, erhalten beide eine höhere Strafe, aber nicht die Höchststrafe. Gesteht jedoch nur einer der beiden Gefangenen, geht dieser straffrei aus, während der andere Gefangene die Höchststrafe bekommt. Zur Minimierung der gesamten Gefängnisstrafe wäre beiderseitiges Leugnen die beste Strategie.

auch so geschaffen werden, dass sie nicht nur den lokalen Nutzen Einzelner optimiert. Damit könnte sie uns helfen in gesellschaftlichen, sozialen, ökonomischen und politischen (aber auch in persönlichen) Fragen und Herausforderungen zu rationaleren (und besseren) Entscheidungen zu kommen.

Eine maschinelle Intelligenz könnte zu rationalen Lösungen für Probleme wie Klimaerwärmung, soziale Ungerechtigkeit oder politische wie ökonomische Instabilitäten kommen.

Ein Beispiel sind autonome (KI-gesteuerte) Autos: Im Vergleich zu menschlichen Fahrern, die Situationen und Risiken oft falsch einschätzen und ihre Fahrfähigkeiten und Aufmerksamkeit zumeist überschätzen (95 Prozent der Autofahrer sind der Auffassung, dass sie überdurchschnittlich gute Fahrer sind – eine statistische Unmöglichkeit), machen selbstfahrende Autos viel weniger Fehler. Ihr Masseneinsatz könnte jährlich viele Tausende Verkehrstote vermeiden. Dennoch sind sie vielen Menschen suspekt.

Das mag auch daran liegen, dass den computergesteuerten Fahrzeugen in ihrer Rationalität keinerlei Ethik eingegeben ist. Soll der Bordcomputer eines autonomen Fahrzeugs zur Not seinen einzigen Insassen in den Tod lenken, wenn dadurch vier Kindern auf der Fahrbahn das Leben gerettet wird? Das Fahrzeug würde sich wohl nur sehr schwer verkaufen lassen. Dies ist ein Dilemma, das sich unter der momentanen Gesetzeslage in Deutschland kaum durch eine Programmierung lösen lässt. Es verstößt gegen das Grundgesetz, Menschenleben algorithmisch gegeneinander abzuwägen (Art. 1 Abs. 1 GG).

Und zuletzt: Wie würde eine uns in allen Belangen überlegene Superintelligenz agieren? Können wir davon ausgehen, dass sie sich überhaupt für ethische Fragen interessieren würde? Oder stellen solche Überlegungen vielleicht nur einen weiteren menschlichen Bias dar, den es zu überwinden gilt? Und könnte uns eine Superintelligenz ohne kognitive Verzerrungen tatsächlich helfen, einige der große Herausforderungen der Menschheit, ob von wissenschaftlicher, politischer, ökologischer, sozialer, ökonomischer oder ethischer Natur, zu lösen?

Intellektuelle Überforderung des Menschen

Der wissenschaftlich-technologische Fortschritt besitzt eine derart komplexe Entwicklungsdynamik, dass er sich dem geistigen Auflösungsvermögen der meisten Menschen sowie dem Gestaltungsraum der heutigen politischen Entscheidungsträger weitestgehend entzieht.

Der technologische Fortschritt entwickelt sich exponentiell. Für unsere geistigen Fähigkeiten gilt dies nicht.

Es ist also nur auf den ersten Blick erstaunlich, dass ausgerechnet Vertreter von Unternehmen, die an den künftigen Entwicklungen der KI ein starkes kommerzielles Interesse haben, drastische Warnungen aussprechen und um staatliche Rahmengesetze und Regulierung förmlich betteln, wie im Frühjahr 2015 geschehen[98].

98 Siehe https://en.wikipedia.org/wiki/Open_Letter_on_Artificial_Intelligence; Future of life Institute: https://futureoflife.org/ai-open-letter/; https://futureoflife.org/background/benefits-risks-of-artificial-intelligence/; Siehe auch: E. Horvitz, T. Dietterich, *Rise of Concerns about AI: Reflections and Directions*, Viewpoint DOI:10.1145/2770869 on http://erichorvitz.com/CACM_Oct_2015-VP.pdf

Dahinter steckt die ernste Besorgnis der Forscher, dass politische Entscheidungsträger die technologischen Entwicklungen verschlafen, sie nicht ernst genug nehmen oder sie einfach nicht verstehen. Wir sollten ihre Warnungen sehr ernst nehmen. Denn sie sind diejenigen, die als erste verstehen, wie uns die Dinge entgleiten könnten. Die Forscher verstehen ja bestimmte Ergebnisse ihrer Forschung selbst nicht mehr.

Gleiches gilt für die Physik: Können wir die Auswirkungen der neuen Quantentechnologien erfassen, wenn die allermeisten Menschen schon die Quantentheorie aus dem Jahr 1925 nicht verstehen? Bei genauerem Hinschauen erkennen wir heute eine merkwürdige Dichotomie: Wir benutzen die neusten Technologien, verstehen sie aber nicht und haben daher ›kein gutes Gefühl‹ mit ihnen. Das liegt daran, dass die meisten Menschen in intellektueller Hinsicht mit diesen Technologien längst überfordert sind.

Die heutige Gesellschaft wird zwar durch Expertenwissen in Wissenschaft und Technik geprägt, Wissenschaftler und Experten spielen jedoch bei der gesellschaftlichen Gestaltung dieses Wissens so gut wie keine Rolle. Hier bestimmen eher Partei-Karrieristen, Politjournalisten, Management-Consultants, Investment-Banker, Unternehmer und Manager das Geschehen.

Das gesellschaftliche Führungspersonal muss einen Willen entwickeln, die Fortschritte in der Quantenphysik und der KI so weit zu verstehen, dass sie Gefahren abschätzen und sich bietende Gestaltungsspielräume erkennen und nutzen können.

7 – SCHLEUDERTRAUMA
DER ETHISCHE BURN-OUT

»Die Bevölkerung hat die dauernde Neigung, sich über das Maß der vorhandenen Nahrungsmittel hinaus zu vermehren«, schrieb 1803 der englische Ökonom Thomas Robert Malthus. Ohne jegliche Einschränkungen werde die menschliche Bevölkerung exponentiell wachsen, so Malthus, d.h. sie werde sich in regelmäßigen Zeitperioden verdoppeln. Die Menge der zur Verfügung stehenden Ressourcen entwickle sich dagegen nur in linearer Weise, d.h. in jedem Zeitintervall steigt die Menge um den gleichen Betrag. Ein Mangel an Nahrungsmitteln sei damit vorprogrammiert, was wiederum zu einer Beschränkung im Wachstum der Bevölkerung durch Hunger, Krankheit, Armut und Verbrechen führe, Plagen, die im Europa des 18. und 19. Jahrhunderts noch allgegenwärtig waren.

Malthus folgerte daraus: In der menschlichen Gesellschaft gebe es einen regelrechten ›Kampf um das Dasein‹, in dem die ›Fittesten‹ (oder auch die am besten Angepassten) gewännen und überlebten, während die schwächeren Teile der Bevölkerung untergingen[99]. Nach Malthus' Auffassung sollten sämtliche von Seiten der Regierung aufgelegten Programme zur Linderung des Elends und zur Unterstützung der Armen unterlassen werden. In die natürliche Ordnung, die allgemeingültige und von Gott gewollte Gesetzmäßigkeit, solle der Mensch nicht eingreifen.

Zu Malthus' Zeiten lebten auf der Erde ca. eine Milliarde Menschen, also weniger als ein Siebtel der

99 Es war dieser Gedanke in Malthus' Artikel *An Essay on the Principle of Population* (Essay über das Gesetz der Bevölkerungsentwicklung), der Charles Darwin einen entscheidenden Denkanstoß bei der Formulierung seiner Evolutionstheorie gab.

heutigen Anzahl. Dennoch hat der Hunger in der Welt (prozentual gesehen) nicht zugenommen. Im Gegenteil, heute haben nur ca. ein Neuntel der Weltbevölkerung (ca. 795 Millionen Menschen) nicht genug zu essen. Und ihre Zahl nimmt stetig ab (sie ist seit 1990 absolut um mehr als 200 Millionen Menschen zurückgegangen). Die Vereinten Nationen haben sich sogar zum Ziel gesetzt, den Hunger bis zum Jahr 2030 weltweit komplett zu überwinden. Wie konnten wir der ›Malthus'schen Bevölkerungsfalle‹ entkommen?

Dünger und Maschinen

Die Antwort ist klar. Zum einen hat sich die Menschheit zum Konsens durchgerungen, dass diejenigen, die genug zu essen haben, auch für diejenigen Verantwortung tragen, die hungern müssen (Malthus war da ja noch ganz anderer Meinung gewesen). Doch der *Wille* allein genügt nicht. Die Wissenschaft hat dafür gesorgt, dass wir auch über die *Fähigkeit* verfügen, das Problem des Hungers zu lösen. Die Entwicklung der Naturwissenschaften und modernen Technologien hat auch in der Lebensmittelproduktion ein gewaltiges Wachstum bewirkt. Schon kurz nach dem Tod Malthus (1834) erkannte der Chemiker Justus von Liebig die Bedeutung des Phosphatdüngers (1840) und leitete damit das Zeitalter der Agrochemie ein, mit deren Hilfe Ernteerträge vervielfacht wurden. Mit dem bereits im ersten Kapitel erwähnten Haber-Bosch-Verfahren gelang es schließlich, aus Stickstoff und Wasserstoff Ammoniak, die Basis für Dünger, herzustellen. Damit war ab 1908 der Weg für die industrielle Produktion von Düngemitteln frei. Spätestens im 20. Jahrhundert gehörten Hungersnöte in Europa endgültig der Vergangenheit an.

Das Haber-Bosch-Verfahren, mit dem erstmals künstlicher Dünger hergestellt werden konnte, wurde zum effizientesten ›Brot-für-die-Welt-Programm‹ in der Geschichte der Menschheit.

Hatte Malthus also Unrecht? Nicht ganz, denn mit einem Teil seiner Analyse lag er goldrichtig: Die Weltbevölkerung hat sich tatsächlich seit dem Beginn des 19. Jahrhunderts in regelmäßigen Abständen (ca. alle 70 Jahre) verdoppelt. Er hatte allerdings nicht vorhersehen können, dass der Fortschritt bei der Nahrungsmittelproduktion alles andere als linear verlaufen, sondern das Bevölkerungswachstum sogar noch überholen würde.

Nach Haber-Bosch hatte der technologische Fortschritt etwa 100 Jahre lang in dem Wettrennen die Nase vorn. Doch der Vorsprung ist dahingeschmolzen. Wir werden vermutlich bis zum Jahr 2100 mehr als 11 Milliarden Menschen auf diesem Planeten[100] ernähren müssen. Düngen und Maschineneinsatz reichen dann nicht mehr aus[101].

Die zwei Gesichter des Fortschritts

Mit Hochdruck wird heute an ganz neuen Ansätzen gearbeitet, um die Lebensmittelproduktion effizienter zu machen. Die meisten von ihnen beruhen auf der Anwendung gentechnischer Verfahren, zunächst in der Pflanzenzüchtung, aber schon bald auch in der Tierpro-

100 Gemäß der aktuellen Prognose der UN

101 Eine moderne Version des Malthus'schen Szenarios offerierte vor über 40 Jahren der ›Club of Rome‹ mit seiner Studie *Grenzen des Wachstums*. Sie sagte, dass die Welt angesichts begrenzter materieller Ressourcen nicht unbeschränkt wachsen könne und unweigerlich in einen Wirtschafts- und Bevölkerungskollaps hineinlaufen würde.

duktion. Dies wiederum wirft neue Fragen auf. Denn die Wirkung der bereits zugelassenen gentechnisch veränderten Sorten auf die Umwelt und unsere Gesundheit ist umstritten. Umweltverbände, Anbieter ökologisch erzeugter Produkte, politische Parteien entsprechender Couleur und große Teile der europäischen Bevölkerung lehnen die so genannte ›Grüne Gentechnik‹ als schädlich für unsere Gesundheit und gefährlich für die lokalen Ökosysteme ab. Auf der anderen Seite stehen hinter diesen Technologien nicht nur gewaltige ökonomische Interessen, deren Lobby-Gruppen ganze Arbeit leisten, sondern auch die Anforderung, die Menschen auf der Erde satt zu machen.

Ganz so einfach, wie Gegner und Befürworter der Gentechnik ihre Positionen jeweils beschreiben, liegen die Dinge leider nicht.

Keine einzige wissenschaftliche Anwendung wirkt sich zu 100 Prozent positiv oder 100 Prozent negativ auf eine Gesellschaft aus. Selbst das Haber-Bosch-Verfahren, das über hundert Jahre lang den Hunger in weiten Teilen der Welt besiegt hat, hatte seine Kehrseite: Mit dem erzeugten Ammoniak ließen sich auch gewaltige Mengen an Sprengstoff herstellen, die im Ersten Weltkrieg Millionen von Menschen das Leben kosteten[102].

Nicht nur in jeder einzelnen Technologie ist diese Ambivalenz zu beobachten. Selbst in der Person eines

102 Die deutschen Munitionsvorräte reichten zu Beginn des Krieges im Sommer 1914 nur bis Oktober des gleichen Jahres, da es den Alliierten gelang, das Deutsche Reich von der Versorgung mit natürlichem Salpeter aus Chile (das im Besitz nahezu aller bekannten Vorkommen war) abzuschneiden. Mit der künstlichen Herstellung von Ammoniak und der folgenden Oxidation (nach dem Ostwaldverfahren) zu Salpeter konnte dieser Engpass ausgeglichen werden.

Wissenschaftlers kann das Konstruktive und das Destruktive seines Schaffens sich die Waage halten. Fritz Haber war der geistige Vater für das ›Brot-aus-Luft‹-Programm, aber auch der ›Vater des Gaskriegs‹. Unter seiner Leitung wurde im Ersten Weltkrieg erstmals Giftgas als Massenvernichtungswaffe entwickelt und eingesetzt[103]. Ein und dieselbe Person hatte also Millionen und Milliarden Menschen vor dem Hungertod gerettet und war gleichzeitig verantwortlich für Tausende von Gas-Toten.

In vielen Fragen des wissenschaftlichen Schaffens gibt es keine einfachen Antworten. Die Gesellschaft muss lernen, mit Ambivalenzen umzugehen. Es gibt kein »Entweder – Oder«, sondern ganz viele »Sowohl – Als auchs«, was die folgenden Ambivalenzpaare deutlich machen:

- Moderne Quantentechnologien – Atombombe
- Agrochemie – Giftwaffen
- Kampf gegen den Hunger – Verlust an ökologischer Vielfalt
- Wohlstand, Wirtschaftswachstum – Ausbeutung und Zerstörung natürlicher Ressourcen
- Gesundheit – Integrität unserer genetischen Bestimmung
- Freiheit im Internet – politische Propaganda und Lüge
- Industrielle Automatisierung – Arbeitsplatzverlust
- usw.

103 Ein umfangreiches Werk über die Geschichte der chemischen Kampfstoffe im Ersten Weltkrieg stammt vom Sohn Habers, Ludwig (Lutz) F. Haber: L. Haber, *The Poisonous Cloud. Chemical Warfare in the First World War*, Oxford 1986. Vgl. auch F. Schmaltz, *Kampfstoff-Forschung im Nationalsozialismus*, Göttingen 2005, und die Biographie Fritz Habers von Margit Szöllösi-Janze (München 1998).

Technologischer Fortschritt hält nicht nur Wohltaten, sondern auch Risiken ungeahnten Ausmaßes für uns bereit. Deshalb können sich Naturwissenschaftler ethischen Fragen keinesfalls entziehen[104].

In diesem Kapitel will ich am Beispiel der Gentechnik und der Nahrungsmittelproduktion zeigen, wie Wissenschaft uns retten und gleichzeitig in Gefahr bringen kann – und inwieweit wir uns darauf verlassen können, dass Wissenschaft und/oder Wirtschaft sich in ausreichendem Maße mit den ethischen Aspekten ihres Tuns auseinandersetzen – oder auch nicht.

Durstige Baumwolle

»Mehr Ernte, ein höherer Gewinn für die Bauern und ein gestiegener Lebensstandard ihrer Familie – das sind die Folgen, wenn Bauern gentechnisch veränderte Baumwollpflanzen anbauen«, so warb die US-Agrarfirma Monsanto 2002 vor indischen Bauern für ihr Produkt: Saatgut für gentechnisch veränderte Baumwolle. Durch Einschleusung bestimmter Gene des Bakteriums *Bacillus thuringiensis* ist die Pflanze in der Lage, ihr Pestizid selbst zu produzieren. Dabei handelt es ich um das so genannte ›Bt-Toxin‹ (genauer: das ›Cry1Ab-Toxin‹), welches spezifisch gegen Larven von Käfern, Schmetterlingen und Zweiflüglern wirksam ist. Die Pflanzen werden gegen diese Schädlinge resistent, der Einsatz von Insektizi-

104 »Es gibt eine Neigung zu vergessen, dass die gesamte Wissenschaft an die menschliche Kultur überhaupt gebunden ist und dass ihre Entdeckungen außerhalb ihres kulturellen Rahmens sinnlos sind. Eine theoretische Wissenschaft, die sich nicht dessen bewusst ist (...) wird zwangsläufig von der übrigen Kulturgemeinschaft abgeschnitten sein.« So schrieb im Jahr 1952 Erwin Schrödinger, einer der Väter der Quantenphysik.

den kann zurückgefahren werden und die Ernte bringt höhere Erträge. Die Markteinführung war erfolgreich: Monsanto-Samen werden heute von mehr als sieben Millionen Bauern auf dem Subkontinent genutzt. Saatgut für natürliche Baumwollpflanzen gibt es dort nicht mehr, nur noch die so genannte Bt-Baumwolle.

Hat die Gentechnik den Bauern genutzt? Nein, im Gegenteil: Monsanto hatte den Bauern verschwiegen, dass die gentechnisch veränderte Baumwolle einen weit höheren Wasserbedarf als traditionelles Saatgut hat. In vielen trockenen Gebieten Indiens ist dies ein großes Problem[105]. Doch den Bauern ist der Rückweg zum traditionellen Saatgut versperrt. Sie sind abhängig vom Monsanto-Saatgut geworden, das sie jedes Jahr aufs Neue kaufen müssen. Wer das Saatgut aus den Pflanzen des Vorjahres verwendet, wird mit Millionenklagen wegen Patentverletzung konfrontiert. Zu dem teuren Saatgut kommen nun auch noch die Kosten für teure Düngemittel und Pestizide gegen die mittlerweile resistenten Schädlinge. Weil sie das Saatgut nicht mehr bezahlen können und ihre Familien hungern müssen, begingen bisher 200.000 Kleinbauern Selbstmord. Das Monsanto-Saatgut heißt in Indien heute »Samen des Todes«[106].

Das Beispiel Monsanto zeigt, dass Gentechnologie, gekoppelt mit kurzfristigen kommerziellen Interessen, Verheerendes anrichten kann.

105 Monsanto selber verweist auf die »schwierigen klimatischen Bedingungen« und lehnt somit jegliche Schuld ab. Zudem soll die Firma sogar beabsichtigt haben, die Wasserversorgung auf dem Wege der Privatisierung zu übernehmen, um auch aus dem lebensnotwendigen Wasser Profit zu schlagen.

106 Eine Parallele zu den Entwicklungen lassen sich auch in Südamerika, insbesondere in Argentinien, beobachten, wo seit 1996 der großflächige Sojabohnenanbau mit Saatgut und Pestiziden von Monsanto (und anderen Agrarkonzernen) verdächtig viele Einheimische krank werden oder sterben ließ.

Es geht also nicht immer so glimpflich aus, wie beim ersten großen Flop der grünen Gentechnik, der Antimatschtomate, die 1994 in den USA auf den Markt gekommen war. Dieser Pflanze hatten die Wissenschaftler ein Gen abgeschaltet, das für den Fäulnisprozess verantwortlich ist. Tatsächlich blieb die Gentomate deutlich länger frisch. Doch offenbar hatte der gentechnische Eingriff auch noch andere Auswirkungen: Die Tomate schmeckte fade. Keiner wollte sie kaufen und so wurde sie bald wieder vom Markt genommen.

Knollenfäule und blinde Kinder

Es gibt aber auch Erfolgsgeschichten. Zum Beispiel gentechnisch veränderter Mais, so genannter Bt-Mais (auch hier steht ›Bt‹ für *Bacillus thuringiensis*). Sein Anbau führt dazu, dass u.a. der Maiszünsler, der den Maisbauern so viele Probleme bereitet, in Schach gehalten wird. Durch die verbesserte Schädlingsbekämpfung sowie weniger Pilzbefall führt Bt-Mais zu mindestens 5 bis zu über 20 Prozent mehr Ertrag. Auch der geringere Einsatz von Insektiziden spart viel Geld (mehr als die höheren Kosten des Saatgutes), und die Umwelt wird zuletzt weniger belastet.

Wissenschaftliche Studien kommen zu dem Schluss, dass der transgene[107] Mais nicht mit höheren Risiken behaftet ist als konventionell gezüchteter. Wenn es nach wie vor Kontroversen gibt, kann das kaum am Bt-Toxin selbst liegen. Es wird – auch in der ökologischen Land-

107 Transgene Variationen entstehen, wenn art*fremde* Gene in ein Genom eingefügt werden, z.B. die Gene eines Bakteriums in das Genom einer Pflanze. Auf solche transgenen Pflanzen konzentriert sich die Kritik der Gentechnik-Gegner. Cisgene Variationen wie die Phytophthora-resistente Kartoffel (s.u.) sind dagegen weniger umstritten, da hier art- bzw. gattungseigene Gene übertragen werden. Sie könnten ebenso gut auf natürliche Weise oder durch Züchtung entstehen.

wirtschaft – seit über 50 Jahren als Insektizid gespritzt. Der Unterschied ist, dass es beim Spritzen nicht von der Pflanze selbst produziert, sondern über die Blätter aufgenommen wird. Allerdings ist die effektive Dosis an Bt-Toxin in den genveränderten Pflanzen wesentlich höher.

Ein weiteres eher positiv zu bewertendes Anwendungsbeispiel für Gentechnik ist die Phytophthora-resistente Kartoffel. Ihr wurden mehrere Resistenz-Gene einer Wildkartoffel eingefügt (dies stellt also eine cisgene Variation dar). Der Pilz *Phytophthora* (Kartoffelmehltau) verursacht die so genannte ›Kraut- und Knollenfäule‹. Er war der Grund dafür, dass Mitte des 19. Jahrhunderts in Irland sieben Jahre hintereinander die Kartoffelernte ausfiel, eine Million Iren, ca. 12 Prozent der Bevölkerung, an Hunger starben und zwei Millionen keinen anderen Weg sahen, als nach Übersee auszuwandern. Damit reduzierte sich die Bevölkerung Irlands innerhalb weniger Jahre von etwa 8 Millionen auf 5 Millionen.

Noch heute fallen weltweit etwa zwanzig Prozent der Kartoffelernte diesem Pilz zum Opfer. Seine konventionelle Bekämpfung durch Herbizide ist aufwändig und belastet die Umwelt (auch im Öko-Landbau) recht stark. In Freilandversuchen ab dem Jahr 2009 konnte gezeigt werden, dass beim Anbau der genetisch veränderten Kartoffel 80 Prozent der üblichen Fungizid-Spritzungen eingespart werden können.

Der Anbau von gentechnisch verändertem Bt-Mais und von Phytophthora-resistenten Kartoffeln kann zumindest wirtschaftlich (und vieler Hinsicht auch ökologisch) als Erfolg verbucht werden.

Die Möglichkeiten zukünftiger Gentechnologie gehen aber noch viel weiter, als Pflanzen ›nur‹ resistent gegen Erreger zu machen. Das Schlüsselenzym der Photosynthese, ›RuBisCO‹ (kurz für Ribulose-1,5-bisphosphat-Carboxylase/Oxygenase), ist eines der wichtigsten Enzyme der Welt. Es nimmt CO_2 aus der Umgebungsluft auf, eine Voraussetzung für die fotosynthetische Herstellung von Kohlenhydraten. Doch neigt das Rubisco der höheren Pflanzen dazu, neben CO_2 auch Sauerstoff zu fixieren und damit die Ausbeute der Fotosynthese zu schmälern. Einen Ausweg aus diesem Dilemma fanden bereits früh in der Erdgeschichte die Cyanobakterien. Sie entwickelten Proteinhüllen, so genannten Carboxysomen, die sie in die Lage versetzten, Kohlendioxid und Sauerstoff zu unterscheiden. Bereits seit einiger Zeit fragten sich deshalb die Bioingenieure: Lässt sich vielleicht die DNA des Cyanobakteriums in höhere Pflanzen übertragen? Und tatsächlich ist dies bei der Tabakpflanze (ein typisches Versuchskaninchen der pflanzengenetischen Forschung) gelungen, deren entsprechend genetisch veränderten Varianten nun ›cyanobakterielles Rubisco‹ herstellen können und deshalb besonders hohe Fotosyntheseraten aufweisen. Nun muss dies nur noch in einer für die Welternährung wichtigen Kulturpflanze gelingen, und es winkt ein bedeutend höherer Ernteertrag.

Und schließlich ist da noch der ›Goldene Reis‹, eine der am heftigsten diskutierten genmanipulierten Pflanzen. Je nach Standpunkt gilt dieser als Aushängeschild oder als Trojanisches Pferd der transgenen Grünen Gentechnik. Die Einfügung artfremden Erbguts (es handelt sich um Gene der Narzisse sowie des Bakteriums *Pantoea ananatis*) in seinen Genpool führt dazu, dass in Körnern des Goldenen Reis mehr Carotinoide (Vorstufen von Vitamin A) produziert werden. Diese Carotinoide lassen den Reis gelb schimmern. Eine halbe Tasse Goldener Reis pro Tag kann verhindern, dass jährlich zwei Millionen Menschen – zumeist Kinder – aufgrund von Vitamin-A-Mangel erblinden oder sterben.

Doch es gibt auch Kritik. Zu den Gegner des Goldenen Reises (sowie auch des Bt-Mais) gehören jene, die transgene Pflanzen generell ablehnen. Ihr Hauptargument ist, dass die langfristige Sicherheit von gentechnisch verändertem Reis noch nicht ausreichend geprüft worden ist. Dies betrifft mögliche noch nicht bekannte gesundheitliche Auswirkungen, aber auch ökologische Gefahren: Die Ausbreitung des veränderten Erbgutes in der Umwelt kann nicht verhindert werden. Sie wird mit hoher Wahrscheinlichkeit zu einem unumkehrbaren Eintrag der fremden Gene in den gesamten Genpool der Reispflanzen führen. Es ist bekannt, dass Hybride, die aus gentechnisch verändertem Kulturreis und seinen wilden Verwandten entstehen, unerwartete biologische Eigenschaften aufweisen können.

Die Diskussion über Vor- und Nachteile der Gentechnik ist noch in vollem Gange. Trotzdem haben genetisch veränderte Organismen (GVO) seit ihrer Erstzulassung in den 1990er-Jahren weltweit stark an Bedeutung gewonnen*[108]*.

Wo liegt also die Wahrheit? Ohne eine signifikante Steigerung der Ernteerträge in der Landwirtschaft wird sich die Ernährungssituation bei wachsender globaler Bevölkerungszahl dramatisch zuspitzen. Dank der Grünen Gentechnologie wurden Pflanzen bereits nährstoffreicher, tolerant gegenüber Pflanzenschutzmitteln und/oder giftig

108 Im Jahr 2015 wurden genetisch veränderte Pflanzen in 25 Ländern auf rund 12,5 Prozent der globalen Ackerfläche angebaut.

für bestimmte Schadinsekten. Insbesondere in Entwicklungsländern haben sich hierdurch teils deutliche Ertragssteigerungen, Einkommenszuwächse, Gesundheitsvorteile und Arbeitserleichterungen für Landwirte ergeben, und dies bei geringeren Umweltbelastungen.

Auf der anderen Seite fürchten Gentechnik-Gegner die Gefahren einer unkontrollierbaren und unumkehrbaren Übertragung der Genveränderungen auf die Wildformen. Die Folgen auf die Ökosysteme und unsere Gesundheit sind nicht überschaubar. Darüber hinaus zeigt das Beispiel Monsanto, dass ökonomische Interessen in der Regel stärker gewichtet werden als ökologische Gefahren oder gesundheitliche Risiken.

In der Diskussion um Technologiefolgen gibt es keine eindeutigen, ›sauberen‹ Lösungen. Wir werden lernen müssen, mit Ambivalenzen zu leben.

›Natürliche‹ Gentechnologie

Was wäre, wenn man gezielt *einzelne* Gene oder sogar Genbausteine (einzelne Basenpaare im Genom) punkt- und buchstabengenau verändern könnte? Man entwirft und verwendet eine bestimmte spezifische Nukleotidsequenz, die der Pflanze die gewünschten Eigenschaften gibt, und fügt sie mit chirurgischer Genauigkeit an genau der richtigen Stelle ins Genom ein (oder entfernt eine Nukleotidsequenz, die für eine unerwünschte Eigenschaft verantwortlich ist). Die Pflanzen mit dem editierten bzw. ›ausgeknipsten‹ Gen und die jeweilige Ausgangspflanze würden sich bis auf die gezielt herbeigeführte genetische Veränderung von wenigen Basenpaaren in nichts unterscheiden.

Im Prinzip betreiben die Genetiker das Einfügen und Herausnehmen von DNA-Strängen in bestehendes Erbgut bereits seit vielen Jahren. In der ›klassischen‹ Gentechnik, die ihren Ursprung in der Bakteriophagen-Forschung der 1970er-Jahre hat (siehe Kapitel 2), lassen sich Gensequenzen schneiden, mit neuen (artfremden oder arteigenen) Genen versehen und wieder zusammenkleben[109]. Das Problem dabei war bisher Ungenauigkeit bzw. schlechte ›Auflösung‹: Es war nicht möglich, zielgenau ein einzelnes Gen an einer bestimmten Stelle einzubauen. Das ist tatsächlich ein großes Problem, denn der ungenaue Einbau einer fremden Gensequenz in bestehende Genregionen kann deren Funktionen beeinträchtigen und damit die Eigenschaften einer Pflanze unkontrolliert nachteilig verändern. Dies ist ein wesentlicher Grund, warum es derart strenge Zulassungsverfahren für GVO (genetisch veränderte Organismen) und entsprechende Kritik an ihnen gibt[110].

Genau dieses Problem löst das neue Verfahren CRISPR/Cas9. Wir kennen die Methode, die so harmlos klingt wie ein Müsliriegel, bereits aus den letzten Kapiteln, wo uns ihr revolutionäres Potential zumeist im Zusammenhang mit Anwendungen in der Medizin und Humangenetik begegnen war. Doch ihre unmittelbar größte Wirkung hat die neue Methode in der Pflanzenzucht. Mit Hilfe von CRISPR können die Gentechniker viel schneller und zielgenauer Pflanzensorten konstru-

109 Dazu benutzen die Gentechniker als ›Transportmittel‹ für die fremden Gene (›Vektor‹, wie sie es nennen) so genannte Bakteriophagen, die diese Gene enthalten und in die Pflanzenzelle bringen.

110 Ein weiteres Problem ist, dass dadurch Gentechnik bei Pflanzen so zeit- und kostenintensiv geworden ist, dass nur große internationale Konzerne über die dafür notwendigen Ressourcen verfügen.

ieren, die Schädlingen, Dürren, Stürmen oder Klimaschwankungen trotzen, als durch die bisherigen traditionellen Zuchtverfahren, und dies weniger umstritten als mit artfremden Genen.

Denn diese Methode hat einen gewaltigen Vorteil: Sofern keine längere Gensequenz oder ein artfremdes Gen eingeschleust wird, ist das Ergebnis ›naturidentisch‹: Es lässt sich (aufgrund der Genauigkeit des Eingriffs) labortechnisch nicht feststellen, ob die genetische Veränderung durch eine natürliche Mutation oder eine Kreuzung herbeigeführt wurde oder durch gezielte Manipulation mit Hilfe von CRISPR/Cas9. Theoretisch hätte eine solche Genveränderung also auch per Zufall entstanden sein können – oder als Ergebnis einer Mutationszüchtung (bei der durch reichlich Strahlung oder Chemikalien die Mutationsrate ›angeregt‹ wird).

Die CRISPR-Methode ermöglicht zielgenaue Eingriffe ins Erbgut von Pflanzen, die sich von natürlichen Mutationen nicht unterscheiden und sich auch nicht mehr als Eingriff nachweisen lassen.

Die große Mehrheit der Wissenschaftler ist daher der Meinung, dass mit CRISPR editierte Pflanzen so eingestuft werden sollten wie herkömmlich gezüchtete. Damit könnten die aufwändigen und teuren Zulassungs- und Kennzeichnungsvorschriften wegfallen, die für mit traditioneller Gentechnik hergestellte (transgene) Pflanzen vorgeschrieben sind. Ihr Argument: In beiden Fällen, bei konventioneller Züchtung und bei der Editierung mit CRIPSR, steht am Ende eine Pflanze mit minimalen Veränderungen einzelner DNA-Bausteine. »100 % Bio!«, so lautet die Botschaft der enthusiastischen Befürworter.

Die ›Puristen‹ unter den Gentechnik-Gegnern können sich damit jedoch nicht einverstanden erklären. Weil im Prozess der Herstellung eindeutig Methoden der Gentechnologie verwendet werden, handele es sich auch um Gentechnik. Ihnen geht es natürlich nicht um Wortklauberei. Sie wollen dieser Technik so viele Steine wie möglich in den Weg legen, denn sie befürchten unter anderem, dass sich mit CRISPR das Patentkarussell nur noch schneller drehen wird und sich dementsprechend ökomische Interessen und Sachzwänge in der Genforschung weiter multiplizieren. Firmen wie Monsanto (Bayer), Dow Chemical und DuPont würden mit Patenten und hohen Lizenzgebühren z.B. für Saatgut endgültig den Agrarsektor in den Würgegriff nehmen und zukünftige Forschungsmöglichkeiten beschränken. CRISPR eröffnet aber noch ganz andere Möglichkeiten.

Finale Lösungen

Seit Jahren bemühen sich Biowissenschaftler um Verfahren, durch gezielte genetische Beeinflussung nicht nur die Eigenschaften von Individuen zu verändern, sondern dauerhafte Veränderungen in ganzen Populationen zu erreichen. Insekten wie Tsetsefliegen und Moskitos könnten zum Beispiel so verändert werden, dass sie gegen die beim Menschen krankheitsauslösenden Parasiten immun sind und diese dann nicht mehr übertragen können. Das Problem war bisher: Nach der klassischen Genetik wird bei (sich sexuell vermehrenden) Lebewesen mal das Merkmal der Mutter, mal das vom Vater, manchmal sogar das eines Großelternteils vererbt. Es ist also reine Glückssache, ob sich eine (vorteilhafte) Mutation – ob zufällig entstanden oder mit Absicht erzeugt – auf die nächste Generation überträgt. Um die Schlafkrankheit beim Menschen einzudämmen reicht es also nicht, ein paar genmanipulierte Tsetsefliegen, die immun gegen die Erreger sind, in der Nähe von Siedlungen freizusetzen. Es bräuchte eine sehr, sehr große Zahl an Insekten, um eine ganze (wilde) Population weniger gefährlich zu machen.

Wäre es nicht schön, eine Art Turbo für die Vererbung des veränderten Gens zu haben, sodass diese Gene mit größerer Wahrscheinlichkeit als üblich an die Nachkommen weitergegeben werden? Die Biologen sprechen in diesem Zusammenhang von »Gene-Drive« (»genetischer Antrieb«). Gene-Drive kommt auch in der Natur vor, wenn bestimmte Gene molekulare Mechanismen nutzen, um dem Zufall auf die Sprünge zu helfen und höhere Transmissionsraten zu erzielen. Allerdings geschieht dies unkontrolliert und zu unbestimmten Zeitpunkten. Im Jahr 2003 entwickelte der Biochemiker Austin Burt die Idee, diesen ›Vererbungsturbo‹ künstlich herzustellen. Das Ziel ist, den natürlichen Wert der erblichen Übertragung von veränderten Genen von ca. 50 auf bis zu 100 Prozent zu bringen.

Dank CRISPR gibt es tatsächlich einen Weg, einen Gene-Drive-Mechanismus zu installieren, so dass mit nur einigen Dutzend oder ein paar Hundert manipulierten und dann freigelassenen Tieren eine gewünschte genetische Änderung in eine ganze Population eingebracht werden kann. Dazu werden in Spermien oder Eizellen nicht nur gezielt Genabschnitte verändert, sondern das passende CRISPR/Cas9-System gleich mit in das Genom eingebaut. Sobald eine Befruchtung stattgefunden hat und sich die beiden haploiden homologen Chromosomenstränge (das manipulierte und das ›wilde‹) aneinanderfügen, zerschneidet CRISPR/Cas9 das entsprechende, unerwünschte Gen aus dem aus der Wildform stammenden Chromosom. Intakt übrig bleibt der genetisch modifizierte Strang, der nun als Vorlage für den zerschnittenen DNA-Strang dient: Um die entstandene Lücke zu füllen, kopiert der Reparaturmechanismus der Zelle einfach das manipulierte Gen auf das zerschnittene Chromosom. Damit tragen nun beide Chromosomenstränge die genetische Veränderung. Wie bei einem Schneeballsystem wird diese dann bei jeder neuen Generation dupliziert und an alle Nachkommen weitergegeben. Jedes Mal, wenn eine andere Genvariante bei der Befruchtung dazukommt, wird sie entfernt und durch die Kopie des veränderten Gens ersetzt.

CRISPR/Cas9 gibt den Biotechnologen neue Tools des Gene-Drives und damit die Möglichkeit, ganze Populationen schnell und dauerhaft zu verändern.

Die möglichen Anwendungen sind unbeschreiblich aufregend. Für jedes Problem ließe sich eine maßgeschneiderte Gene-Drive-Lösung basteln, die Erreger unschädlich werden lässt oder Pflanzen dauerhaft gewisse Eigenschaften verleiht. Wissenschaftler sprechen schon von *»sculpting evolution«*, also von der »Formung der Evolution«. Bei der Ausrottung von Krankheiten, die durch Insekten übertragen werden, wie Malaria oder das Dengue- oder Zika-Virus, wäre diese Technik sehr hilfreich und würde wohl von vielen begrüßt. An Moskitos, die keine Malaria-Erreger mehr übertragen, wird bereits gearbeitet.

Aufgrund ihrer enormen Potenz ist die neue CRISPR-Gene-Drive-Methode allerdings auch hochgradig problematisch: Wie kontrollieren wir die veränderten Gene? Mutieren sie weiter? Es ist belegt, dass unterschiedliche Arten Gene miteinander austauschen können. Was geschieht, wenn ein Gen auf eine andere Art übertragen wird und dort plötzlich ganz andere, unerwünschte Eigenschaften hervorruft? Was bedeutet es für uns, wenn sich ganze Ökosysteme schlagartig verändern?

Auch bei der Anwendung von Gene-Drive in der Agrartechnik muss uns die ungeheure Macht dieser Methode unheimlich erscheinen. Zugleich könnten die gängigen gentechnischen Verfahren in ihrer Wirksamkeit gegen Schädlinge, die regelmäßig gegen bisherige Bekämpfungsmaßnahmen (inkl. transgene Pflanzen) Resistenzen entwickeln, um ein Vielfaches übertroffen werden.

Hier also das Leben von Millionen von Menschen, die vor dem Hungertod und vor Krankheiten wie Malaria gerettet werden, dort die Existenz von ein paar missliebigen Tier- und Pflanzenarten sowie das Risiko einer unerwarteten ökologischen Revolution – wie sollen wir das gegeneinander aufwiegen?

Eine Technologie, die ganze Spezies gezielt ausrotten kann, wirft ethische Fragen auf, deren Tragweite Wissenschaftler und politische Entscheidungsträger erst beginnen zu verstehen.

Fressen so viel wir wollen

Zurück zur Ernährung einer wachsenden Weltbevölkerung. Anstatt in die Malthus'sche Falle zu laufen, sehen wir uns in der westlichen Welt heute dem umgekehrten Problem ausgesetzt: Wir essen zu viel. Weltweit sterben heute mehr Menschen, weil sie zu viel essen als Menschen, die zu wenig essen. Fettleibigkeit gehört zu den so genannten Zivilisationskrankheiten unserer Wohlstandsgesellschaft. So wiegen heutige Kinder in den USA im Schnitt fünf Kilogramm mehr als ihre Altersgenossen vor dreißig Jahren. Im Jahr 2030, so schätzt die Weltgesundheitsbehörde, werden mehr als die Hälfte der US-Bürger übergewichtig sein.

Doch Ernährung ist Big-Business: Um uns ihre oft minderwertigen Produkte schmackhaft zu machen, verwendet die Lebensmittelindustrie am liebsten den Stoff, auf den unser Körper evolutionär programmiert ist, mit Lust zu reagieren: Zucker. Der sorgt nicht nur für Geschmack, sondern ist zudem sehr günstig. Kaum ein Fruchtjoghurt, der keinen Fruktose-Glukose-Sirup enthält. Pudding, Konfitüre, Brotaufstrich, Müsli, Kekse, Säfte, aber auch Fitnessgetränke, Fertigdressing für Salate, Gewürze und Beilagen-Sauce, die Fertig-Currywurst, Brötchen, Ketchup, Instant-Suppen, Obst- und Gemüsekonserven … fast alles wird heute gesüßt.

Doch nicht nur der zugesetzte Zucker macht uns das Leben schwer. Eine auf immer höhere Produktivität getrimmte Landwirtschaft setzt auf Genfood und Hormonfleisch, erzeugt Lebensmittel, die durch Pestizidrückstände etc. unsere Gesundheit bedrohen. Die Franzosen nennen es »Malbouffe« (»schlechter Fraß«).

Bis jetzt hat die Lebensmittelindustrie uns vor allem mit Nahrungsmitteln versorgt, die uns sehr gut schmecken – und uns gleichzeitig krank machen.

Die Wissenschaft beschäftigt sich aber nicht nur mit den Nahrungsmitteln, *bevor* wir sie kaufen und zu uns nehmen. Es interessiert sie auch, was mit ihnen geschieht, *nachdem* wir sie gegessen haben. Wir erinnern uns an die Nanobots aus dem zweiten Kapitel, die in unserem Körper zu Hunderten unsere Gesundheit checken. Vielleicht werden wir in der Zukunft Gen- oder Nano-Pillen zu uns nehmen, die aus der Nahrung genau diejenigen Stoffe extrahieren, die unser Körper benötigt, und die ihn den Rest ausscheiden lassen. Solche ›All you can eat‹-Pillen wären die Lösung für alle, die das Essen ohne Gewichtssorgen genießen wollen. Kulinarische Kasteiungen gehörten dann der Vergangenheit an.

Ethische Fragen haben in der Lebensmittelindustrie lange Zeit keine Rolle gespielt. Die Menschen wollen Zucker? Also bekommen sie ihn! Hauptsache der Absatz stimmt. Doch dieselbe Technologie, die pervers und krankmachend ist, kann auch in einem positiven Sinn eingesetzt werden. Neben Schädlingsresistenzen und höheren Erträgen arbeiten die Gentechniker endlich auch an Pflanzen, die uns *gesünder* machen sollen und auch gut schmecken. Der bereits erwähnte Goldene Reis mit mehr Vitamin A ist nur ein erstes Beispiel für die neuen Möglichkeiten. Auf der To-do-Liste stehen auch Pflanzen mit hohen Konzentrationen an Omega 3-Fettsäuren, die Herz und Kreislauf fit halten. Und wie wäre es erst, wenn die leckeren Kartoffelchips weniger schädliches Acrylamid enthalten oder Weizenprodukte weniger Gluten?

Offensichtlich hat ein Umdenken stattgefunden. Triebkraft ist natürlich immer noch das Profitdenken, doch den Menschen wird nicht mehr nur Schrott angedreht, der Trend geht in Richtung ›Health Food‹. Auch hier könnten Nanoteilchen bzw. Nanobots zum Einsatz kommen: Sie helfen uns bei der Verdauung der Nahrungsmittel, so dass die Nährstoffe optimal von unserem Körper aufgenommen werden. Hilfreich wäre das bei Krankheiten, die eine strenge Diät einfordern. Auch arbeiten Forscher bereits daran, Lebensmittel mit Nanoteilchen an ihrer Oberfläche zu versehen, die uns und unserem Gaumen einen tollen Geschmack nach Chips, Schokolade oder Gummibärchen vorgaukeln und trotzdem nicht schaden, sondern gesund sind.

Bei Health Food kommen auch die Nahrungsmittelkonzerne auf ihre Kosten. Sie erkennen schon ganz neue Gewinnopportunitäten.

Ein weiterer Weg zu mehr Gesundheit ist auch schon vorgezeichnet: die ›Nutrigenetik‹. Dabei handelt es sich um eine Mischung aus Ernährungsforschung und Genetik, die sich mit der Frage beschäftigt: Welche Nahrungsmittel passen zu meinen Genen und sind für mich individuell am gesündesten? Wer beispielsweise genetisch bedingt Kohlenhydrate in der Nahrung besonders effektiv verarbeitet, um daraus Energie zu gewinnen, wird viel ungenutzte Energie als Fett auf Bauch und Hüfte ansetzen. Seine Nahrung sollte weniger Kohlenhydrate enthalten. Andere Menschen brauchen bestimmte Proteine oder Vitamine mehr als andere. Das ultimative Ziel der Nutrigenetik ist eine ›Gendiät‹, also ein optimaler Diätplan für jeden entsprechend seiner Gene. Jedem sein eigenes Süppchen sozusagen.

Wissenschaft, Technologie und Kapitalismus

Wie stark der technologische Fortschritt unser Leben prägt, ist wesentlich von den mit ihm verbundenen Profitmöglichkeiten abhängig, und diese wiederum von der marktwirtschaftlichen Struktur und Wettbewerbsdynamik in unserer Gesellschaft. So ist es nicht verwunderlich, dass der Einfluss der Wissenschaften für das menschliche Alltagsleben historisch genau dann einsetzte, als im frühen 19. Jahrhundert ein neues Wirtschaftssystem die Vermählung von wissenschaftlichem und technologischem Erfindergeist mit innovativem Unternehmertum und professionellem Produktionsmanagement ermöglichte. Von England ausgehend entwickelte sich dieses System zu seinem ersten Höhepunkt und ließ dabei eine bisher ungeahnte ökonomische Produktivität und wirtschaftliche Schaffenskraft zur Entfaltung kommen. Die Rede ist vom Kapitalismus.

Das neue Wirtschaftssystem und seine Technologien erlaubten im Jahr 1900 die Massenproduktion von Waren in hundertfach schnellerer Anfertigung als noch im Jahr 1800. Zugleich finanzierten und entwickelten kreative Unternehmer neue Technologien und ließen erste Weltkonzerne entstehen. Es entstand ein noch nie gekanntes Wirtschaftswachstum und ein beispielloser materieller Wohlstand[111].

Erst mit dem Kapitalismus erhielt der technologische Fortschritt seine bis heute anhaltende gesellschaftliche Dynamik.

Wir müssen uns in der Diskussion um gesellschaftliche (und ethische) Fragen des technologischen Fortschrittes also auch mit unserer Wirtschaftsordnung beschäftigen. Die Diskussion um den Nutzen und Schaden des kapitalistischen Wirtschaftssystems ist von derselben Widersprüchlichkeit geprägt wie die Ambivalenz des technischen Fortschrittes: Auf der einen Seite ein massiver Produktivitätsgewinn aufgrund der Schaffung und effizienten Verteilung immer neuerer technologischer

111 In Deutschland wird diese Zeit auch die ›Gründerzeit‹ genannt.

Ressourcen und darauf aufbauend ein unvergleichbares Wachstum des (durchschnittlichen) gesellschaftlichen Wohlstandes, auf der anderen Seite gesellschaftliche Ungleichheit (bis hin zur Massenverelendung), menschliche (und ökologische) Ausbeutung, ethische Indifferenz (›Profit vor Moral‹) und Maßlosigkeit in der Gier nach Wachstum. Gerade in den letzten Jahren zeigen die negativen Seiten des Kapitalismus wieder verstärkt ihr hässliches Gesicht.

Technologischer Fortschritt und Kapitalismus sind eine ebenso produktive wie unheilige Allianz eingegangen.

Das erkannte bereits Mitte des 19. Jahrhunderts Karl Marx, der die technologische Entwicklung als sich zunehmend verselbstständigende Produktionsmittel betrachtete, die damit erheblichen Einfluss auf die gesellschaftliche Entwicklungsdynamik ausübten[112]. Trotz aller sozialen Errungenschaften und Umverteilungen seit dem 19. Jahrhundert hat dieser Einfluss wenig von seiner Kraft eingebüßt. Es bedarf andauernder (sozial)politischer Korrekturmaßnahmen, um seine Entfaltung zum Wohl aller zu steuern und dort wo nötig zu beschränken.

Jenseits aller revolutionären Romantik erkennen wir hier einen tieferen Zusammenhang zwischen der polit-ökonomischen Ablehnung unseres westlichen Wirtschaftsmodells und einer ausgeprägten Wissenschafts- und Technologieskepsis. Es ist kein Zufall, dass Teile der linken und ökologischen politischen Bewegung diesen Zusammenhang zu einem bedeutenden Bestandteil ihrer

112 So schreibt Marx: Die Bourgeoisie »kann nicht existieren, ohne die Produktionsinstrumente, also die Produktionsverhältnisse, also sämtliche gesellschaftlichen Verhältnisse fortwährend zu revolutionieren« (Marx-Engels Werke 4, 465)

politischen Selbstdefinition gemacht haben. Wir werden dieses Thema im 10. Kapitel weiter vertiefen.

Weder im Kapitalismus noch in der Wissenschaft ist die Wirkung einer angemessenen und funktionierenden ethischen Instanz erkennbar.

Von Small zu Big Science

Seit dem Beginn des 20. Jahrhunderts ist neben der politischen und wirtschaftlichen auch die militärische Relevanz der Wissenschaft immer stärker gewachsen. Nach Giftgas und ersten Flugzeugen im Ersten wurde der Zweite Weltkrieg zu einem wahren ›Physiker-Krieg‹, in dessen Verlauf sich die Forscher auf beiden Seiten Wettrennen um die Entwicklung von Anwendungen wie Raketenantrieb, Radar, Computer (Dechiffrier-Maschinen) und zuletzt der Atombombe lieferten.

Seit 1945 prägen zahlreiche militärisch finanzierte Großlaboratorien die wissenschaftliche Forschung. So waren es in den letzten 70 Jahren auch immer wieder militärische Belange, die Physiker und andere Naturwissenschaftler blind gegenüber ihrer gesellschaftlichen Verantwortung und den politischen Auswirkungen ihrer Erfindungen sein ließ. Heute kommen zunehmend auch handfeste wirtschaftliche Interessen dazu, die den Charakter der wissenschaftlichen Forschung verändern.

Bei vielen heutigen Wissenschaften steht nicht der Erkenntnisgewinn im Fokus, sondern der wirtschaftliche Nutzen.

Und wie die Belange des Militärs können auch wirtschaftliche Interessen zu so genannten ›Sachzwängen‹ führen, bei denen Wissenschaftler meinen, nicht mehr anders entscheiden zu können. Ein Beispiel ist der Biologe Craig Venter, der neben seinem Institut auch in einer eigenen Firma Genforschung betreibt und dabei neben wissenschaftlichen auch eindeutige ökonomische Interessen hat.

In diesen Zusammenhang lassen sich innerhalb der wissenschaftlichen Welt der letzten Jahrzehnte drei bedeutende Entwicklungen beobachten:

1. ›*Big Numbers*‹: Heute gibt es zehn- bis zwanzigmal so viele Wissenschaftler als noch vor 50 Jahren.
2. ›*Big Money*‹: Internationale Großunternehmen (Pharma-, Computer- und IT-, Elektro-, Fertigungs-, Verteidigungs- und Automobilindustrie) stecken Milliardenbeträge in die industrielle Forschung und verbinden damit direkte kommerzielle Ziele. Oft findet hier die Grundlagenforschung ohne öffentliche Teilhabe statt.
3. ›*Big Science*‹: Wissenschaft wird zunehmend in Großprojekten betrieben, in denen viele Forscher vernetzt zusammenarbeiten.

Das romantische Bild eines einzelnen Genies, das ungestört in Abgeschiedenheit eines Labors oder Schreibtischs nach ebenso leidenschaftlichem wie zähem Ringen und plötzlichen Geistesblitzen zu bahnbrechend neuen Erkenntnissen gelangt und diese dann einer staunenden Öffentlichkeit ohne jegliche kommerzielle Verwertungsinteressen präsentiert, stellt im wissenschaftlichen Forschungsbetrieb des 21. Jahrhunderts eine eher seltene Ausnahme dar.

An die Stelle einzelner Wissenschaftler und kleiner Teams sind gewaltige Forschungseinrichtungen getreten, die die Forschungslandschaft bestimmen.

Wissenschaftler und ihre Institute buhlen heute offen um viele Milliarden Euro, die jährlich vom Staat an Hochschulen und Forschungseinrichtungen verteilt werden. Dies hat so manchen gestandenen Wissenschaftler zu einem hauptberuflichen Finanz- und Projektmanager werden lassen (Wer schon einmal eine Bewerbung für eine wissenschaftliche Projektförderung ausgefüllt hat, wird eine deutsche Steuererklärung im Vergleich dazu als geradezu übersichtlich und zugänglich empfinden). In einem System, in dem es nicht zuletzt um Macht, Einfluss, Politik und Prestige geht, stehen gerade junge Wissenschaftler unter besonders großem Druck, der ihnen nur geringe Flexibilität beim Forschen erlaubt. Sie durchlaufen in ihren Karrieren lange Zeiten geringer sozialer Absicherung, was sie eher Risikoavers sein lässt, wenn es darum geht, neuen Ideen zu folgen. Dementsprechend bewegen sie sich oft in nur allzu engen gedanklichen Bahnen. Aber auch gestandene Wissenschaftler stehen unter hohem Konformitätsdruck, wenn es um ihre Karriere geht.

Das Geschäft des wissenschaftlichen Arbeitens läuft nicht immer nach objektiven, rein wissenschaftlichen Qualitätskriterien ab. Karrieredruck und soziale Hierarchien sind maßgebliche Bestandteile des wissenschaftlichen Betriebs.

Hackordnung auf dem Hühnerhof

Steigende Komplexität der wissenschaftlichen Probleme, mangelnde Sorgfalt aufgrund des Karriere- und Konkurrenzdrucks, ein gnadenloser und unbarmherziger Publikationszwang, der zu immer mehr Quantität auf Kosten der Qualität führt, finanzielle und nicht zuletzt kommerzielle Interessen bis hin zu offenen Interessenkonflikten, in Netzwerken implizit (und explizit) geförderter Konformismus, nicht zu schweigen von handfesten militärischen und sicherheitstechnischen Verwicklungen ... die Liste ernüchternder Begleiterscheinungen des modernen Wissenschaftsbetriebs ließe sich nahezu beliebig fortführen.

Dazu kommen die rein menschlichen Unzulänglichkeiten. Wenn es um Neigungen und Abneigungen, Ehrgeiz und Karrieresehnsüchte, Neid und Eifersüchteleien, Egos, Allüren und Selbstdarstellungssucht geht, stehen Wissenschaftler Hollywood-Schauspielern und Wirtschaftsführern kaum nach. So entsetzt viele Mitglieder der wissenschaftlichen Community so manches Mal die Feindseligkeit, mit der manche Gutachter die zur Veröffentlichung eingereichten Manuskripte ihrer Kollegen zerreißen. Sie tun dies zuweilen in einer Manier, die selbst dem Literaturkritiker Marcel Reich-Ranicki zur Ehre gereicht hätte.

Dies alles erschwert natürlich eine umfassende Reflexion beim wissenschaftlichen Schaffen und technologischen Erschaffen und lässt Fragen wie: »Was tun wir hier eigentlich?« außen vor. Zugleich bieten die sprunghaften Entwicklungen vieler Technologien enorme ökonomische Anreize (siehe auch Kapitel 10). So offerieren Google, Facebook, Microsoft und Co. jungen Absolventen und Doktoranden der KI-Forschung heute hohe sechsstellige Einstiegsgehälter. Wissenschaftler mit unternehmerischen

Ideen können sogar im Höchsttempo zu Milliardären werden. Wie leicht ist es da zu sagen: »Ich forsche ja nur. Was mit meinen Ergebnissen geschieht, liegt in der Hand von anderen. Damit habe ich nichts zu tun!«

Die heutige Forschungslandschaft ist nicht dazu geeignet, ein hohes Maß an Vertrauen in das ethische Urteilsvermögen von Wissenschaftlern zu setzen.

Ethischer Burn-out

Mit Spannungsfeldern und ethischen Ambivalenzen waren wir Menschen schon immer konfrontiert. Aber es ging früher um weit weniger. Die Motivation für den Einsatz von Giftgas im Krieg (oder Kanonen, griechischem Feuer und Steinschleudern) ist so verwerflich wie der von Nuklearwaffen. Nur sterben im ersten Fall einige Hundert bis Zehntausende Menschen, im zweiten einige Hunderttausende bis Zigmillionen. Beim Klimawandel, einer genetischen Veränderung des Menschen oder der Schaffung einer Superintelligenz geht es um noch mehr: um die Existenz unserer Zivilisation oder gar der Menschheit, zumindest in der Form, wie wir sie kennen.

Bis zum Anfang des 20. Jahrhunderts genügte es, ethische Fragen erst dann zu stellen, wenn die Konsequenzen technischen Fortschritts sichtbar wurden, ethisch der Entwicklung sozusagen hinterherzulaufen. Doch schon die beiden Weltkriege mit Giftgas und Atombombe zeigten die Probleme unserer verzögerten Reflexionsfähigkeit deutlich auf. In der Zukunft können wir uns das noch weniger leisten. In den nächsten Jahren und Jahrzehnten wird nur ein ethischer Wall unser

Überleben sichern, denn auf unüberschaubar vielen Wissenschaftsgebieten entstehen Technologien als *Game changers*, mit denen sich die Spielregeln der menschlichen Gesellschaft grundlegend verändern, ja sogar gänzlich neue Formen von Zivilisation entstehen könnten.

Wenn wir als gesellschaftliches Kollektiv überleben wollen, hängt alles von unserem ethischen Reaktionsvermögen ab.

Bisher liegt die Reaktion der meisten Menschen auf die Ambivalenz der modernen Wissenschaften und Technologien irgendwo zwischen müdem Schulterzucken und einem verzweifelten Fatalismus. Doch dürfen wir uns nicht passiv in eine unumstößlich erscheinende technologische Zukunft begeben, sondern wir müssen daran arbeiten, diese Zukunft aktiv zu gestalten[113]. Für Philosophinnen wie Wissenschaftler, Soziologen und Psychologinnen, die sich mit der Vielschichtigkeit des wissenschaftlich-technologischen Fortschrittes beschäftigen, wird es in den nächsten Jahren und Jahrzehnten glänzende Berufsperspektiven geben.

Unsere Kernaufgabe ist das Errichten eines ethischen Walls – ein Wettlauf mit der Zeit.

Es gibt allerdings etwas, was uns in dem mangelnden Problembewusstsein noch verstärkt und uns mit großer Kraft davon abhält, den vorhanden Gestaltungs- und Handlungsspielraum zu nutzen: Wir haben uns in technologischen Wohlfühlzonen wunderbar eingerichtet. Leben und amüsieren wir uns eigentlich nicht prima?

113 Der dritte Teil des Buches wird sich eingehend mit den Möglichkeiten der Bestimmung und Erweiterung dieser Spielräume beschäftigen.

8 – DIE SUCHE NACH DER WOHLFÜHLZONE
ZWISCHEN GRENZENLOSEN MÖGLICHKEITEN UND ALTERNATIVLOSIGKEIT

Ich sitze in einem Zimmer und schaue durch das Fenster auf weißen Strand und blaues Wasser, Wellenrauschen im Ohr. Es riecht nach Meer und tropischen Früchten. Eine attraktive Blondine mit knappem Bikini tanzt in mein Blickfeld und wackelt dabei aufreizend mit ihrem Hintern. Sie säuselt mir etwas ins Ohr und entledigt sich dann ihres Bikini-Oberteils. Ich neige den Kopf zur Seite und sehe weitere Schönheiten den Raum betreten, der eine Bikini knapper als der andere ...

Fantasien wie diese sind viele Männer im Geiste wohl schon einmal nachgegangen. Für die allermeisten bleibt es dabei allerdings bei Vorstellungen – bisher. Doch das ändert sich gerade. Die virtuelle Realität (VR) kann nahezu alles erschaffen, was sich ihr Nutzer wünscht. Die künstliche Welt verspricht Erotikerlebnisse, die sich täuschend echt anfühlen, auf Bestellung. Schon arbeitet die Pornoindustrie an Ganzkörperanzügen, die virtuellen Sex noch authentischer machen sollen.

Wenn es darum geht, die Trends der Digitalisierung so schnell wie möglich in ihre Angebotspalette aufzunehmen, hatte die Pornobranche noch nie Berührungsängste. So ist das Internet schon früh zu einem wichtigen Absatzkanal für entsprechende Dienstleistungen geworden. Heute sind laut einer Schätzung der britischen Zeitung *Daily Mail* 35 Prozent des Datenverkehrs im Internet pornografischen Ursprungs, mehr als 12 Prozent aller Websites besitzen pornografischen Inhalt, und 25 Prozent aller Anfragen im Internet drehen sich um Pornographie; die beliebtesten Suchbegriffe im Netz lauten: ›SEX‹, ›Adult Dating‹, ›XXX‹ und ›Porn‹.

Erotik-Gadgets, Sex-Roboter, Erleben beliebiger sexueller Fantasien – die Pornoindustrie hat bei der Anwendung von virtueller Realität die Nase vorn.

Sex sells, und zwar gewaltig: Mehr als 100 Milliarden US-Dollar werden jährlich mit Pornographie umgesetzt. Und das realistische direkte Erleben von Erotik durch Virtuelle Realität (VR) soll den Umsatz noch einmal dramatisch steigern. Die Breitenwirkung und das kommerzielle Interesse dieser schmuddeligen Branche machen sie zu einem der wesentlichen Technologietreiber für VR. Viele der typischen Informatik-Nerds haben die damit verbundenen (finanziell attraktiven) Möglichkeiten erkannt und sammeln in dieser Branche Erfahrungen und Kenntnisse.

Was VR mit uns macht

Wer könnte schon etwas gegen ein wenig mehr Erotik jenseits der bekannten Wege haben? Waren sexuelle Fantasien nicht schon immer virtuelle Welten im Kopf? Doch es gibt zwei Probleme. Erstens gelangen auch Kinder und Jugendliche schon mit wenigen Mausklicks an pornografisches Material. Der frühe Pornokonsum – meistens noch bevor erste eigene sexuelle Erfahrungen gemacht werden – kann bei jungen Menschen zu einem verzerrten Bild von Sexualität führen. Sie sehen sich oft starkem psychischem Druck ausgesetzt, weil sie glauben, dass das, was sie in Pornofilmen sehen, normal und erstrebenswert sei. Sie wollen sich daran messen und es nachahmen. Zweitens wollen viele Menschen *sämtliche* ihrer erotischen Fantasien in der VR ausleben. Zu VR-Erotik gehören dann schnell auch Gewalt- und Erniedrigungsfantasien. Müssen wir nicht verhindern, dass Handlungen, die in der normalen Wirklichkeit strafbar sind, in solchen Formaten konsumiert werden können?

Der Zusammenhang zwischen Gewalt und Pornographie ist seit langem Thema wissenschaftlicher Untersuchungen und politischer Auseinandersetzungen. Korrelationen sind empirisch gut belegt: Personen mit dem häufigsten Pornographie-Konsum zeigen gemäß einer experimentellen Studie mit Collegestudenten[114] siebenmal so häufig sexuelle Aggressionen wie diejenigen, die nie Pornographie konsumierten. In welcher Richtung ein kausaler Zusammenhang besteht, ist allerdings nicht nachgewiesen: Es kann ja auch sein, dass Personen mit einer besonderen Bereitschaft für sexuelle Aggression besonders häufig Pornographie konsumieren. Wer sich in der virtuellen Welt masochistischen oder pädophilen Sexfantasien hingibt, wird möglicherweise seine Hemmschwelle gegenüber solchen Praktiken in der realen Welt verlieren.

VR-Technologie hält neue, großartige Erfahrungs-, Erlebnis- und Unterhaltungsmöglichkeiten für uns bereit, kann gleichzeitig aber auch schädliche Veränderungen in unserer Persönlichkeitsstruktur verursachen.

Der Philosoph David Chalmers geht davon aus, dass wir innerhalb der nächsten 100 Jahre eine von unserer

114 N. M. Malamuth, T. Addison, M. Koss: *Pornography and sexual aggression: are there reliable effects and can we understand them?* In: Annual Review of Sex Research. 6, 2000, S. 26–91

Welt nicht mehr zu unterscheidende virtuelle Realität erschaffen können, mitsamt virtuellen Körpern und virtuellen Erfahrungen von Hunger, Durst, Sex, Geburt und Tod[115].

Auf akustischem und visuellem Gebiet ist die VR schon heute sehr weit gediehen. Zunehmend bessere Grafiken, neue Funktionen und Formen der Partizipation und immer subtilere Kommunikationsmöglichkeiten lassen unsere virtuellen Erfahrungen Jahr für Jahr realistischer werden. Das geht so weit, dass unser eigenes Selbst in virtuellen Realitäten manipuliert wird. Wir erleben uns dann selbst als jemand anderes oder sogar als etwas anderes, ohne dass sich dieses Erleben für uns als Illusion enttarnen lässt. Die virtuelle Realität fühlt sich so perfekt an wie die ›echte‹ Realität[116]. Auch (und gerade) unser Unterbewusstsein reagiert heftig auf virtuelle Realitäten. Weil die Illusionen der virtuellen Welt auf uns so real wirken, fühlen wir uns sofort emotional mit dieser Welt verwoben.

Die Folge können verschiedene Formen von Depersonalisationsstörungen sein: Menschen, die sich länger mit Erlebnissen in der VR identifizieren, beginnen, ihren eigentlichen Körper als unwirklich zu erleben. Auch können die neuen medialen Umwelten derart attraktiv werden (z.B. wenn der virtuelle ›eigene‹ Körper attraktiver, stärker und jünger ist), dass Menschen sich in der virtuellen Computerwelt irgendwann wohler fühlen als in der realen.

Virtuelle Realität verändert unsere Wahrnehmung und damit unseren Geist. Und wir merken es noch nicht einmal.

115 www.edge.org/conversation/david_chalmers-the-mind-bleeds-into-the-world

116 Schon René Descartes fragte im 17. Jahrhundert in seinem Werk *Meditationes de prima philosophia* (1670), ob wir unseren Wahrnehmungen trauen können und ob nicht ein böser Geist möglicherweise alle unsere Erfahrungen steuert. Die moderne Philosophie spricht in diesem Zusammenhang vom ›Gehirn-im-Tank-Gedankenexperiment‹.

VR wird immer mehr Teil unseres Alltags – auch für diejenigen, die mit Pornografie nichts am Hut haben. Können wir uns überhaupt gegen ihre Manipulationen wehren? Gerade bei den in den vorangegangenen Kapiteln behandelten Themen kommt es doch darauf an, dass wir selbstständige Entscheidungen fällen, ohne manipuliert zu werden. Können wir die genetische Veränderung des Menschen vermeiden? Lässt sich die Entwicklung einer künstlichen Intelligenz, die der des Menschen um ein Vielfaches überlegen ist, noch stoppen? Gibt es einen Weg, die totale Ausspähung unseres Lebens zu verhindern? Oder anders gefragt: Können wir unsere Zukunft überhaupt noch gestalten – oder werden wir gestaltet? In diesem Kapitel möchte ich dieser Frage am Beispiel der neuen Bewusstseins-(VR-)Technologien nachgehen.

Schmetterling oder Philosoph?

In einem Text des bekannten chinesischen Philosophen Zhuāngzǐ findet sich die Parabel vom »Schmetterlingstraum«:

> *Einst träumte ein Philosoph, dass er ein Schmetterling sei, ein flatternder Schmetterling, der sich wohl und glücklich fühlte und nichts wusste von dem Philosophen. Plötzlich wachte er auf: Da war er wieder wirklich und wahrhaftig er selber. Nun weiß der Philosoph nicht, ob er geträumt hat, dass er ein Schmetterling sei, oder ob der Schmetterling träumt, dass er der Philosoph sei, obwohl doch zwischen ihm und dem Schmetterling sicher ein Unterschied ist. So ist es mit der Wandlung der Dinge.*

Die meisten von uns beschäftigen sich nicht mit solchen Gedankenexperimenten. Sie sind, wie es die Philosophen ausdrücken ›naive Realisten‹, d.h. sie glauben, dass unseren Erlebnissen eine an sich existierende, von uns und unseren Wahrnehmungen unabhängige Realität zugrunde liegt.

Doch was ist, wenn die wahrgenommene Realität durch VR-Technologien künstlich erzeugt worden ist, wir aber dazu gebracht werden, sie als genauso echt wahrzunehmen wie die ›echte‹ Realität? Wir sahen bereits im vierten Kapitel, dass sich unsere Wahrnehmungen, unsere Gefühle bis hin zu unserem Erleben in einer Einheit als Person manipulieren lassen. Wir können beispielsweise sehr leicht dazu gebracht werden, künstliche Objekte als Teil unseres Körpers zu erleben.

Es ist gar nicht so leicht zu wissen, ob wir der Schmetterling oder der träumende Philosoph sind.

Der virtuelle Mensch

Wenn wir etwas empfinden, über etwas nachdenken oder etwas tun, sind wir uns bewusst, dass *wir* es sind, die diese Gefühle haben, diesen Gedanken anhängen oder dieser Tätigkeit nachgehen. Wir verfügen also wissentlich subjektiv über mentale Zustände wie Wahrnehmungen, Emotionen, Erinnerungen und Gedanken. Sie schaffen in uns das Phänomen des Erlebens, also eine an eine subjektive Innenperspektive und mit einem Ich-Empfinden verbundene Repräsentation der Außenwelt. Solche bewussten Zustände treten insbesondere dann auf, wenn wir komplexe Informationen über die Umwelt und unseren eigenen Körper mit Erinnerungen früherer Erfahrungen vergleichen und für flexible Verhaltensplanung benutzen. Anders als die meisten Tiere haben wir beispielsweise ein gedankliches Konzept von Zukunft (und Tod).

Unser Gehirn konstruiert dabei ein inneres Bild von unserer Person als Ganzes, inklusive unserer mentalen, psychologischen und sozialen Eigenschaften, welches uns hilft, Informationen möglichst schnell und effizient zu verarbeiten, geeignete Vorhersagen zu treffen und in einem sozialen Umfeld zu interagieren. Dies ist es, was uns schließlich sagen lässt »Ich bin« oder »Ich habe«. Philosophen sprechen hier, wie wir bereits im vierten Kapitel sahen, von einem ›phänomenalen Selbst‹, sowie von einem entsprechenden ›phänomenalen Selbstmodell‹[117].

Gespeist von unseren Sinneseindrücken (sowie möglicherweise eigenen – uns noch unbekannten – inneren Prozessen) produziert unser Gehirn ein Modell der Welt. Dies beinhaltet zugleich ein Modell unseres Selbst.

Unser Selbstmodell lässt uns glauben, dass die Welt bzw. wir selbst wirklich so sind, wie das Modell in unserem Gehirn dies repräsentiert. Man könnte sogar sagen, dass unser gesamtes inneres Modell von virtueller Natur ist. Unter Neurowissenschaftlern verbreitet sich daher mehr und mehr die Auffassung, dass das ›Ich‹ nichts anderes ist als eine mentale Konstruktion, die von unserem Gehirn erzeugt wird, um selektiv und effektiv Informationen darzustellen und zu verarbeiten – zu ›repräsentieren‹, wie es die Philosophen ausdrücken.

117 Siehe Th. Metzinger, *Der Ego-Tunnel*,(2. Auflage 2014), Piper Taschenbuch

Der Vorteil dieses Selbstmodells ist: Es ermöglicht uns soziales Denken und kooperatives Verhalten und damit auch die Entwicklung von gemeinschaftlichen und gesellschaftlichen Strukturen. Genau das ist es, was unseren Vorfahren große evolutionäre Vorteile im Überlebens- und Fortpflanzungskampf gab und uns in der Welt Stabilität verleiht. Ohne die Meisterleistung unseres Gehirns, dass wir trotz der Vergänglichkeit unseres Erlebens den Eindruck haben, immer stets dasselbe Ich im gleichen Körper zu sein, wäre ein soziales Zusammenleben nicht möglich.

Doch ist diese Konstruktion unseres Selbstmodells alles andere als stabil, und als solche von uns dennoch nur sehr schwierig oder gar nicht zu erkennen. Wir vermögen unser Selbst nicht als das Resultat eines solchen Modellierungs- und Repräsentationsvorgangs wahrzunehmen. Denn was die meisten Menschen völlig unterschätzen: Unser phänomenales Erleben lässt sich leicht erschüttern, etwa durch Drogen und Halluzinogene, aber auch durch neurologische Krankheiten, Hirnverletzungen und sogar einfache Sinnestäuschungen – und nicht zuletzt auch durch die Sinneseindrücke einer virtuellen Realität.

Ein an sich existierendes (irreduzibles) Selbst gibt es nicht, davon sind viele Neuroforscher und Neurophilosophen überzeugt. Unser Selbst ist »nur« das erlebte Gefühl des Ich-Seins.

Virtuelle Verkörperungen – Manipulation unseres Selbstmodells

Die Instabilität des Selbst lässt sich recht leicht zeigen, dazu ist noch nicht einmal LSD notwendig. Das bekannteste Beispiel ist die so genannte ›Gummihand-Illusion‹.Der Proband sitzt an einem Tisch und einer seiner Arme ruht hinter einem Sichtschutz. Direkt daneben wird eine Gummihand, beispielsweise ein ausgestopfter Putzhandschuh, gelegt, die für den Probanden sichtbar ist. Der ›fehlende‹ Arm der Gummihand wird mit einem Tuch abgedeckt. Nun streichelt der Versuchsleiter mit einem Pinsel gleichzeitig die echte und die Gummihand – und der Proband stellt nach weniger als einer Minute erstaunt fest, dass er die Gummihand als Teil seines Körpers wahrnimmt. Wenn jemand die Gummihand mit einem Messer bedroht, zeigt der Proband die gleichen Stressreaktionen wie bei einer Bedrohung seiner richtigen Hand. Er zuckt ganz unwillkürlich zurück, obwohl er doch genau weiß, dass seine Hand hinter dem Sichtschutz und die Gummihand deutlich als ausgestopfter Handschuh zu erkennen ist.

Unser phänomenales Selbstmodell kann also ganz leicht dazu gebracht werden, ganz unterschiedliche illusionäre Gegenstände in sich zu integrieren[118]. Neuroforscher sprechen in diesem Zusammenhang von ›virtueller Verkörperung‹[119], bei der das subjektive Selbstgefühl zeitweise auf einen virtuellen Gegenstand oder eine virtuelle Person projiziert wird. Nichts anderes erlebte der im vierten Kapitel erwähnte Affe, der mit Gedankenkraft zwei Arme, die nur auf einem Computerbildschirm existierten, bewegte. Als eine Berührung dieser Arme simuliert wurde, reagierte sein Hirn so, als wären es eigene Gliedmaßen, die berührt wurden.

118 Bereits in den 1990er-Jahren konnte der indische Neuropsychologe Vilayanur Ramachandran in einer Reihe von so einfachen wie verblüffenden Experimenten solche phänomenalen Selbstmodelle empirisch und experimentell untersuchen. Dabei gelang es ihm, mit Hilfe von Spiegeln Illusionen von Phantomgliedern bei Versuchspersonen auszulösen.

119 Der englische Fachausdruck hierfür ist ›virtual embodiment‹.

Es können aber nicht nur fremde Teile in die eigene Körperwahrnehmung integriert werden. Auch die Überzeugung eines Probanden, dass er von seinem Körper getrennt ist, lässt sich durch die Erzeugung einer virtuellen Realität erreichen. In einem Experiment von Olaf Blanke von der Eidgenössischen Technischen Hochschule in Lausanne (EPFL) beispielsweise sahen Patienten auf einer Videobrille live ein Bild ihres eigenen Rückens, der von jemandem gestreichelt wurde. Sie *fühlten* also die Streicheleinheiten als ›Selbst‹ und *sahen* gleichzeitig ihren Rücken aus der Perspektive des Beobachters. Nach einer Weile glaubten die Probanden, sie stünden außerhalb ihres Körpers.

Mit geeigneten Setups kann das, was eine Versuchsperson als ›zum eigenen Selbst zugehörig‹ wahrnimmt, verhältnismäßig leicht manipuliert werden.

So lassen sich Menschen in ihrem Erleben in den Körper eines Kindes oder einer sechsarmigen Kreatur versetzen, ihre visuelle Perspektive lässt sich vom Körper trennen oder der eigene Herzschlag sichtbar machen. Den Begriff für ein solches künstliches Körperbild in einem Stellvertreter-Ich kennen die meisten von uns bereits aus einem Hollywood-Film: ›Avatar‹.

Vor diesem Hintergrund zeigt sich die eine oder andere Stelle aus der mystischen und religiösen Literatur in einem neuen Licht[120]. Oft handelt es sich um außerkörperliche Erfahrungen, die übrigens gar nicht so selten sind. Zahlreiche Menschen berichten von Erleb-

120 Ein ›mystisches Erlebnis‹ beschreibt eine Form des (zumeist religiösen) spontanen Erlebens von einem Vereint-Sein mit der restlichen Welt oder auch von einer jenseitigen (transzendenten) Realität.

nissen, bei denen sie sich selbst von außen betrachten konnten[121]. Sie sagen dann vielleicht, sie hätten ihre eigene, vom Körper getrennte Seele gespürt. Solche Erfahrungen könnten vielleicht sogar der Ursprung unseres Konzeptes von der ›Seele‹ sein. Es sind genau die Wahrnehmungen, von denen in traditionellen Religionen berichtet wird: tibetische Buddhisten sprechen von einem »Illusionskörper« (Tibetisch »gyulu«), der Apostel Paulus vom »geistlichen Leib«; in hebräischen Traditionen ist vom »ruach« (»Atem«, »Geist«) die Rede, der im arabischen »ruh« seine Entsprechung besitzt.

Heute können außerkörperliche Erlebnisse durch gezielte Manipulation der Nervenaktivität des Gehirns sogar wiederholbar erzeugt werden. Auch der Einfluss von psychoaktiven Substanzen wie etwa LSD, Ketamin oder Ayahuasca kann zu solchen Erfahrungen führen.

»Oh nein! Stell mich wieder auf den Boden!«

Der nächste Schritt ist die direkte Steuerung eines Avatars durch Signale aus dem Gehirn. Was ein Mensch zur Kontrolle von Avataren neben der virtuellen Verkörperung selbst noch benötigt, ist eine geeignete Gehirn-Computer-Schnittstelle (brain-computer-interface / BCI‹). Sein Stellvertreter-Ich kann dabei auch viele Tausende Kilometer entfernt von seinem eigenen Körper sein.

Die Kombination von BCI und Verkörperungen erlauben den Sprung in eine neue Avatar-Welt.

121 Jeder Zehnte gibt an, in seinem Leben außerkörperliche Erfahrungen gemacht zu haben, siehe auch S. J. Blackmore: *A Postal Survey of OBEs and Other Experiences*. In: Journal of the American Society for Psychical Research. 52 (1984), S. 225–24.

In einem Experiment an der Bar-Ilan-Universität in Ramat Gan gab der israelische Student Tirosh Shapira einem Roboter in Frankreich Befehle, die über das Internet übertragen wurden. Doch diese Befehle gab er nicht über eine Tastatur, sondern direkt über seine Gedanken, die mit einem funktionalen Magnetresonanztomographen (fMRT) aufgezeichnet wurden. Die vom Tomographen erkannten neuronalen Muster wurden dann in Befehle an die Motorik des Roboters umgewandelt. Stellte sich Shapira vor, vorwärts zu laufen, so lief der Roboter tatsächlich vorwärts. Dieser wiederum hatte eine kleine Kamera in seinem Kopf, deren Bilder auf einen Bildschirm direkt vor Shapira gesandt wurden. Der Student sah also die Ich-Perspektive des Roboters.

Es habe sich angefühlt, als sei er wirklich dort gewesen, als Roboter, sagte Shapira. Als einmal die fMRI-Verbindung ausgefallen sei, habe jemand den Roboter hochgehoben, um nachzuschauen, wo das Problem war. Er habe daraufhin gedacht: »Oh nein! Stell mich wieder auf den Boden!« Mit anderen Worten: Shapira hatte sich in dem Roboter verkörpert. Der Tausende von Kilometern entfernte Roboter war sein Avatar geworden, der nicht nur seine Gedanken ausführte, sondern auch zum Teil seines eigenen Körpers wurde.

Unsere Wahrnehmungen und Gedanken beherrschen nicht nur den Avatar, sondern der Avatar beherrscht auch unsere Wahrnehmungen und Gedanken. Das macht die Benutzung von Avataren so heikel.

Noch vermögen die heutigen fMRI-Tomographen neuronale Muster nur relativ grob aufzulösen, so dass die BCIs nur entsprechend unscharfe Befehle übertragen können. Mit einer besseren Auflösung der erkannten Gedanken wird ein viel breiteres Spektrum an Bewegungen des Roboters möglich sein. Auch war der Roboter in dem israelischen Versuch noch recht einfach aufgebaut. Künftig wird er so groß sein wie ein Mensch und stabiler laufen, was ein noch besseres Gefühl der Verkörperung ermöglicht. Versuchsbedingungen wie oben werden in einigen Jahren bei den Anwendern wohl nur noch ein herablassendes Lächeln hervorrufen.

Dass Bewusstseinstechnologien wie Avatare unterdessen auch kommerziell interessant werden, zeigt das finanzielle Engagement zahlreicher Geldgeber aus dem Silicon Valley in entsprechende Firmen. Ein Beispiel ist die Firma ›Neuralink‹, die u.a. vom Milliardär und Technologievisionär Elon Musk finanziert wird.

Virtuelle Verkörperungen sind aber mehr als nur ein Spiel mit dem ›Ich‹. Mit ihnen ließen sich beispielsweise auch Roboter besser steuern. So ist es heute möglich, Roboter in Gegenden unter Wasser vorstoßen zu lassen, die für Taucher unzugänglich sind, und ihre Bewegung dabei mit einer Feinmotorik zu steuern als wären die Greifarme des Roboters die eines menschlichen Tauchers. Was, wenn wir diese direkt wie oben mit dem Gehirn des Tiefseeforschers verbinden? Oder das Gehirn eines Soldaten mit einem Kampfroboter?

Forschungen auf diesem Gebiet werden mit großem Nachdruck vorangetrieben. Das erklärte Ziel des 2010 initiierten und über fünf Jahre von der EU geförderten VERE-Projekts (›Virtual Embodiment and Robotic Re-Embodiment‹) war:

> *»... die Grenze zwischen dem menschlichen Körper und Surrogat-Darstellungen in immersiven (Anmerkung des Autors: umfassenden) virtuellen und physischen Realitäten aufzuheben.«*

Bis zu seinem erfolgreichen Abschluss im Dezember 2015 hat es viele aufregende Erkenntnisse, darunter einige der oben dargestellten, sammeln können[122]

Ziel der auch staatlich geförderten Forschung ist es, unser Ich-Gefühl mittels VR immer besser auf Avatare übertragen zu können.

Doch welchen Einfluss nehmen Avatare auf unsere Psyche? Was passiert, wenn Menschen vollständig in die Rolle ihres virtuellen Avatars schlüpfen?

Virtuelle Einflüsterungen

Dass Menschen in bestimmten psychologischen Situationen, zum Beispiel unter Stress, aber auch unter künstlich herbeigeführten Umständen, ganz entgegen ihren ethischen Überzeugungen handeln, ist bekannt. Berühmt gewordene Experimente zeigten das bereits vor mehreren Jahrzehnten.

So erhielt 1971 beim ›Stanford Prison Experiment‹ eine Gruppe von Studenten die Rolle von Gefängniswärtern, eine andere die Rolle von Gefangenen. Die virtuelle Macht der ›Wärter‹ über die ›Gefangenen‹ manipulierte das Verhalten beider Gruppen dramatisch. Die Gruppe der ›Gefangenen‹ zerfiel. Fast jeder versuchte durch besonders angepasstes Verhalten die Situation zu überstehen. Die ›Wärter‹ dagegen schreckten auch vor Folter nicht zurück, um Regelverstöße zu bestrafen. Die teilweise sadistischen Übergriffe gingen so weit, dass das Experiment schließlich abgebrochen werden musste.

122 Siehe http://www.vereproject.eu/ für mehr Informationen

Beim ›Milgram Experiment‹ wiederum führten Teilnehmer den Befehl, (fiktive) zu bestrafende Stromschläge zu verabreichen, gewissenlos aus und schreckten dabei auch vor tödlichen Dosen nicht zurück.

In beiden Fällen standen die Handlungen der Teilnehmer in direktem Widerspruch zu ihren Werten, die sie zuvor angegeben hatten. Virtuelle Realität, insbesondere die virtuelle Verkörperung, eröffnet noch einmal ganz neue, sehr viel mächtigere Möglichkeiten der Manipulation unseres Denkens, Bewertens und Verhaltens. Die Vorstellung, wie weit sich Menschen von ihren Werten entfernen könnten, wenn die ›Spiele‹ nicht mehr nur in der analogen, sondern in der digitalen Welt stattfinden, ist beängstigend.

Die Manipulationsfähigkeit des Menschen durch VR ist für kommerzielle, politische, medizinische, religiöse, staatliche und nicht zuletzt für militärische Interessen von enormer Bedeutung.

So werden virtuelle Verkörperungen den Effekt von Werbung noch einmal dramatisch erhöhen. Und wie werden politische Wahlkämpfe erst im virtuellen Raum aussehen, wenn Social Bots, Big Data und KI schon heute den politischen Diskurs in unseren Demokratien dramatisch verändern (siehe Kapitel 6)?

Beispielsweise empfinden wir Personen, die uns ähneln, unbewusst als sympathischer. Das könnte in einer VR ausgenutzt werden. Politiker oder Werbung könnten ihre Avatare an unser Aussehen anpassen, die uns dann vertrauenswürdiger erscheinen und uns so eine politische Meinung vermitteln, die wir sonst gar nicht vertreten, bzw. ein Produkt verkaufen, welches wir ohne einen solchen Avatar nicht in Betracht ziehen würden. Noch subtiler ist es, wenn das virtuelle Gegenüber unser Verhalten, unsere Mimik und Gestik (mit geeigneter Zeitverzögerung) imitiert oder den Blickkontakt mit uns besonders intensiv gestaltet. Dies lässt den Avatar sympathischer, aufrichtiger und intelligenter erscheinen.

Immer wirkungsvoller werden uns Entscheidungen untergejubelt, die sich wie unsere eigenen anfühlen - ohne es zu sein.

Ich und mein Avatar

Andererseits ergeben sich durch VR auch großartige Möglichkeiten für sehr nützliche therapeutische und soziale Anwendungen. So wurden bereits zahlreiche VR-Applikationen für die Behandlungen psychischer und neurologischer Erkrankungen entwickelt. Es gibt sogar bereits eine ›Internationale Gesellschaft für virtuelle Rehabilitation‹, gegründet 2008.

Zum Beispiel können Psychologen in der virtuellen Welt Höhenangst oder Spinnenphobien ihrer Patienten behandeln. Ein weißhäutiger Rechtsextremer, der in einen Avatar mit schwarzer Hautfarbe schlüpft, könnte danach weniger rassistisch denken. Oder Männer, die wegen Gewalt gegen Frauen verurteilt worden sind, werden als Avatar in den Körper einer Frau hineinversetzt, die dann von einem größeren, furchteinflößenden Mann bedroht wird. Sie können sich so in die Position ihrer Opfer nicht nur hineindenken, sondern auch hineinfühlen. So haben Studien gezeigt, dass Probanden, deren Avatar ein Superheld war, sich in nachfolgenden Experimenten selbstloser verhielten.

Generell könnte uns VR helfen, besser mit sozialen Ängsten und Unsicherheiten umzugehen, indem sie die Betroffenen in verschiedenen virtuellen sozialen Kontexten trainiert. Wir könnten bessere Reden und Ansprachen halten und im Geschäftsleben überzeugender auftreten. Auch bieten VR-Technologien gewaltige Möglichkeiten in der Bildung, zum Beispiel über die ›Gamifizierung‹ von Lerninhalten. Anstatt französische Vokabeln und Grammatik zu büffeln, könnten wir uns in virtuellen Räumen direkt auf Französisch unterhalten. Und Pädagogen wissen: Wir lernen wesentlich besser, wenn wir das zu Erlernende mit Emotionen verbinden.

VR lässt uns effizienter lernen und hilft uns, andere Menschen besser zu verstehen.

Doch wie steht es mit der Verantwortung unseres Tuns im virtuellen Raum? Wenn Roboter-Avatare unsere Gedanken direkt ausführen, können sie auch Verbrechen begehen. Dahinter müsste noch nicht einmal eine bewusste Anweisung von Seiten eines Users mit krimineller Energie stehen. Ein unbewusstes neurologisches Muster in unserem Gehirn oder ein reflexartiger Gedanke würde schon ausreichen. Wie oft habe ich selber schon gedacht, dass ich einen bestimmten Menschen gerne kräftig in den Hintern treten oder schlimmer: ihm den Hals umdrehen möchte? Oder was ist, wenn mich beim Anblick eines Konkurrenten um die Liebe meiner Angebeteten (oder des neuen Partners meiner Ex-Frau, der mir diese weggenommen hat[123]) ein kurzer Mordimpuls durchfährt? Wie können wir sicherstellen,

123 Ein Beispiel, das Thomas Metzinger gerne anführt.

dass die Avatare nicht auf der Basis solcher Impulsregungen handeln?

Probleme stellen auch militärische und geheimdienstliche Anwendungen dar: Avatare in Form von Kriegsrobotern, die zukünftig statt realen Soldaten auf dem Schlachtfeld kämpfen. Können wir so die schweren Kriegstraumata der Soldaten verhindern, oder sind virtuelle Erfahrungen hier gleichwertig wie reale? Wird auf diese Weise Krieg zum Spiel – geführt mit Avataren, jedoch mit höchst realen Konsequenzen für die lebende Wirklichkeit? Wie steht es mit virtueller Folter? Dazu steht in der Europäischen Menschenrechtskonvention oder UN-Antifolterkonvention nichts geschrieben. Die Verwendung von Drohnen im Krieg kennen wir bereits aus dem dritten Kapitel. Mittels BCI und virtueller Verkörperung könnten sich diese noch viel zielgenauer steuern lassen. Doch die posttraumatischen Störungen der ›User‹ dieser Drohnen wären wohl kaum geringer als bei heutigen Drohnen-Piloten. Und wie sich wohl der Bediener eines virtuellen Selbstmord-Avatars fühlen würde?

Die Anwendungsmöglichkeiten von virtueller Realität rufen nach Grenzen und Gesetzen, die über die heutigen Regelungen in der realen Welt weit hinausgehen.

Und zuletzt lässt sich auch für Avatare ein Szenario denken, in dem sich die virtuellen Verkörperungen mehrerer Menschen geistig miteinander verbinden, ähnlich wie die physischen Gehirne von Lebewesen (siehe Kapitel 4). Das wäre technologisch gesehen sogar einfacher, als analoge Gehirne neurotechnisch zu verkoppeln. Aber auch hier muss man sich fragen: Wie stände es mit unserer mentalen Autonomie, wenn wir uns mit anderen

Avataren virtuell vereinigen? Und zuletzt: Was ist, wenn Avatare gehackt werden oder KI Avatare kapert?

0,015 Prozent Erfolg

Klar ist: Das Gehirn eines Menschen lässt sich manipulieren. Aber wie funktioniert das genau? Wir wissen noch nicht einmal, wie in der enorm komplexen Architektur des Gehirns Information gespeichert, geschweige denn wie sie verarbeitet wird. Auch die Frage, ob Bewusstsein lokalen neuronalen Aggregaten entspricht oder einem über das gesamte Gehirn verteilten neuronalen Global-Zustand, ist noch offen. Die Entdeckung des ›neuronalen Korrelats‹ unseres (Selbst-)Bewusstseins ist der heilige Gral der Neuroforschung: Wie ist die neurofunktionale Architektur aufgebaut, die in einem Menschen ein vorsprachliches Ich-Gefühl entstehen lässt, ihm beispielsweise das Erlebnis gibt, etwas Rotes zu sehen oder süße Erdbeeren zu schmecken? Die Neuroforscher sprechen vom NCC, dem ›neural correlate of consciousness‹.

Die Suche nach der Funktionsweise des Gehirns und dem NCC hat längst auch die Forschungspolitiker auf den Plan gebracht. Im Jahr 2013 startete US-Präsident Barack Obama die Initiative BRAIN (*Brain Research Through Advanced Innovative Neurotechnology* – ›Hirnforschung durch innovative Fortschritte in der Neurotechnologie‹), die die genaue Vermessung der Aktivitäten des menschlichen Gehirns und damit seine vollständige Kartierung zum Ziel hat. Die EU geht auf der Suche nach der Funktionsweise unseres Gehirns einen alternativen Weg: Mit dem ›Human Brain Project‹ finanziert sie den Versuch, das menschliche Gehirn komplett rechnerisch zu simulieren.

Gewaltige Forschungsmittel werden bereitgestellt, um die Funktionsweise des menschlichen Gehirns zu entschlüsseln.

Erste Ergebnisse fallen eher bescheiden aus. Henry Markram, Direktor des ›Human Brain Project‹ an der EPFL in Lausanne, kündigte 2012 mit großem Pressegetöse an, innerhalb von zehn Jahren das gesamte menschliche Gehirn mit seinen knapp 100 Milliarden Nervenzellen im Computer simulieren zu können. Doch seine Arbeitsgruppe präsentierte bis 2016 nur eine Simulation der Aktivität eines winzigen, ca. einen Drittel Kubikmillimeter großen Stücks aus dem somatosensorischen Kortex des Rattenhirns, bestehend aus insgesamt 31.000 Neuronen. Dies entspricht 0,015 Prozent der etwa 200 Millionen Neuronen des Nagetiers, was wiederum nur ca. 0,2 Prozent der Neuronenzahl im anvisierten Menschengehirn darstellt[124].

Manche von Markrams Forscherkollegen sind skeptisch, ob eine Kartierung der neuronalen Verbindungen im Gehirn und gar deren ›Nachbau‹ überhaupt möglich ist. Doch erschien nicht auch die Entzifferung des menschlichen Genoms am Ende des letzten Jahrhunderts zunächst als eine (zu) gewaltige Aufgabe? Im Oktober 1990 war das *Human Genome Project* gestartet worden, im April 2003 war das Genom vollständig entschlüsselt. Und hat nicht die Evolution auf unserem Planeten bereits einen Machbarkeitsnachweis für (starke) KI und Bewusstsein geliefert?

Wie wir in so vielen Bereichen sahen (CRISPR, Internet, Stammzellenforschung usw.), verläuft der wissenschaftliche und technologische Fortschritt oft sprunghaft. Dies geschieht zum Beispiel, wenn unerwartete

124 H. Markram et al., *Reconstruction and Simulation of Neocortical Microcircuitry*«, Cell, Volume 163, Issue 2, p456–492, 8 October 2015

Synergieeffekte auftreten, also Forschungsergebnisse aus ganz unterschiedlichen Disziplinen auf unerwartete Weise zusammenkommen. Wenn uns eines Tages Quantencomputer zur Verfügung stehen, könnte uns dies sehr schnell zu einer starken Form der KI führen. Der Neurophilosoph Thomas Metzinger geht davon aus, dass die Neuroforscher bis zum Jahr 2050 das NCC identifiziert haben und vielleicht sogar über ein Modell des Gehirns verfügen, das erklärt, wie in der neuronalen Architektur Information fließt und verarbeitet wird. Dann können wir auch Bewusstseinsinhalte direkt modulieren; wir könnten sie hemmen, verstärken, anpassen, optimieren usw.

Wenn wir verstehen, wie Bewusstsein auf neuronaler Ebene funktioniert, sind den Möglichkeiten, Menschen zu manipulieren, kaum noch Grenzen gesetzt.

Die Würde der Maschinen

Der letzte Schritt ist dann die Schaffung eines künstlichen Bewusstseins, also eines nicht-menschlichen (und nicht-tierischen) Wesens, das ein Innenleben mit subjektiven Empfindungen hat. Dieses Wesen würde ›fühlen‹, wie es sich anfühlt, dieses Wesen zu sein (unter Forschern wird dies auch ›synthetische Phänomenologie‹ genannt).

Wenn wir darüber nachdenken, dass Maschinen eines Tages ein Bewusstsein haben könnten, ergeben sich aufregende Bezugspunkte zum philosophischen Denken über die Natur unseres Geistes[125]:

125 Siehe auch L. Jaeger, *Wissenschaft und Spiritualität.* Springer-Spektrum (2017)

- Besitzt eine starke KI subjektive Präferenzen (so wie ein Mensch die subjektive Präferenz hat, lieber ein Erdbeer- als ein Vanilleeis zu essen)?
- Besitzt sie sogar Intentionalität (die Fähigkeit, sich auf etwas zu beziehen), d.h. echte Formen der Sinngebung?
- Welches Verhältnis besteht dann zwischen Materie und Geist?
- Wie kann Bewusstsein aus nicht-bewussten einzelnen Komponenten auftreten (das Problem der Emergenz)?
- Wo liegen die (möglicherweise evolutionären) Ursprünge unseres eigenen Bewusstseins?

Während die meisten Naturwissenschaftler optimistisch sind, bleiben viele Philosophen skeptisch, ob Maschinen ein Bewusstsein mit echtem phänomenalen Erleben, Selbst-Erkenntnis, der Erfahrung von persönlicher Freiheit oder sogar einer echten eigenen Sinngebung besitzen können. Ein künstliches Bewusstsein mit Intentionalität, also einem Gefühl für Sinn, ist sozusagen die Königsklasse der KI. Sie ist am schwierigsten zu realisieren, denn einen Sinn im eigenen Leben und Tun zu erkennen bzw. diesem einen Sinn zu geben, ist sehr viel mehr, als ›nur‹ sich selbst im Spiegel zu erkennen bzw. ein ›erlebendes‹ (phänomenales) Selbstbewusstsein zu entwickeln. Wir verstehen heute noch nicht, wie Erlebnisse, Sinnesempfindungen und Selbstbewusstsein bei uns selbst genau funktionieren. Ja, wir wissen noch nicht einmal, ob sich all dies wirklich vollständig auf die Informationsverarbeitung im Gehirn reduzieren lässt – auch wenn die Neurotechnologie definitionsgemäß davon ausgehen muss.

Diese Fragen zu beantworten, ist alles andere als eine rein akademische Übung. Die Antworten haben grundlegende Auswirkung auf unseren Umgang mit starker KI: Wenn rein technische Systeme über Bewusstsein verfügen, müssen wir sie dann nicht auch als moralische Objekte ansehen? Müssen wir ihre Würde, ihre Wünsche und Interessen, ihre möglichen Leiden ernst nehmen?

Der amerikanische Philosoph Hilary Putnam sagt: »Ja, unbedingt!« Schon vor 50 Jahren stellte er fest, dass rein biologisches Material weder ein notwendiges noch ein hinreichendes Kriterium für Würde darstellt. Im Umkehrschluss sei es chauvinistischer Unsinn zu sagen, ein bewusster Roboter hätte kein Recht auf Würde, weil er nicht aus Fleisch und Blut sei. Putnam vergleicht die Einstellung, eine starke KI hätte keine Würde mit den längst überwundenen Ansichten, dass Frauen kein Wahlrecht ausüben dürften, weil sie seelenlose Wesen seien, oder es in Ordnung sei, Schwarze als Eigentum zu behandeln, weil sie keine echten Menschen seien.

Die mögliche Erschaffung (über)menschlicher Intelligenz und künstlichen Bewusstseins konfrontiert uns nicht nur mit existentiellen Sicherheitsrisiken, sondern stellt uns auch vor große ethische Herausforderungen.

Virtuelle Wohlfühlzonen

Soweit zur Frage, wie unsere Beziehung zu einer starken KI mit einem künstlichen Bewusstsein und Empfindungsvermögen aussehen soll, wenn wir so etwas eines Tages tatsächlich einmal erschaffen sollten. Doch es gibt noch eine zweite Seite der Medaille: Was passiert *mit uns* an dem Punkt, an dem sich KI mit VR verbindet? Je mehr Bewusstsein oder sogar Ich-Gefühl die Maschinen bekommen, desto mehr drohen wir unseres zu verlieren. Je leistungsfähiger Computer und ihre Algorithmen werden, desto abhängiger werden wir von ihnen.

Wenn wir schon mit Bonus-Einkaufspunkten geködert werden können, unser Konsumverhalten auf immer und ewig aufzeichnen zu lassen, so erscheint jeglicher Widerstand gegen tolle Online-Erlebnisse, virtuelle sexuelle Befriedigung oder uneingeschränkt erfahrene Sympathie und Selbstbestätigung im virtuellen Raum zwecklos. Mit unserem intellektuellen und emotionalen Setup, unseren kognitiven Verzerrungen, unseren Wünschen nach angenehmen Gefühlen, unseren Bedürfnissen nach emotionaler Sicherheit, unseren Tendenzen zur Selbsttäuschung, unseren irrationalen Ängsten und vielem mehr haben wir kaum mehr eine Chance gegen eine industrielle VR-Technologie, die – mit Hilfe von KI – unsere Psyche und unser emotionales Belohnungssystem besser kennt als wir selbst.

Virtuelle Realität ist eine mächtige Steigerungsform von Internet und Online-Spielen, sozialen Medien, digital vernetzten Dingen unseres Alltags im ›Internet der Dinge‹ und Werbung. Unsere Manipulierbarkeit durch VR wächst dramatisch, sobald diese dafür sorgt, dass unserer Gehirn die geeignete Kombination von Neurotransmittern ausschüttet, die in uns das hervorrufen, wonach wir am meisten gieren: Belohnung, Freude und Glücksgefühle.

Mit allem Spaß, den wir beispielsweise mit Videospielen haben, ist es wie bei einer Drogenabhängigkeit: Die Freude daran ist nur temporär. Schnell muss etwas Neues und Besseres her, um den Spaßfaktor zu erhöhen. Der technologische Fortschritt wird ein ständiger Lieferant neuer Spaßgefühle sein. Wer würde heute noch die

Mario-Computer-Spiele von Atari mit der Grafik-Auflösung von 1985 spielen? In wenigen Jahren werden wir über *heutige* Computer-Animationen lachen.

VR und andere Neurotechnologien werden den Kampf um unsere Aufmerksamkeit noch viel subtiler führen als jedes Videospiel. Denn mit ihnen geht es direkt in unser Innerstes: unser Ich. Indem sie direkt in die funktionalen Schichten unseres Selbstmodells eingreifen und dabei ganz neue Bewusstseinszustände hervorrufen, können wir uns in ihnen nicht nur selbst verlieren, sondern wir können auch unser Selbst verlieren. Externe Algorithmen kontrollieren dann nicht mehr nur unsere Handlungen, sondern auch unser Denken, Fühlen und Erfahren. Und zuletzt sogar unseren Willen.

Dies wird umso schneller geschehen, je mehr unsere Avatare durch KI gesteuert werden, die damit wiederum unsere Selbstmodelle beeinflussen kann. Unser Geist verbindet sich dann direkt mit einer digital vernetzten und KI-gesteuerten Welt[126]. Und bei all dem fühlen wir uns sauwohl. Es ist wunderbar, sich einem Avatar überlassen zu können und keine Verantwortung mehr übernehmen zu müssen. Wir werden in einer schönen neuen Welt leben.

So drohen wir uns und die Herrschaft im eigenen Haus zu verlieren. Die Gefahr des Verlustes unserer Freiheit und unserer Autonomie als Individuen kommt nicht mehr wie in der Orwellschen Dystopie von einer allmächtigen äußeren Kraft, die uns zu unterdrücken droht, sondern von innen. Wir verlieren unsere eigene Identität. Und dies wiederum unterhöhlt nicht nur die humanistische Weltanschauung und den gesellschaftlichen Konsens des Liberalismus, der sich seit 200 Jahren

126 Unser Geist »blutet in die Welt«, wie der Philosoph David Chalmers schreibt (https://www.edge.org/conversation/david_chalmers-the-mind-bleeds-into-the-world).

auf die Freiheit und die politische Autonomie eines jeden einzelnen Menschen beruft. Es betrifft auch unsere mentale Autonomie, die politische Selbstbestimmung überhaupt erst möglich macht.

Virtuelle Realitätstechnologien bieten uns eine verführerische Wohlfühlzone an, aus der es den meisten Menschen sehr schwerfällt wieder hinauszutreten. Schaffen wir es überhaupt noch, uns dieser Umarmung zu entziehen?

Fest steht: Die Verbindung von KI, Robotik und virtueller Realität wird unser Selbst- und Menschenbild stärker verändern als alle traditionellen geisteswissenschaftlichen Diskurse. Um unser Menschsein zu verteidigen und zu behalten und uns nicht von starker KI und Bewusstseinstechnologien wie VR und ihren Manipulationsmöglichkeiten überrollen zu lassen, ist eine Riesenanstrengung nötig. Wir werden dazu eine andere Wohlfühlzone definieren müssen, in der es nicht darum gehen darf, dorthin zu gehen, wo es besonders angenehm ist, wo unsere neuronalen Belohnungsrezeptoren am besten angeregt werden, sondern wir müssen definieren, wo wir *als Menschen* sein wollen.

Genau diese Anstrengung müssen wir auch in allen anderen Themenfeldern aufbieten, die wir in diesem Buch vorgestellt haben. Immer gilt: Technologien machen unser Leben angenehm und schaffen Wohlfühlinseln, auf denen es sich wunderbar leben lässt.

Wir sehen dabei allerdings noch einer weiteren Kraft ins Auge: In unserem bestehenden Wirtschaftssystem existieren starke ökonomische Wirkungskräfte, die danach streben, die Entwicklung immer neuerer Technologien möglichst schnell voranzutreiben. Zeit (und Geld) für teure Risikoanalysen und Technologiefolgen-Abschätzungen darf dabei nicht ›verschwendet‹ werden. Die Bürger sollen weiter konsumieren und nicht über Zukunftsrisiken nachdenken.

Können wir unter diesen Bedingungen überhaupt noch unsere Zukunft selbst gestalten, oder haben wir eine Technologiemaschine in Gang gesetzt, die wir nicht mehr stoppen können? Sind wir den Interessen und Manipulationsmöglichkeiten von Staaten und Konzernen machtlos ausgeliefert? Wir selbst müssen entscheiden, ob wir uns das Heft aus der Hand nehmen lassen und zusehen wollen, wie Technologie die Welt und den Menschen, so wie wir sie kennen, verschwinden lassen.

Die Frage ist: Können wir Herr über die Technik bleiben oder wird umgekehrt die Technik Herr über uns werden?

Yes, we can

Wie schaffen wir es konkret, für unser Menschsein zu kämpfen? Bereits an zahlreichen Stellen, ob in Fragen der neusten Quantentechnologien, der Atomkraft, der Möglichkeit einer künstliche Intelligenz, der Genforschung, der Klimaentwicklung, des Daten- und Persönlichkeitsschutzes oder nun in Fragen der virtuellen Realität, stellten wir fest, dass die Menschheit mit der Aufgabe, als Gemeinschaft angemessen rational auf die mit diesen Technologien verbundenen Entwicklungen und Gefahren zu reagieren, oft kognitiv und emotional überfordert zu sein scheint. Wir haben es bisher nur in Ansätzen geschafft, kollektiv zu einer rationalen Haltung zu gelangen und nach gemeinsamen Vernunftprinzipien zu handeln – wie es beispielsweise die Nachhaltigkeit unserer Produktion und unseres Konsums, das Streben nach globaler sozialer Gerechtigkeit oder die Aufrechterhaltung unserer individuellen Souveränität und Freiheit wären.

Wir sehen uns Kräften ausgesetzt, die wir kaum zu überblicken vermögen, von technischer Komplexität bis zu politischen und wirtschaftlichen Sachzwängen. Ist überhaupt noch jemand in der Lage, die Tiefen der heutigen wissenschaftlichen Fachdisziplinen ausreichend zu durchdringen? Wie kämpfen wir gegen die Interessen der großen Technologiekonzerne? Diese Fragen lassen uns auch emotional überfordert zurück. Wer sich überhaupt darüber Gedanken macht, läuft Gefahr, apathisch und indifferent zu werden. »Wir können doch sowieso nichts daran ändern!«, lautet das Credo Vieler.

In einem multidimensionalen Raum von technologischen Möglichkeiten meinen wir zunehmend den Überblick zu verlieren, was uns die Motivation zur Gestaltung raubt.

Doch wenn wir es schaffen, den Verlockungen der VR zu widerstehen und sie auf durchdachte (rationale) Art und Weise einzusetzen (und zu beschränken), dann könnte uns dies auch in den anderen Themenfeldern gelingen. Dabei werden wir realisieren: In einer Welt von immer komplexerer Ambivalenz existiert gar kein optimaler Punkt, den wir anstreben müssen, so wenig, wie es in den einzelnen Dimensionen des technologischen Fortschrittes ein Schwarz oder Weiß gibt. So ein Punkt wäre auch nur sehr schwer zu erreichen und könnte der Grund dafür sein, es gar nicht erst zu versuchen. Dies ist die gute Nachricht: Wir müssen gar keinen Optimalzustand finden, sondern uns ›nur‹ einen eigenen ›Wohlfühlraum‹ definieren.

In einer vieldimensionalen Landschaft der technologischen Möglichkeiten gibt es Gebiete, die uns als Paradies erscheinen müssen (KI und andere Technologien haben uns von der Notwendigkeit der Erwerbstätigkeit befreit, alle leben im Überfluss, Geld ist kein Thema mehr, VR unterhält uns blendend, Kriege gibt es nicht mehr, da es sich nicht lohnt, um irgendetwas zu kämpfen). In anderen Räumen können wir uns durchaus gut aufhalten, ohne dass sie uns gleich elysisch vorkommen (Technologie macht uns das Leben einfacher, schafft aber auch einige Probleme und befreit uns auch nicht von allem Leid). In wieder anderen allerdings erscheint das Leben gar nicht lebenswert (z.B. wenn wir durch eine Superintelligenz versklavt oder zu Menschen à la Huxleys »Schöner Neuen Welt« zu reinen Bio-Maschinen degradiert werden), und schließlich gibt es solche Gegenden, die einem zivilisatorischen Absturz entsprechen (Klimakatastrophe, Atomkrieg, globale Epidemie etc.). Leider ist nicht unbedingt klar, welche Wege zu welchen dieser Gebiete führen.

Was wir tun müssen: einen Wohlfühlraum in der Zukunft definieren, in dem wir uns aufhalten und auch bleiben wollen, und in dem wir nicht unser Menschsein aufgeben.

Wir leben in einem Spannungsfeld zwischen zwei Extrema:

- dem apathisch-apokalyptischen Extrem: »Wir haben gar keine Wahl, alles wird ›von außen‹ be-

stimmt, und wir können den Entwicklungen nur machtlos zuschauen.«
- dem optimistisch-euphorischen Extrem: »Die Welt ist komplett offen, alle Probleme lassen sich potentiell durch Technologien lösen, wenn wir diese nur geeignet gestalten. Wir bleiben Herr über die Technik und werden mit ihr das Paradies auf Erden zu erschaffen.«

Wie wir mit den technologischen Möglichkeiten umgehen und den mit ihnen verbundenen Herausforderungen begegnen, wird maßgeblich unser zukünftiges Schicksal bestimmen.

Dabei sollten wir erkennen: Wir verfügen als Menschheit über einen bedeutenden Spielraum, wenn es darum geht, die Technologien der Zukunft nutzbringend und wohlstandsfördernd für alle zu gestalten. Im dritten und letzten Buchteil wird es daher um die Frage gehen: Wie genau können wir diesen Spielraum nutzen und den intellektuellen, politischen, wirtschaftlichen, organisatorischen und ethischen Rahmen schaffen, in dem wir im Angesicht der gewaltigen Herausforderungen, die die technologische Entwicklung an uns stellt, gute Entscheidungen treffen? Und welche Handlungsaufforderungen ergeben sich dabei für jeden einzelnen von uns?

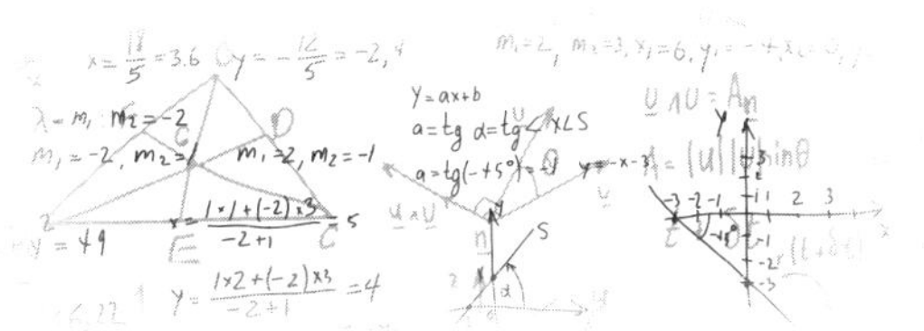

9 – DER UNBESTECHLICHE BLICK
WARUM INTELLEKTUELLE INTEGRITÄT DER ANFANG IST

Was hat uns bisher dabei geholfen, technologische Apokalypsen wie einen Atomkrieg oder die Freisetzung eines die Menschheit dezimierenden Killervirus zu verhindern? Zum einem war es reines Glück. Hätte Hitler den Zweiten Weltkrieg nur fünf Jahre später begonnen, wäre es mit einiger Wahrscheinlichkeit bereits in den 1940er-Jahren zu einem alles vernichtenden nuklearen Schlagabtausch gekommen. Und hätte uns nicht ein im Labor erzeugter Erreger, hundertfach tödlicher als der Pestbazillus im Mittelalter, längst dahinraffen können?

Aber auch das Handeln der Menschheit hat seinen Teil dazu beigetragen, dass es sie noch gibt. In der *Allgemeinen Erklärung der Menschenrechte* von 1948 bekennt sich die Weltgemeinschaft zu dem »Glauben an die grundlegenden Menschenrechte, an die Würde und den Wert der menschlichen Person und an die Gleichberechtigung von Mann und Frau« und bekräftigt den Entschluss, »den sozialen Fortschritt und bessere Lebensbedingungen in größerer Freiheit zu fördern«. Weiter heißt es dort: »Die Anerkennung der angeborenen Würde und der gleichen und unveräußerlichen Rechte aller Mitglieder der Gemeinschaft der Menschen bildet die Grundlage von Freiheit, Gerechtigkeit und Frieden in der Welt.« Was für ein ungeheurer Fortschritt! Nie zuvor war das Recht jedes Einzelnen auf Würde und Teilhabe als Wert verbindlich festgelegt worden – ein gewaltiger ethischer Schritt vorwärts nach der Barbarei des Zweiten Weltkrieges und des

Chauvinismus, Totalitarismus und der menschenunwürdigen Diktaturen, die ihm vorausgingen.

Artikel 27,1 nimmt direkten Bezug zum Thema dieses Buches: »Jeder hat das Recht, am kulturellen Leben der Gemeinschaft frei teilzunehmen, sich an den Künsten zu erfreuen und am wissenschaftlichen Fortschritt und dessen Errungenschaften teilzuhaben.« Wissenschaftlicher Fortschritt muss allen zugutekommen!

Das Gedankengut der Menschenrechte erfreut sich heute allgemeiner Anerkennung. Es hat allen Gesellschaften, die sich klar zu diesen Werten bekennen, einen noch nie dagewesenen Wohlstand und Frieden gebracht. Und es ist die Basis für jede weitergehende Überlegung, auf welche Weise wissenschaftliche Erkenntnisse genutzt werden sollen und dürfen.

Die Menschenrechte formulieren auch den Konsens, dass alle Menschen vom Fortschritt profitieren (und vor allem: nicht darunter leiden) sollen.

Unbestechliche Spiritualität

Gesellschaftliche, und das heißt auch wissenschaftlich-technologische Entwicklungen, können nicht ausschließlich in einem rein rational-wissenschaftlichen Diskursrahmen erfasst werden. Sie bedürfen auch klarer Werte. Die Wissenschaft gibt uns ›nur‹ die technologischen Gestaltungs*möglichkeiten* in die Hand. Welche dieser Möglichkeiten wir tatsächlich umsetzen sollten und in welcher Form, sagt sie uns jedoch nicht. Die Werte und damit das ethische Fundament (wie zum Beispiel die

Menschenrechte) steuern auch spirituelle Komponenten unseres Denkens und Lebens bei. Dass hier das Wort ›Spiritualität‹ ins Spiel kommt, mag vielleicht überraschen. Ich will jedoch zeigen, dass die Spiritualität, die ich meine, nichts mit Kitsch oder Esoterik zu tun hat, auch nichts mit religiösem Eifer, sondern ein fundamentaler Bestandteil unseres menschlichen Selbstverständnisses darstellt, und dass ein spirituelles Bewusstsein entscheidend ist, um den sich anbahnenden technologischen Möglichkeiten angemessen zu begegnen.

Die Frage nach der Gestaltung unserer technologischen Zukunft bedarf einer spirituellen Wahrnehmung.

Auch die allgemeinen Menschenrechte besitzen ein spirituelles Fundament. Es hat seinen Ursprung in der europäischen Aufklärung. Ab dem 18. Jahrhundert stellten die Menschen die absolute Macht ihrer Könige und Herrscher zunehmend infrage. Nachdem sie die ersten physikalischen Naturgesetze (die Mechanik/Himmelsmechanik Newtons) entdeckt hatten, fragten sie sich: Wenn sich das Geschehen in der Natur ohne Gott erklären lässt, warum sollten nicht auch gesellschaftliche Machtverhältnisse ohne Rückbezug auf »Gottes Gnade« zu begründen sein?

Doch was bedeutet in diesem Zusammenhang überhaupt Spiritualität? Und wie sieht ein spirituelles Selbstverständnis aus, das den Bedingungen unseres zukünftigen Wissens und den damit zu erwartenden technologischen Möglichkeiten gerecht werden kann. Ein spirituelles Selbstverständnis, das nicht schmierig, kitschig oder esoterisch daherkommt und das nicht unserer spätestens seit der Aufklärung eingeforderten

Würde als denkfähige, kritische und vernunftbegabte Subjekte widerspricht?

Wir sollten vermeiden, bei dieser Frage zu weit in das Gravitationsfeld herkömmlicher Religionen zu gelangen. In Anbetracht ihrer eher reaktionären Rollen in der bisherigen Wissenschafts- und Technologiegeschichte sind Zweifel angebracht, ob die Kirchen und traditionelle spirituelle Denktraditionen (jeglicher Couleur) geeignete Orientierungen für die Gestaltung der hoch komplexen gesellschaftlichen und technologischen Fragestellungen aufzubieten vermögen. Stattdessen betreiben sie leider nur allzu oft immer noch simple Weltanschauungspolitik (wie diverse christliche Bewegungen mit Dogmen wie dem Verbot der Verhütung oder der Ablehnung der Evolutions- bzw. Urknalltheorie immer wieder beweisen, aber auch das Kastensystem der hinduistischen Gesellschaft). Nichtdestotrotz dürfen natürlich auch die Kirchen in dieser Diskussion nicht ausgeschlossen werden. Wer vor über 400 Jahren Galilei verbannen wollte, hat deshalb heute nicht sein Recht auf Mitbestimmung verwirkt. Bei Fragen wie z.B. dem Embryonenschutzgesetz können sie sich sogar als wichtige Verbündete gegen die Kommerzialisierung des Menschen erweisen.

Spiritualität ist viel mehr als ein starrer und dogmatischer religiöser Glauben an irgendetwas Jenseitiges. Vielmehr stellt sie eher eine Art innerer Haltung dar, was die Frage von Erkenntnis angeht. Anstatt eines transzendenten, d.h. jenseitig begründeten Glaubensprinzips beschreibt sie einen geistigen und immanenten, d.h. diesseitigen Motivationsrahmen. Die Meister der Begrifflichkeit, die Philosophen, würden sagen, Spiritualität entspricht einer ›epistemischen Orientierung‹. Es geht um das Hier-und-Jetzt und nicht um irgendein Jenseitsversprechen. Es geht um Wissen-Wollen, um eine ehrliche Betrachtung dessen, ›was wirklich ist‹, und nicht darum, an das zu glauben oder auf das zu hoffen, was uns am angenehmsten erscheint[127].

Spiritualität ist die Haltung, den Dingen auf den Grund zu gehen und sich an Wahrheiten zu orientieren.

Dieses Wesensmerkmal einer spirituellen Einstellung findet sich auch in den Wissenschaften. Man könnte gar sagen: es ist das kompromisslose Wissen-Wollen, was Wissenschaftler zu Wissenschaftlern macht. Von genau dieser Haltung waren alle großen Wissenschaftlicher beseelt: von Kopernikus, Galilei und Kepler über Newton und Linné, Maxwell und Darwin bis zu Einstein, Bohr und Feynman.

Entgegen weitläufiger Vorstellungen, die sie mit Obskurantismus und damit als Quacksalberei oder Esoterik oder auch mit irgendwelchen (subjektiv) »erfühlten Wahrheiten« in Verbindung bringen, ist Spiritualität also kein Gegenentwurf zur Wissenschaft. Ganz im Gegenteil, wissenschaftliches und spirituelles Denken besitzen beide einen gemeinsamen Motivationsrahmen:

- das aufrichtige und uneingeschränkte Streben nach Wahrheit und einem ehrlichen Erfassen des Status quo,
- eine bedingungslose Unbestechlichkeit, die von Interessen frei ist.

127 Diese Deutung des Begriffs ›Spiritualität‹ kommt im Übrigen dem etymologischen Ursprung des Wortes ›Religion‹ nahe, das sich aus dem lateinischen ›relegere‹ ableitet (›wieder (auf)lesen‹, ›genau überdenken‹, im weiteren Sinn ›bedenken‹, ›achtgeben‹) und damit ein ›immer wieder neues und genaues Überdenken und Überlesen‹ beschreibt, also nichts anderes als ein konstantes kritisches Hinterfragen und Reflektieren. Siehe auch: L. Jaeger, *Wissenschaft und Spiritualität*, Springer-Spektrum (2017).

Damit besitzt Spiritualität auch Bezüge zu einer konkreten Lebenspraxis und -gestaltung. Mit einer solchen praktischen Dimension von Spiritualität kommen unweigerlich sowohl Sinn- als auch Wertfragen ins Spiel. Sie erhält damit also auch eine normativ-ethische Bedeutung.

Die rational und empirisch argumentierende Wissenschaft und eine spirituelle Lebenshaltung haben eines gemeinsam: kompromisslose innere Aufrichtigkeit.

Es gibt noch einen weiteren Grund, in der Diskussion um unsere technologische Zukunft auch auf Spiritualität zu setzen: Wissenschaftliche und technologische Revolutionen sind zumeist mit der Auflösung traditioneller Denk-, Lebens- und Glaubensformen verbunden. Die Folge sind emotionale Verunsicherung und Orientierungslosigkeit. Ein aktuelles Beispiel dafür ist die durch Technologien getriebene wirtschaftliche und soziale Globalisierung, die wir auch in heutigen Friedenszeiten als massive Herausforderung oder gar Krise wahrnehmen. Zugleich fragen wir nach globalen ethischen Reaktionen auf Umweltzerstörung, Klimaveränderung, Überbevölkerung, Nahrungsengpässe, Wirtschaftskrisen und nukleare Bedrohung. Auf diese Verunsicherung mitsamt unserer emotionaler Reaktionen von Angst bis Zorn findet die Wissenschaft alleine kaum Antworten.

Je schneller und umfassender der wissenschaftliche und technologische Fortschritt stattfindet, desto größere Bedeutung kommt spirituellen Komponenten unseres Denkens und Handelns zu.

Doch während die technologische Übersetzung wissenschaftlicher Erkenntnisse zumeist wie geschmiert läuft, kommen wir bei der (Neu-)Formulierung von spirituellen Werten und ihrer Umsetzung nicht wie gewünscht voran. Woran liegt das?

Dogmen, Faulheit und Korruption

Drei wesentliche Faktoren hindern uns, geeignete Handlungskriterien für unsere Zukunftsgestaltung abzuleiten: Dogmen bzw. Ideologien, intellektuelle Faulheit und persönliche Interessen.

1. Dogmen sind Grundaussagen, die a priori, d.h. vor aller Erfahrung, als unumstößlich wahr angesehen werden (in ihrer Gesamtheit werden einzelne Dogmen zu Ideologien). Den Realitäts-Check bestehen sie zumeist nicht. Hinter Dogmen steckt oft die Sehnsucht der Menschen nach einem möglichst einfachen, fundamentalen und universellen Weltbild. Diese Sehnsucht ist nichts anderes als eine (ggfs. evolutionär geprägte) kognitive Verzerrung der Menschen.
   Dogmen behindern übrigens nicht nur die Umsetzung spiritueller Werte, sondern auch wissenschaftliche Erkenntnis. So können die Physiker vielleicht von Glück sprechen, dass die Quantentheorie zu kompliziert war, um die Kirche auf den Plan zu rufen.
2. Intellektuelle Faulheit bedeutet: Wir wollen es in den Routinen des eigenen Lebens gar nicht so genau wissen. Es war in diesem Buch bereits die Rede davon, wie wenig ausgeprägt das Bewusst-

sein für den Entwicklungsstand der Naturwissenschaften unter gesellschaftlichen Entscheidungsträgern und Intellektuellen ist. Dank dieser ›Betriebsblindheit‹ bleiben entscheidende Fragen nach den Wirkungs- und Einflussmechanismen technologischer Anwendungen auf unser Leben oft nicht nur unbeantwortet, sondern werden noch nicht einmal gestellt.
So hatte beispielsweise die industrielle Revolution des 19. Jahrhunderts ein militärtechnisches Potential hervorgebracht, auf das die Menschen im 20. Jahrhundert in keiner Weise vorbereitet waren - und von dem sie wohl auch so genau nichts wissen wollten. Begeistert zogen sie in den Krieg und erst im grausamen Verlauf des Ersten Weltkriegs erkannten sie, welch zerstörerische Kraft sie dort entwickelt hatten.
3. Persönliche Interessen wiederum bringen Menschen dazu, sich über zugängliche und auch einleuchtende Erkenntnisse wider besseren Wissens hinwegzusetzen, weil es ›ihnen nicht in den Kram passt‹ – der Fachausdruck der Psychologen dafür lautet ›kognitive Dissonanz‹. Und auch wirtschaftliche Interessen sind, wenn man ihren Ursprung weit genug zurückverfolgt, immer persönliche Interessen. Selbst die Wissenschaft wird ihren Idealen von Rationalität und Redlichkeit in der Realität nicht immer gerecht; Kapitel 10 beschäftigt sich eingehend mit diesem Thema.

Diese Hindernisse liegen in der Natur des Menschen begründet, es hat sie immer schon gegeben. Es ließe sich sogar argumentieren, dass sie heute weniger ausgeprägt sind als früher. Doch angesichts einer rasend schnellen Entwicklung wissenschaftlichen und technologischen Fortschritts lassen sie uns viel zu langsam reagieren[128].

Dogmen, intellektuelle Faulheit und persönliche Interessen verlängern unsere ethische Reaktionszeit.

Spirituelles Denken und Handeln hilft uns, diese drei Hindernisse zu überwinden. Sie befähigt uns zu einer ausgeprägteren Rationalität und Redlichkeit in unserem Denken und Handeln. Als unser innerer Kompass, der unserem Geist eine Ordnung und Orientierung verleiht, befähigt sie uns dazu, uns autonom auf das Essentielle zu fokussieren. Die entscheidenden Haltungen sind hierbei:

1. intellektuelle Redlichkeit
2. der Bayesianische Geist

1. Voraussetzung: Intellektuelle Redlichkeit

Ein wesentlicher Bestandteil einer geeigneten spirituellen und zugleich wissenschaftlichen Haltung liegt darin, ehrlich zu erfassen, ›was ist‹. Des Weiteren darin, eine kompromisslos reflexive Einstellung zu dem zu entwickeln, was man denkt und glaubt. Und schließlich darin, sich einem vorbehaltslosen intellektuellen Erkennen der zu erwartenden Folgen zu verschreiben, ohne in die

128 So hat es bereits vor 75 Jahren von der Entdeckung der Kernspaltung bis zu den Atompilzen über Hiroshima und Nagasaki gerade einmal weniger als sieben Jahre gebraucht, weit zu wenig, um (noch dazu in Kriegszeiten) auf die Möglichkeiten dieser neuen Waffe zu reagieren.

Selbsttäuschung zu verfallen, dass ›das alles schon okay ist und gut ausgehen wird‹. Wenn wir in diesem Sinne spirituell denken und handeln, gehen wir mit einer bedingungslosen Unbestechlichkeit zu Werke, die von Interessen frei ist. Dies ermöglicht uns einen bewussten, ehrlichen und achtsamen Umgang mit unserer Umwelt und uns selbst.

Der Philosoph Thomas Metzinger verwendet in diesem Zusammenhang das schöne, wenn auch etwas altmodische Wort »intellektuelle Redlichkeit«, oder, wie er sagt, das Bekenntnis, »sich nicht etwas in die Tasche zu lügen«. Und schon vor über 200 Jahren sprach der Philosoph Immanuel Kant in diesem Zusammenhang von der »inneren Lüge«, die es zu vermeiden gilt.

Wir erkennen in einer spirituellen Haltung also eine tiefere Motivation zum Erkenntnisgewinn, bei der es auf der Suche nach Wahrheit um das Vermeiden von ›faulen Kompromissen‹ geht.

Wir müssen auch unangenehmen Wahrheiten ins Auge blicken und dürfen uns nicht weiter in Form eines religiösen, ethnischen, ideologischen oder wirtschaftlichen Fundamentalismus »in die Tasche lügen«.

Der Weg von intellektueller Unaufrichtigkeit, d.h. wider besseres Wissen etwas zu denken (oder zu glauben), zu ethischer Korrumpierbarkeit, d.h. wider besseres Wissen zu handeln, ist nicht weit. Denn Unkorrumpierbarkeit bedeutet nichts anderes als Aufrichtigkeit und Integrität, d.h. ›in einem Ganzen‹ zu sein, zu denken und zu handeln. So umfasst der Motivationsrahmen intellektueller Redlichkeit auch

- die Demut in unserem Staunen angesichts des Erhabenen in der Welt,
- ein vorbehaltloses intellektuelles Erkennen der zu erwartenden Folgen, ohne in Selbsttäuschung zu verfallen,
- die ethische Ausrichtung, das Gute zu tun.

Die wissenschaftliche Grundhaltung entspricht (im Idealfall) genau diesem kompromisslosen und spirituell motivierten Willen, Dinge und Zusammenhänge wirklich wissen zu wollen, kombiniert mit der unbedingten Aufrichtigkeit, dass wir vieles eben nicht wissen, bzw. dem Anerkennen der Möglichkeit, dass wir Dinge, die wir meinen zu wissen, gar nicht richtig wissen. Wir sollten uns daher immer wieder fragen: »Unter welchen Bedingungen bin ich bereit, meine Meinung zu revidieren?«

Erst mit den Fakten auf dem Tisch und jenseits von aller Ideologie und Interessen ist ein humanes und ethisch kohärentes Weltbild möglich[129].

Aus dem Bekenntnis zur intellektuellen Redlichkeit folgt also Zweierlei: ethische Integrität, welche in der Loslösung von Selbst-Interessen liegt, sowie intellektuelle Integrität, welche darin besteht, sich die stets vorhandene Möglichkeit des Irrtums und der Selbsttäuschung einzugestehen. Beide, intellektuelle und ethische Inte-

129 Dass dem Wort ›Fakt‹ oder ›faktisch‹ dabei ein grobes semantisches Missverständnis zugrunde liegt, nämlich, dass es sich auf zweifelsfrei und objektiv Feststellbares, eben ›Tatsachen‹, beziehen soll, sollte uns nicht weiter ablenken. Tatsächlich entstammt das Wort ›factum‹ dem lateinischen ›facere‹, was so viel heißt wie ›machen‹ oder ›tun‹. Fakten sind also wie die ›Tatsachen‹ etwas, was getan oder noch besser geschaffen wird. In diesem Sinne ließe sich sagen, sind Lügen und Unwahrheiten eben auch ›Fakten‹, nämlich etwas (von Menschen) Geschaffenes.

grität, führen zu- und ineinander. Diese radikal-reflexive Einstellung zu dem, was wir denken und glauben, ist der wohl bedeutendste Punkt, in welchem sich Wissenschaft und Spiritualität treffen.

2. Voraussetzung: Der Bayesianische Geist

Von dem Physiker Richard Feynman stammt die Aussage: »Religion ist eine Kultur des Glaubens, Wissenschaft ist eine Kultur des Zweifels.« Wer das verstehen will, muss sich die Geschichte des wissenschaftlichen Denkens genauer anschauen: Denn in ihr lässt sich in den letzten 100 Jahren die Entwicklung eines radikalen Wandels im Erklärungsanspruch der Naturwissenschaften erkennen.

Die historischen Anfänge der Naturwissenschaften liegen in der philosophischen Sehnsucht und Suche nach einer absoluten und letzten Wahrheit. Bereits bei den Vorsokratikern, den antiken Naturphilosophen vor Sokrates, entstanden die Grundlagen eines Denkens, das nach den letzten Gründen und Zusammenhängen sucht, die hinter den Phänomenen der Natur liegen. Dieser intellektuelle Antrieb hielt sich bis in die Neuzeit. Er motivierte Kepler in seiner Planetenlehre, galt Newton als Grundlage für sein mathematisches System der Mechanik und ließ die Physiker noch zu Beginn des 20. Jahrhunderts von der Einheit der Naturwissenschaften träumen. Auch die mit Descartes und Leibniz beginnende moderne Naturphilosophie war geprägt von dem Glauben an die Möglichkeit und dem Wunsch nach absoluter Gewissheit (die ihre letzten Begründungsprinzipien nur jenseits des sinnlich Erfahrbaren finden kann) und dem Glauben an deren Möglichkeit. Erst mit der Entstehung der modernen Physik im frühen 20. Jahrhundert beschleunigte sich in den Naturwissenschaften ein Prozess, in dem die Idee des Absoluten systematisch zugunsten einer empiristisch-positivistischen Ausrichtung zurückgedrängt wurde. Die Wissenschaftler mussten lernen, dass sie Vieles niemals letztendlich wissen *können*.

In maximaler Kürze: Die bedeutendste wissenschaftliche Entdeckung des 20. Jahrhunderts war die Entdeckung unserer Ignoranz[130].

Die Loslösung von einer absoluten Bestimmtheit, wie sie mit der Quantenphysik und der Relativitätstheorie einsetzte, lässt sich ohne weiteres als eine der größten philosophischen Einsichten des 20. Jahrhunderts bezeichnen. Erst seitdem der Traum vom universell Wahren und Absoluten aus der Wissenschaft eliminiert war, konnte diese ihren ungeheuren Siegeszug der letzten 100 Jahre antreten[131].

Ein moderner Begriff lässt uns dies zusammenfassen: Der wissenschaftliche Methodenrahmen ist heute zutiefst ›Bayesianisch‹ geprägt. Diese Bezeichnung hat ihren Ursprung in einer mathematischen Beschreibung von Wahrscheinlichkeiten im Umfeld unvollständiger Informationen, dem so genannten ›Bayes'schen Theorem‹ (benannt nach dem britischen Mathematiker und Priester Thomas Bayes), das im Jahr 1763 posthum veröffentlicht wurde. Bayesianisches Schlussfolgern ist eine sich aus dem Bayes'schen Theorem ergebende statistische

130 Das lateinische ›ignorare‹ bedeutet: nicht wissen.

131 Interessanterweise führte uns erst die Einsicht in unser Nichtwissen zu universellen Menschenrechten, der bedingungslosen Wertschätzung von Leben und Würde einer jeden Person und der Gleichberechtigung von Mann und Frau. Dort, wo noch Götter für die (Natur-) Gesetze zuständig sind, werden diese Prinzipien bis heute mit den Füßen getreten.

Methode, mit der eine gegebene Wahrscheinlichkeit, dass eine Hypothese zutrifft, mit neuen (zusätzlichen) Daten aktualisiert werden kann. Die damit mögliche dynamische (d.h. immer wieder neu aktualisierte) Analyse von neuen Daten zwecks der Hypothesenbildung und -überprüfung findet heute breite Anwendung in der Wissenschaft, im Ingenieurwesen, der Philosophie, der Medizin, dem Sport und dem Recht[132].

Ein Beispiel sind Studien zur Erforschung der Wirksamkeit und Nebenwirkungen von Medikamenten. Die von Experten formulierten Wahrscheinlichkeiten für Heilung bzw. Nebenwirkungen werden (gemäß der Bayes'schen Formel) entsprechend den Daten laufend neuer Studien immer wieder angepasst. Das Ergebnis sind neue, verbesserte Schätzungen der Wahrscheinlichkeiten ihrer Wirksamkeit. Man spricht in diesem Zusammenhang auch von ›Prioren‹ oder auch ›A-priori-Wahrscheinlichkeiten‹. Sie geben basierend auf den jeweils verfügbaren Daten den ›Grad vernünftiger Erwartungen‹ (*degree of reasonable expectations*) für das Zutreffen bestimmter Aussagen, die dann iterativ als Ausgangspunkt für neue Wahrscheinlichkeitsschätzungen auf der Basis weiterer Daten verwendet werden können.

Das Interessante an der Bayes'schen Methode ist, dass sie für Aussagen bestimmte Daten oder Erfahrungen betreffend bereits a priori von bestimmten Annahmen ausgeht. Dies brachte ihr immer wieder die Kritik ein, »subjektivistisch« zu sein. Doch es gibt einen wichtigen Unterschied zu einer dogmatischen Weltsicht, die schließlich ebenso Feststellungen trifft, ohne dass die Faktenlage umfassend bekannt ist: Der Erkenntnisge-

132 Für die Geschichte und zahlreiche Beispiele und Anwendungen der Bayes'schen Statistik, siehe S. B. McGrayne, *Die Theorie, die nicht sterben wollte* (übersetzt von C. Freytag), Springer-Spektrum (2014).

winn mit Hilfe der Bayes'schen Methode funktioniert wie eine Art ›geplante Dauerbaustelle‹. Menschen, die sie anwenden, *rechnen damit*, dass sich Änderungen ergeben. Sie stützen sich auf Arbeitshypothesen in dem Bewusstsein, dass diese jederzeit umgestürzt werden können. Ideologien dagegen sind zementiert, an ihnen darf nicht gerüttelt werden.

Das folgende Beispiel zeigt, wie die Berücksichtigung von Wahrscheinlichkeiten unsere Wahrnehmung der Realität beeinflussen kann:

> *Die Wahrscheinlichkeit, dass eine beliebige Person aus der Bevölkerung an einer bestimmten Krankheit leidet, betrage 0,01 % (einer von Hunderttausend). Nun wird eine bestimmte Person mittels eines Tests als krank diagnostiziert. Der Test schlägt bei tatsächlich Kranken mit einer Wahrscheinlichkeit von 99 % an, jedoch auch bei Gesunden mit einer Wahrscheinlichkeit von 0,5 % (falsches positives Ergebnis). Wie groß ist nun die Wahrscheinlichkeit, dass der positiv Getestete tatsächlich krank ist? Hier ist 0,01 % die A-priori-Wahrscheinlichkeit; die Tatsache, dass der Test positiv ausgefallen ist (mitsamt ihren 99 % bzw. 0,5 % bedingten Wahrscheinlichkeiten), bildet die neue Information. Nach Bayes Theorem liegt die mathematische Wahrscheinlichkeit, dass der positiv Getestete tatsächlich krankt ist, bei 1,94 %.*

Ein Mensch, dem gesagt wird, dass er mit 99-prozentiger Wahrscheinlichkeit erkrankt ist, wird ganz anders reagieren und andere Ängste haben als derjenige, dem gesagt wird, dass er mit einer ungefähr 2-prozentigen Wahrscheinlichkeit erkrankt ist. Genau hier liegt der Vorteil der Bayes'schen Vorgehensweise: Statt einer Feststellung »krank/nicht krank« (Hopp oder Top, Schwarz oder Weiß), wird auf Basis von Wahrscheinlichkeiten gehandelt. Dies lässt viel weitere Entscheidungsspielräume zu. Notwendig ist aber, dass sich der eventuell Erkrankte weiteren Tests unterzieht und nicht den Kopf in den Sand steckt.

Der iterative Charakter dieses Verfahrens führt dazu, dass mit neuen Informationen immer bessere Aussagen bzw. immer genauere Schätzungen der Wahrscheinlichkeiten für das Zutreffen einer gegebenen Hypothese gewonnen werden. Hypothesen, die mit immer mehr und genaueren Daten abgeglichen werden, enthalten einen immer höheren Wahrscheinlichkeits-Score. Umgekehrt können mehr Daten einer Hypothese auch den Todesstoß geben.

Beispielsweise zeigten im Jahr 2015 die Daten aus dem Large Hadron Collider (LHC) am CERN einen gemäß dem Standardmodell der Elementarteilchenphysik nicht erwarteten Exzess von Ereignissen, bei dem zwei Photonen entstehen (der so genannte ›Diphotonexzess‹), was als Hinweis auf ein neues (aufregendes) Teilchen gedeutet werden konnte. Der neue LHC-Lauf ein Jahr später mit neuen Daten konnte diese Annahme aber nicht bestätigen, und die Teilchenphysiker mussten ihre Hoffnung auf eine neue große Entdeckung fahren lassen.

Das Bayes'sche Theorem erlaubt uns Aussagen über die Natur in Form von Theorien, die mit einem gewissen (meist sehr hohen) Grad an Überzeugung wahr sind – aber eben niemals absolut.

Jeder Theorie wird eine (Bayes'sche) Wahrscheinlichkeit zugeordnet, die ihren »Grad an vernünftiger Erwartung«

angibt. In diesem Sinne ›glauben‹ wir an ihre jeweilige Gültigkeit. Das Ziel ist es nun, diejenige Theorie zu suchen, die am besten geeignet ist, gegebene Beobachtungen und Erfahrungen zu erklären (also einen hohen Wahrscheinlichkeits-Score hat) und die auch mit neuen Messungen und Erfahrungen ihren »Grad vernünftiger Erwartung« nicht zu schnell wieder verliert. Dabei gilt: Die heutige ›Wahrheit‹ ist die Null-Hypothese von morgen, und vielleicht die überholte Theorie von übermorgen.

Dieses Vorgehen entspricht der am Anfang des Kapitels dargelegten ethischen Dimension von Spirituallität: Wir sollten jederzeit vorbehaltslos zu erfassen versuchen, was die zu erwartenden Folgen eines bestimmten Glaubens oder Handelns sind, im steten Wissen, dass wir absolutes Wissen darüber nie endgültig erlagen können. Wir haben Vermutungen und Theorien, müssen aber immer damit rechnen, dass neue Daten alte Gewissheiten über den Haufen werfen. Diesen methodischen Rahmen der Wissenschaften wollen wir als den ›Bayesianischen Geist‹[133] bezeichnen. Er beschreibt die immer wieder neu ausgerichtete Reflexivität dessen, was wir meinen zu wissen und glauben zu dürfen, sowie die klare Akzeptanz für ›neue Daten‹ und die Verpflichtung zu unbedingter Bereitschaft, neue Informationen rational und ehrlich zu verarbeiten.

Im ›Bayesianischen Geist‹ treffen sich Wissenschaft und Spiritualität.

133 Die Wortschöpfung »Bayesianischer Geist« stammt vom Autor selbst, aber eine wunderbare Erklärung und Deutung desselben im Rahmen der naturwissenschaftlichen Forschung findet sich in: S. Carroll, *The Big Picture*, Dutton (2016).

Permanent im Reparaturmodus

Die Absage an absolute Wissens- und Wahrheitsansprüche besitzt eine erstaunliche Entsprechung im politischen Raum (worauf als erster prominent der Philosoph Karl Popper hinwies): Wie die Wissenschaftler müssen sich auch demokratisch gewählte Entscheidungsträger immer wieder hinterfragen und rechtfertigen, ihre Handlungen permanent korrigieren oder sich gar abwählen lassen. Damit ermöglichen demokratische Regierungsformen ein weitaus größeres Potential für gesellschaftlichen Fortschritt als totalitäre Regime (die autoritären Staaten in Afrika und im Mittleren Osten oder die früheren sozialistischen Ostblockstaaten mögen uns hier als anschauliche Beispiel dienen).

Erst wenn wir Vermutungen und Theorien immer wieder auf den Prüfstand stellen, sind wir längerfristig erfolgreich. Das gilt für die Wissenschaft genauso wie für die Politik.

Die Parallelität beider Prozesse, der wissenschaftliche und der politisch-gesellschaftliche Fortschritt, ist kein historischer Zufall. Akademische Freiheit hat seit jeher Gesellschaften prosperieren lassen. Die höchst entwickelten und wirtschaftlich erfolgreichsten Gesellschaften der Geschichte zeichneten sich dadurch aus, dass es in ihnen nur vergleichsweise geringe institutionelle Beschränkungen für wissenschaftliches Suchen und einen entsprechenden freien Fluss der Ideen gab. Diese Charakteristiken wiesen sowohl die antike griechische sowie die frühislamische Zivilisation auf, und seit der wissenschaftlichen Revolution im 17. Jahrhundert zunehmend auch die europäisch-abendländischen Gesellschaften (bzw. ihre nordamerikanischen Ableger). Unabhängige Forschung, angstfreies Lehren und Lernen und der freie Fluss der Ideen im offenen Dialog dienen also nicht nur der wissenschaftlichen Erkenntnis, sondern auch der gesamtgesellschaftlichen Entwicklung und Prosperität. Ohne sie hakt es dagegen mit der allgemeinen Wohlstandsentwicklung.

Freiheit fördert Wissenschaft – dieser Zusammenhang gilt auch umgekehrt. Es waren die Naturwissenschaften, die spätestens mit der europäischen Aufklärung die Herrschaftsansprüche der autoritären Machthaber untergruben. Hatten sich letztere in ihrem Herrschaftsanspruch noch auf höhere Prinzipien berufen (Gottesgnadentum), so war diese Form der Legitimation gesellschaftlicher Machtansprüche hinfällig, als klar war, dass Gott in der Natur gar nicht mehr herrschte. Dies ebnete schließlich den Weg für offene Gesellschaften mit samt ihren demokratischen Entscheidungsprozessen. Und wie die Wissenschaften befinden sich auch diese bis heute in einem permanenten Reparaturmodus.

Die Absage an einzige und ewige Wahrheiten besitzt zuletzt auch eine wichtige psychologische Dimension: Wie Theorien in der Wissenschaft müssen auch Lösungen in der Politik oder in gesellschaftlichen Fragen nicht immer perfekt sein.

Der Bayesianische Geist entlastet uns: Wir dürfen Fehler machen.

Fehler machen sowohl die Wissenschaft als auch die offene Gesellschaft stärker. Denn nur im Bewusstsein, dass Fehler erlaubt sind, entsteht intellektueller Mut zu Neuem. Und dieser ist auch ein Mut zum Handeln.

Wenn wir im Bayesianischen Geist agieren, müssen wir also keine Angst vor ungewissen und unkontrollierbaren Konsequenzen unseres Handelns haben. Wichtig ist, dass wir überhaupt handeln. Die Ausrede, dass wir noch keine perfekte Lösung gefunden haben und noch nicht genau wissen, was die Konsequenzen bestimmter Entscheidungen sind, zählt dann nicht mehr.

Wissenschaftliche Redlichkeit im Zeitalter von Big Science

Auch Wissenschaftler sind nicht frei von persönlichen Interessen, kognitiven Verzerrungen, Irrtümern oder sogar den Versuchungen des Betrugs. Und das nicht erst in unserer Zeit: Schlechte oder gar betrügerische Wissenschaft hat es schon immer gegeben. Ein Beispiel ist die Genetik des sowjetischen Biologen Trofim Denissowitsch Lyssenko in den 1930er-Jahren. Mit Experimenten, die jeder wissenschaftlichen Grundlage entbehrten, hatte dieser (von Stalin politisch unterstützt) massiv gegen die Evolutionstheorie und die klassische Genetik agiert. Heute sind es Karrieredruck im akademischen Betrieb, Kampf um Geldmittel, lukrative finanzielle Anreize in den Forschungsabteilungen der Industrie oder einfach Betriebsblindheit, die immer weniger im Einklang mit den hehren Idealen wissenschaftlicher Redlichkeit stehen.

Doch selbst bei bestem Willen sind die Wissenschaftler und Technologieexperten nicht immer in der Lage, die Folgen einzelner Entwicklungen abzuschätzen. So war es nicht so abwegig, dass ein Erdbeben der Magnitude 9 einen zerstörerischen Tsunami auslöst, der wiederum die stromgetriebenen Kühlsysteme eines AKW verwundbar macht. Und fällt bei Siedewasser-Reaktoren die Kühlung aus, setzt zwangsläufig eine Kernschmelze ein. Dennoch hatten die Nuklearexperten (Physiker und Ingenieure) weltweit Entwarnung für die Wahrscheinlichkeit eines Ereignisses wie in Fukushima gegeben.

Ein totales Versagen der Experten ließ sich auch in der Zunft der Ökonomen während der großen Finanzkrise beobachten: Eine Entwicklung wie das komplette Einfrieren des weltweiten Kreditmarktes im Herbst 2008 nach dem Bankrott der US-Investmentbank Lehman Brother mitsamt den darauf folgenden verheerenden wirtschaftlichen und politischen Folgen lag völlig außerhalb der Radarschirme nahezu aller Wirtschaftsexperten, Banker und Aufsichtsbehörden. Als dann der Wirkungsmechanismus der Krise, angefangen mit den eindeutigen Interessenkonflikten bei Banken und der Interdependenz ihrer gegenseitigen Absicherungsgeschäfte, offenbar wurde, fiel es allen wie Schuppen von den Augen: »Wieso haben wir das nicht vorher gesehen?«[134]

Umso wichtiger ist es, für die Ideale der intellektuellen Redlichkeit und des Bayesianischen Geistes zu kämpfen. Es müssen die Voraussetzungen geschaffen werden, dass sie ihre Kraft entfalten können; das gilt natürlich sowohl für die Errungenschaften der Wissenschaft wie für die Entscheidungen in der Politik. Eine unschlagbare Methode sowie notwendige Bedingung dafür ist *Transparenz*. Neben diskursiver Offenheit ist Transparenz ein weiteres wesentliches methodisches Markenzeichen und spirituelles Fundament der Wissenschaften. Und alles, was ich im Folgenden über die Transparenz in der Wis-

134 Und noch immer schenken Aufsichtsgremien heute den Beteuerungen und lumpigen mathematischen Modellen der Finanzindustrie (oder den wiederkehrenden Sicherheits-Beschwörungen der Atomlobby) Glauben.

senschaft sage, lässt sich auch auf politische Verhältnisse übertragen.

Ein in dieser Hinsicht erfreuliches aktuelles Beispiel: Bei aller kommerziellen Interessenverschiedenheit schlossen sich im September 2016 Google, Facebook, Amazon, IBM und Microsoft zu einer Allianz für die Erforschung einer Künstlichen Intelligenz zusammen. Die Partnerschaft solle ein breiteres öffentliches Verständnis für die KI-Technologie vorantreiben und Standards für die künftige Forschung setzen, hieß es. Man wolle »Forschung betreiben, Erfolgsmodelle empfehlen und Forschungsberichte unter offenen Lizenzen veröffentlichen«.

Doch leider gibt es auch Negativbeispiele: Wie schon im ersten Kapitel berichtet, trafen sich im Mai 2016 führende Genetiker mit Anwälten und Unternehmern hinter verschlossenen Türen, um die Möglichkeiten des Synthetisierens des menschlichen Genoms zu besprechen. Ein so kritisches Thema gehört in die Öffentlichkeit! Ein weiteres Beispiel ist der Bau der amerikanischen Atombombe im – den Bedingungen des Krieges geschuldet – höchst geheimen ›Manhattan-Projekt‹ während des Zweiten Weltkrieges. Ohne jeglichen öffentlichen Diskurs war damit die Welt ein für alle Male verändert worden. Auch wenn es nicht immer einfach ist, Transparenz herzustellen, und es auch (noch) Grenzen gibt (z.B. im Bereich Militär), gilt dennoch: Je mehr Transparenz, desto besser. Und könnte ein Manhattan Projekt im Zeitalter von Wikileaks überhaupt noch geheim bleiben?

Ihren wichtigsten Ausdruck findet Transparenz in der wissenschaftlichen Forschung heute durch die Veröffentlichung ihrer Ergebnisse in entsprechenden Journalen. Hier ermöglichen die elektronischen Medien einen gewaltigen Transparenzschub innerhalb der wissenschaftlichen Zunft. Forscher veröffentlichen ihre Arbeiten heute nicht nur in Fachjournalen, sondern stellen sie auch frei zugänglich ins Netz, oft als Vorabversion (›Preprints‹) auf entsprechenden Servern wie ›arXiv.org‹. Zuweilen führen sie sogar eigene Blogs. Während früher die Begutachtung wissenschaftlicher Veröffentlichungen hinter geschlossenen Türen im Rahmen anonymer Peer-Review-Verfahren erfolgte und oft nur die Meinung Einzelner heranzog, kommt heute alles in die (akademische) Öffentlichkeit. Eine ganze Schar von bloggenden Wissenschaftlern sieht sich in der Verantwortung, hohe wissenschaftliche Qualitätsstandards durchzusetzen. Auf Websites wie *Pub Peer* und *Retraction Watch* sorgen sie dafür, dass überraschende Behauptungen zügig und gründlich geprüft und Fehler und Betrügereien schnell aufgedeckt werden. Ganz im Sinne des Bayesianischen Geistes ermöglicht diese Transparenz, dass schlechte Wissenschaft schnell entlarvt wird.

Einziger Nachteil: Wie bei Facebook führt die ›Open (Peer) Review‹ zu erheblich mehr ›Nebengeräuschen‹, darunter auch verbale Entgleisungen. Dabei sind Auseinandersetzungen unter Forschern und Enthüllungen von Betrug keineswegs ein Symptom für einen Sittenverfall in der Wissenschaft, sondern der Beweis dafür, dass Transparenz ein wirksames Mittel ist, um die Qualität der publizierten Ergebnisse zu kontrollieren und zu verbessern.

Je mehr Transparenz und je breiter (und kontroverser) der Diskurs in den Wissenschaften ist, desto besser, denn desto näher kommen ihre Erkenntnisse der Wahrheit und desto besser lässt sich ihr Nutzen beurteilen.

Ein Beispiel für gute wissenschaftliche Hygiene bietet das Geschehen um eine japanische Studie zur Erzeugung pluripotenter Stammzellen von 2014. Darin hatte die junge Forscherin Haruko Obokata behauptet, dass es ihr gelungen sei, reguläre Blutzellen von Mäusen zu embryonalen Stammzellen zurückzuverwandeln, indem sie diese über eine halbe Stunde einem einfachen Säurebad aussetzte[135]. Dies wäre einer Sensation gleichgekommen und hätte der jungen Forscherin vielleicht sogar den Nobelpreis eingebracht. Nur Tage nach Bekanntgabe ihrer Ergebnisse hatten zahlreiche Wissenschaftler versucht, diese Ergebnisse zu reproduzieren, was ihnen jedoch nicht gelang. So korrigierte die wissenschaftliche Community innerhalb von nur wenigen Wochen diese Falschmeldung, die wohl auf dem Betrug einer einzelnen Person beruhte. Man sollte sich wünschen, das klappe so gut in der Politik.

Wider das Postfaktische – Der Bayesianische Geist in der Praxis

Mehr denn je benötigen wir den Bayesianischen Geist, wenn es darum geht, mit den Implikationen, die sich aus der wissenschaftlichen Forschung ergeben, umzugehen. Doch leider ist dieser Geist für Nicht-Wissenschaftler nicht immer leicht zu verstehen. Was für Wissenschaftler Normalität ist, nämlich, dass jede wissenschaftliche Erkenntnis innerhalb der wissenschaftlichen Community selbst immer auch angezweifelt und kontrovers diskutiert wird, sorgt bei vielen Normalbürgern für Verun-

135 Obokata, Haruko; Wakayama, Teruhiko; Sasai, Yoshiki; et al., *Stimulus-triggered fate conversion of somatic cells into pluripotency*. Nature, 505 (7485): 641–647 (2014)

sicherung und führt in politischen Fragen nicht selten zu Resignation und einer Abkehr von der Wissenschaft. Für viele Menschen wirkt der dialektische und oft über Irrtümer stattfindende Prozess wissenschaftlicher Erkenntnisfindung wenig glaubwürdig.

Daher haben Populisten und Wissenschaftsgegner leichtes Spiel, unliebsame wissenschaftliche Einsichten zu leugnen und abzulehnen, sowie Wissenschaftler zu diskreditieren und zu diffamieren. Sie können dann ihren eigenen Glauben predigen, ihre eigenen Interessen verfolgen und ihr eigenes weltanschauliches Süppchen kochen. Es ist Mode geworden, Kritik an der Wissenschaft mit unbegründeten Unterstellungen, Diffamierungen und Verleumdungen zu würzen, und dies umso mehr, je weniger haltbar die Kritik ist und je geringer es um die Kompetenz des Kritikers bestellt ist. Für jede Meinung und jedes Vorurteil lässt sich in der politischen und gesellschaftlichen Auseinandersetzung ein passender ›Wissenschaftler‹ finden und zitieren, der sie unterstützt.

Die Wissenschaft selbst kann mit solchem Gebaren im Prinzip gut umgehen, verfügt sie doch mit der Bayesianischen Methode (und mit der Transparenz) über sehr mächtige Werkzeuge, Unsinn auszusortieren (Kapitel 10 wird eingehender diskutieren, warum das in der Praxis nicht immer geschieht). Das Problem entsteht dort, wo die Wissenschaft politischen, sozialen oder ökonomischen Interessen oder Ideologien begegnet und auf der Basis ihrer eigenen Offenheit verunglimpft wird: »Schaut, die Wissenschaftler sind sich ja auch nicht einig! Wie können wir ihnen dann vertrauen?« Doch ein Umfeld, in dem Wissenschaft nicht nur ignoriert, sondern sogar offen diskreditiert wird, ist kaum geeignet, die komplexen Probleme der heutigen Welt anzugehen.

Im Gegenteil, dies kann schreckliche Konsequenzen haben[136].

Dort wo intellektuelle Redlichkeit und der Bayesianische Geist nicht wirken, verdrängen Dogmen, Vereinfachungen und Spekulationen das Streben nach Wissen.

Eines der prägnantesten Beispiele für ein unsachliches und instrumentalisiertes Zweifeln seitens bestimmter Interessenvertreter und Ideologien lässt sich in der politischen Auseinandersetzung um die Klimaforschung finden. Hier ist der Versuch über komplexe Kausalketten Alternativmodelle zu dem eines menschgemachten Klimawandels anzubieten, zwar durchaus legitim und entspricht sogar dem (Bayesianischen) Geist guter Wissenschaft. Doch sollten wir diese in der öffentlichen und politischen Diskussion nicht als mehr ansehen, als was sie sind, nämlich Modelle, die mit einer gewissen (zumeist sehr geringen) Wahrscheinlichkeit die Klimadynamik korrekt beschreiben. Denn untersucht man sie gemäß der Bayes'schen Methode mit allen bekannten Messungen und Daten (und nichts anderes machen die Klimawissenschaftler), so ist man gezwungen, ihnen eine nur sehr niedrige (wenn auch von Null verschiedene) Wahrscheinlichkeit, dass sie zutreffen, zuzuordnen. So führen beispielsweise die immer genaueren Daten zum Verlauf der Oberflächentemperatur mit der Zeit zu Schätzungen der Klimasensitivität, die in immer engeren Grenzen liegen (und immer deutlicher auf einen menschenverursachten Klimawandel hinweisen).

136 Ein Beispiel ist der ehemalige südafrikanische Präsident Thabo Mbeki (Präsident von 1999 bis 2008), der leugnete, dass das HI-Virus Aids verursacht, obwohl dies bereits zu seiner Zeit wissenschaftlich erwiesen war. Epidemiologen schätzen, dass seine Politik zum Tod von 330.000 Menschen an Aids führte.

Die Bayes'sche Methode schränkt den Spielraum für Alternativmodelle also immer stärker ein.

Es ist daher sowohl intellektuell als auch ethisch unredlich, die Augen vor der sehr wahrscheinlichen Realität eines menschenversursachten Klimawandels zu verschließen, und gar der Wissenschaft vorzuwerfen, sie handle interessegetrieben (d.h. nicht integer), wenn sie uns mit unangenehmen Aussagen über die Auswirkungen unseres konsumfreudigen Lebensstil konfrontiert. Durch solche Störfeuer soll nur verhindert werden, dass konsequent gehandelt wird. Tatsächlich fehlt es im Gegensatz zu gutem politischem Willen an guten mathematischen Modellen und tieferen wissenschaftlichen Einsichten zum Klimawandel nicht.

Der ›Bayesianische Geist‹ bedeutet nicht, dass man erst dann aktiv wird, wenn Erkenntnisse zu 100 Prozent sicher sind. Denn dann würden wir nie zum Handeln kommen.

Die Frage ist: Ab welchem Punkt ist Handeln angebracht, auch wenn Diskussion und Forschung noch nicht abgeschlossen sind?

Rasiermesserscharf

In diesem Zusammenhang ist es sinnvoll, sich ein altes methodisches Prinzip der Wissenschaft in Erinnerung zu rufen, das eng mit dem Bayesianischen Geist verbunden ist: das ›Ockham'sche Rasiermesser‹. Es besagt: Liegen zwei Thesen vor, die beide eine gegebene Beobachtung erklären, soll man zunächst diejenige wählen, die einfacher und plausibler ist (z.B. jene, die die globale

Klimaerwärmung mit anthropogenem CO_2-Ausstoß erklärt), und nicht diejenige, die kompliziert ist, uns aber aus welchen Gründen auch immer als angenehmer erscheint (z.B., dass externe Faktoren, die über lange Kausalketten wirken, die Klimaerwärmung verursachen).

Ockhams Rasiermesser: Je simpler die Erklärung, desto höher die Wahrscheinlichkeit, mit der sie zutrifft.

Doch mit einer unangenehmen Mischung aus Arroganz und Ignoranz lautet der Kanon so mancher politischen Akteure: »Wir lehnen den Klimawandel ab«. Dass die Wortwahl eine entblößende Ironie enthält, entgeht den Protagonisten in ihrer Einfältigkeit dabei vermutlich. Vielleicht wollen sie auch das Gravitationsgesetz ›ablehnen‹? Immerhin wären sie dann auf dem Stand vieler Zeitgenossen Isaac Newtons, ohne aber gleichzeitig in der Lage zu sein zu fliegen.

Dass Gegner des Bayesianischen Geistes nicht unterschätzt werden dürfen, sollte spätestens mit der Wahl des selbsterklärten ›Postfaktizisten‹ Donald Trump zum US-Präsidenten 2016 klar sein sowie seines Vize-Präsidenten Mike Pence, der nicht an die Evolutionstheorie »glaubt« (es allerdings für eine fundamentale Wahrheit hält, dass Gott den Himmel und die Erde und die Ozeane geschaffen hat). Durch ›Fake News‹ mit wissenschaftlichem Anschein gelingt es den Postfaktizisten, wissenschaftliche Erkenntnisse zu diskreditierten, um ideologische Ziele und kommerzielle wie politische Interessen zu verfolgen. Die Liste von Trumps falschen Behauptungen über Wissenschaft enthält übrigens auch angebliche Gesundheitsgefährdungen, die von Windturbinen ausgehen, Neonleuchten, die Krebs verursachen, und einen Zusammenhang zwischen Impfungen und Autismus.

Populisten Trump'scher Prägung zeichnen sich eher durch Selbstgerechtigkeit statt durch epistemische Bescheidenheit, durch totalitäre Besserwisserei statt reflektierenden Zweifel, durch die zweckdienliche Lüge statt durch kompromisslose Wahrheitsliebe aus. Sie stellen sich in einen starken Gegensatz zu so ziemlich allem, was Wissenschaftler in ihrem Wertekanon und ihren Vorstellungen von Integrität und intellektueller Redlichkeit vertreten.

So einfach ist es aber nun auch wieder nicht

Den Gegnern der intellektuellen Redlichkeit spielt in die Hände, dass verzerrende (und populistische) Vereinfachung komplexer und uns vielfach intellektuell überfordernder wissenschaftlicher Zusammenhänge oftmals direkt unseren kognitiven Bias zur Einfachheit ansprechen.

Das Beispiel Klimaerwärmung zeigt, dass Zusammenhänge trotz Ockham auch sehr komplex sein können. Wir müssen lernen, genau dies auszuhalten.

Menschen bevorzugen einfache gegenüber komplizierten Erklärungen. Dass wir Menschen bei zeitlich korrelierenden Ereignissen schnell in kausalen Kategorien denken, auch dort, wo keine sind, mag unser evolutionäres Erbe sein. Wer beim Rascheln von Blättern an einen Löwen dachte und nicht an den (sehr viel wahrscheinlicheren) Wind, hatte mehr Chancen, unser Vorfahr zu werden. Ein Fehlalarm kostete den Menschen nicht viel, ein Löwe jedoch meistens das Leben. Dazu kommt eine kognitive Verzerrung, die die Psychologie den ›Affirmationsbias‹ nennt: Uns genügen schon kleine Anzeichen dafür, dass eine Theorie richtig ist, wenn sie uns nur in den Kram passt.

In Anbetracht der Komplexität, mit der wir in wissenschaftlichen Fragen konfrontiert sind, ist die Versuchung groß, die Dinge grob zu vereinfachen oder die Undurchschaubarkeit wissenschaftlicher Theorien für die eigenen Zwecke und die eigene Weltanschauungspolitik zu missbrauchen.

Schnelles kausales Schließen funktioniert aber bei weitem nicht immer. Oft liegen wir mit unseren instinkt- und gefühlsgetriebenen Schlüssen falsch, wie uns der Nobelpreisträger Daniel Kahneman in seinem lesenswerten Werk »Schnelles Denken, langsames Denken« eindrucksvoll darlegt[137]. Gehen wir einer Sache auf den Grund und untersuchen sie in ihren Einzelheiten, so kommen wir oft zu ganz anderen Schlussfolgerungen. Solch »langsames Denken«, wie Kahneman dies nennt – charakterisiert durch ausführliche Studien und genaues Analysieren von Phänomenen, ist das Wesensmerkmal der Wissenschaft.

Ein weniger politisches Beispiel dafür, wie komplexere wissenschaftliche Zusammenhänge vereinfacht und dabei für eigene Zwecke und Weltanschauungen instrumentalisiert werden, ist der Versuch, die Eigenschaften der Quantenphysik für esoterische Weltanschauungen zu popularisieren. Endlich sei es möglich, so heißt es dann, die »spannenden Parallelen zwischen Spirituali-

137 D. Kahneman, *Schnelles Denken, langsames Denken*, Siedler Verlag (2012)

tät, Medizin und Quantenphysik einem breiteren Publikum bekannt zu machen«. Dann reichen Sätze wie »Alles hängt mit allem zusammen« oder »Wir sind alle miteinander verbunden und dazu auch noch mit dem ganzen Universum«, um die Herzen der Esoteriker höher schlagen zu lassen. Esoterisch aufgenommen wird so das quantenphysikalische Phänomen der Verschränkung: Weit voneinander entfernte Quantenteilchen können physikalisch verbunden bleiben (genauer: Teil einer einzigen quantenphysikalischen Wellenfunktion sein). Dieses besagt aber natürlich nicht, dass alle Dinge im Kosmos (oder schon auch nur auf unserer Erde, oder wir Menschen) miteinander verschränkt sind. Oder betrachten wir die Erkenntnis der Quantenphysik, dass oft erst die Messung den Zustand eines Quantenteilchens bestimmt (Kollaps der Wellenfunktion bzw. Heisenberg'sche Unschärferelation): Daraus wird dann: »Erst durch unser Beobachten bestimmt sich der Zustand der Welt« (oder, je nachdem was man gerade will, meiner Gesundheit, meines Schlafverhaltens oder das Empfinden meines Liebespartners). Wohlwissend, dass die Quantenphysik bizarr klingende Aussagen macht, folgern die Quantenesoteriker munter, dass alles bizarr Klingende deshalb auch zwingend zur Quantenphysik gehören muss. Das ist ein Trugschluss, der sich jedoch wunderbar ausbeuten lässt.

Ethische Leitplanken und rationales Risikomanagement

Die Ergebnisse der wissenschaftlichen Klimaforschung beschreiben nicht nur die Gefahr einer massiven Verschiebung des globalen ökologischen Gleichgewichts.

Sie greifen zugleich ein menschliches Selbstverständnis an, welches sich in den letzten 400 Jahren immer prägnanter herausgebildet hat. Es besagt, dass wir uns grenzen- und rücksichtslos der natürlichen Ressourcen dieses Planeten bedienen dürfen, um unsere Konsum- und Lebenslust zu befriedigen.

Diente das anthropozentrische Weltbild seit Jahrhunderten der Befreiung von dogmatischen Zwängen religiöser und intellektueller Unterdrückung und ermöglichte dabei ebenso eine bedeutende Verbesserung der menschlichen Lebensbedingungen, so schuf es zugleich den Legitimationsraum für einen egozentrischen Individualismus und eine ichbezogene Vorstellung von ›Freiheit‹, die eine kollektiv-vernünftige Reaktion auf Bedrohungen wie die drohenden globalen ökologischen Umwälzungen sehr schwierig erscheinen lässt. Auch bei möglichen anderen mit zukünftigen Technologien verbundenen Herausforderungen könnte sich unsere kollektive Unvernunft als fatal erweisen.

Es ist in unserem eigenen Interesse, die anthropozentrische Freiheitsbestimmung der letzten 250 Jahre zu hinterfragen.

Heute stehen sich zwei gegensätzliche Risiken gegenüber: einerseits, dass wir dieses ›freiheitliche‹ und komfortable, aber zugleich rücksichtslose Selbstverständnis aufgeben und uns über ein erträgliches Maß hinaus beschränken müssen, um einer wahrscheinlichen, aber nicht sicheren Klimakatastrophe (oder einer technologischen Singularität, der Züchtung von neuen Menschen, einer allwissenden Datenintelligenz usw.) entgegenzutreten, andererseits das Risiko einer dramatischen bis katastrophalen Veränderung unserer Lebensgrundlagen.

Überspitzt gesagt: besserwisserische Fortschrittsbremse versus bedenkenlose Maßlosigkeit, zivilisationskritische Untergangsrhetorik versus technologische Allmachtsfantasien. Ein Entscheidungsdilemma, bei dem es um sehr viel geht, nämlich den Fortbestand unserer Lebensbedingungen.

Für ein rationales Risikomanagement in Entscheidungssituationen, in denen potenziell sehr viel auf dem Spiel steht, gebietet nicht zuletzt der Bayesianische Geist der Wissenschaften, uns der folgenden Prinzipien gewahr zu werden:

1. Auch bei geringen Risikowahrscheinlichkeiten lohnt es sich, teure Vorkehrungen zu treffen. Und zwar dann, wenn es hinreichend viel zu verlieren gibt[138].
2. Wenn auf einem Gebiet unter Experten kein Konsens herrscht, ist Bescheidenheit ratsam, d.h. man sollte kein allzu großes Vertrauen in die Zuverlässigkeit der eigenen Meinung haben. Eine solche intellektuelle Zurückhaltung ist Bestandteil einer weisen und zutiefst einsichtigen spirituellen Haltung.

Diese beiden Prinzipien könnten die ethischen Leitplanken bei der Behandlung nicht nur der Frage nach unserer Ressourcenverwendung im Angesicht drohender klimatischer Veränderungen sein, sondern viel allgemeiner auch bei der Gestaltung der zahlreichen anderen Herausforderungen, die auf uns zukommen. Die Prinzipien entsprechen der in diesem Kapitel beschriebenen spiri-

138 So sind Airbags in Autos teuer, und nur ein Bruchteil von ihnen wird jemals ausgelöst. Da die Auswirkung eines Unfalls ohne Airbag aber schwerste Verletzungen wären, lohnt sich die Anschaffung nichtsdestotrotz.

tuellen Verpflichtung zur kompromisslosen Ehrlichkeit bei der Untersuchung der Implikationen zukünftiger wissenschaftlicher Erkenntnisse und technologischer Entwicklungen.

In konkreter Form bestehen die ethischen Leitplanken im Umgang mit dem wissenschaftlichen Fortschritt aus
- *Ehrlichkeit im Nichtwissen,*
- *rationaler Abwägung der Risiken und*
- *klarem, aber immer wieder korrigierbarem Handeln.*

Doch wir müssen uns darauf einstellen, dass es bei all dem einen gewaltigen Gegner gibt: die (oft kurzfristig agierende) kapitalistische Verwertungslogik. Mit Technologien und wissenschaftlichen Erkenntnissen lässt sich nun einmal viel Geld verdienen, mit Reflexionen und Differenzierungen dagegen vergleichsweise wenig. Mit den damit zusammenhängenden Fragestellungen werden wir uns im nächsten Kapitel beschäftigen.

10 – DER MYTHOS VON DER UNSICHTBAREN HAND
WARUM WIR ENTSCHEIDUNGEN NICHT DEM MARKT ÜBERLASSEN DÜRFEN

Das Jahr 1776 markiert neben der amerikanischen Unabhängigkeit die Geburtsstunde einer historisch nicht viel weniger bedeutsamen Entwicklung. Das Erscheinen des Buchs »Der Wohlstand der Nationen« von Adam Smith (vollständiger Originaltitel: »*An Inquiry into the Nature and Causes of the Wealth of Nations*«) markiert den Beginn der klassischen Nationalökonomie und des Wirtschaftsliberalismus.

Smith verwendet darin die berühmte Metapher der ›unsichtbaren Hand‹: Das Allgemeinwohl stellt sich automatisch ein, wenn sich die einzelnen Menschen nur um die Maximierung ihres eigenen Wohls kümmern. Smith erklärt damit den Eigennutz zum rationalen Prinzip aller ökonomischen Aktivitäten. Hintergrund dieser These ist, dass mit einem freien Austausch von Gütern jeder Mensch genau das Gut produziert, dessen Herstellung ihm den höchsten Wettbewerbsvorteil bietet. Damit ist automatisch auch die gesamte wirtschaftliche Produktivität einer Gesellschaft maximiert. Die Ökonomen sprechen in diesem Fall von einem optimalen »wirtschaftlichen Gleichgewicht«.

Bis heute dient Smiths ›unsichtbare Hand‹ als Legitimationsprinzip für die Auffassung, dass ein Markt nur dann die Gesellschaft als Ganzes zu maximalem Wohlstand führt, wenn der Güteraustausch völlig unbeschränkt ist. Staatliche Einmischung, soziale Wohlfahrtsbestrebungen und auch ökologische Forderungen würden da nur stören[139].

Adam Smith und diejenigen, die sich auf ihn berufen, meinen, dass sich der maximale Wohlstand sozusagen wie von selbst einstellt, solange der Markt nicht eingeschränkt wird.

Diese marktwirtschaftliche Freiheit umfasst auch die Freiheit technologischer Innovation. Sie nimmt innerhalb des neoklassischen Wachstumsmodels sogar eine zentrale Rolle ein. Das so genannte ›Solow-Modell‹ von 1956 erkennt wirtschaftliches Wachstum als Resultat dreier Produktionsfaktoren: Arbeit, Kapital und Technologie. Konkret kann die für wirtschaftliches Wachstum erforderliche Erhöhung der Arbeitsproduktivität (d.h. der Anstieg der Produktion pro Arbeiter und pro Stunde) nur durch eine Erhöhung des Kapitals (mehr Maschinen, größere Anlagen, mehr Boden) oder mit Hilfe besserer Technologien erreicht werden. Es hat sich gezeigt, dass der technologische Fortschritt die größte Hebelwirkung besitzt, um ein nachhaltiges (Pro-Kopf-)Wirtschaftswachstum zu erzeugen. Tatsächlich ist er für den allergrößten Teil des Produktivitätszuwachses – und damit des Wirtschaftswachstums – der letzten 200 Jahre verantwortlich.

139 Adam Smith selbst war allerdings gar nicht der extreme Marktliberale, als der er von (selber marktliberalen) Ökonomen oft angesehen wird. Von einer ›unsichtbaren Hand‹ schreibt er nur an einer Stelle, und zwar im Zusammenhang mit Einfuhrbeschränkungen ausländischer Güter (die er kritisch sah) und einem Anleger, der sein Geld lieber im In- als im Ausland investiert: »Wenn er es vorzieht, die nationale Wirtschaft anstatt die ausländische zu unterstützen, denkt er eigentlich nur an die eigene Sicherheit und (...) strebt lediglich nach eigenem Gewinn«, schreibt er, bevor er dann seinen berühmtesten Satz formuliert: »Und er wird in diesem wie auch in vielen anderen Fällen von einer unsichtbaren Hand geleitet, um einen Zweck zu fördern, den zu erfüllen er in keiner Weise beabsichtigt hat.« Heute verwendet die neoklassische ökonomische Sichtweise diese Metapher allerdings für die Forderung nach vom Staat komplett freier und deregulierter Märkte, in denen Unternehmen ein Maximalmaß an Freiheiten besitzen.

Wir verdanken unseren Wohlstand maßgeblich dem wissenschaftlichen und technologischen Fortschritt.

Der Einfluss von Religionen und traditioneller spiritueller Denktraditionen auf unseren modernen Lebensbedingungen ist dagegen eher beschränkt. Weit weniger als Wissenschaftler und Unternehmer waren an der Erschaffung unseres heutigen materiellen Komforts Theologen und Philosophen beteiligt.

Wir müssen daher für unsere Diskussion über die Entwicklung und den Einsatz zukünftiger Technologien auch einen genaueren Blick auf unser Wirtschaftssystem werfen. Können wir hoffen, dass der Markt den technologischen Fortschritt so steuert, wie es für uns am besten ist?

Die sichtbare unsichtbare Hand

Die realen Umstände marktwirtschaftlicher Prozesse entsprechen leider nicht dem idealen Bild der ökonomischen Modelle. Adam Smith und seine Jünger irren, wenn sie annehmen, dass freie Märkte automatisch zu optimalen Ergebnissen (z.B. zu Wohlstand für alle) führen. Was sie nicht auf dem Schirm haben, sind fünf Kräfte, die verhindern, dass das von den Ökonomen propagierte »marktwirtschaftliche Gleichgewicht« sich als gesellschaftlich akzeptabler Zustand auch tatsächlich einstellt. Für die Beurteilung der Entwicklung zukünftiger Technologien ist es von größter Bedeutung, diese Kräfte zu kennen und zu berücksichtigen.

1. Externalitäten: Die wirtschaftlichen Aktivitäten einer Person (oder einer Personengruppe) kön-

nen sich auf andere (ggfs. alle anderen) Menschen auswirken, ohne dass die handelnde Person die vollen Kosten dafür trägt. Das wohl beste Beispiel dafür sind öffentliche Güter, die keinen Preis haben, worunter auch die ökologischen Ressourcen fallen. Umwelt zu verpesten kostet auch heute noch wenig bis nichts, der klimaschädliche Ausstoß von CO_2 ist nach wie vor nicht mit größeren Kosten für die Produzenten verbunden, und das Sicherheitsrisiko bei der Kernkraftnutzung oder beim Erdgas-Fracking trägt weitestgehend die Allgemeinheit.

2. ›Rent Seeking‹: Oft gelingt es mächtigen Gruppierungen, die politischen und ökonomischen Regeln zu ihrem eigenen Vorteil zu verändern (oder zu belassen). Ökonomen sprechen bei solchem Streben nach staatlich garantierten Nutzenvorteilen, ohne dass der gesamte gesellschaftliche Wohlstand vermehrt wird, von »Rent Seeking«. Dies führt neben steigender Ungleichheit zu einer Verschlechterung des Innovationsklimas und Stagnation des wirtschaftlichen Wachstums.
3. Ungleiche Allokation von Produktionsgütern: Produktionsgüter können in den Händen Weniger angehäuft werden[140]. Die Folge sind extreme Einkommens- und Vermögensunterschiede innerhalb einer Gesellschaft.
4. Informationsasymmetrien: Dieser Punkt verstärkt die Gefahr von sozialer Ungleichheit noch. Bereits 1970 konnte der spätere Nobelpreisträger (2001) Georg Akerlof in seinem Aufsatz »*The Market for Lemons*« (»Der Markt für Zitronen«) auf-

140 Diese Einsicht ist ein Kernelement der Marxistischen Wirtschaftstheorie.

zeigen, dass freie Märkte nicht optimal funktionieren können, wenn Käufer und Verkäufer nicht den gleichen Zugang zu Informationen haben. In vielen Märkten unseres alltäglichen Lebens besteht eine solche Asymmetrie: im Arbeitsmarkt, dem Markt für Finanzprodukte, dem Markt für Gesundheitsgüter und Nahrungsmittel, dem Energiemarkt sowie – besonders bedeutend in unserem Kontext – dem Markt für neue Technologien[141].

5. Kognitive Verzerrungen: Die klassische ökonomische Theorie geht davon aus, dass wir wissen, was gut für uns ist. Doch die Verhaltensökonomik hat längst aufgezeigt, dass wir oft weit unüberlegter und weniger rational handeln, als es die Verfechter des freien Marktes annehmen. So lassen wir uns oft von kurzfristigen Trieben leiten, anstatt von langfristigen, wohlüberlegten Erwägungen. Ein gutes Beispiel ist das Rauchen oder der Konsum von Alkohol und Drogen (der aus gutem Grund staatlich reguliert ist). Wir nehmen also nicht nur in Kauf, anderen Schaden zuzufügen, sondern schaden auch uns selbst. Wir lassen uns sogar durch Manipulationen leicht zu einem schädigenden Verhalten verleiten[142].

Externalitäten, ›Rent Seeking‹, ungleiche Allokation von Gütern, Informationsasymmetrien und kognitive Verzerrungen – auch diese Kräfte bestimmen unseren Markt.

141 Das Buch von G. Akerlof und R. Shiller *Phishing for Fools*, Econ Verlag (2016), zeigt, wie wir in unserem Wirtschaftssystem von besser informierten Teilnehmern permanent »über den Tisch gezogen werden«.

142 Akerlofs und Shillers Buch (siehe Fußnote oben) führt eine detaillierte Diskussion über die Mechanismen unserer Manipulierbarkeit.

In der realen Welt gibt es also keine unsichtbare Hand, die schon alles gut werden lässt und uns zu den gewünschten optimalen Lösungen führt. Die bisherige Wirtschaftsgeschichte hat vielfach gezeigt, dass die marktwirtschaftlichen Gleichgewichte sich in der Realität in der Regel nicht einstellen bzw. alles andere als wünschenswert sind. Wir sollten daher der von der klassischen Ökonomie (sowie den heutigen neoliberalen Denkbewegungen) geforderten Haltung des »Laissez faire« skeptisch gegenüberstehen. Es ist in Anbetracht dieser offensichtlichen Einschränkungen im Funktionieren freier Märkte schon erstaunlich, wie beharrlich die Markt-Begeisterung neoliberaler Prägung anhält. Hier scheint weit mehr ideologische Befangenheit als intellektuelle Redlichkeit am Werk zu sein. Im Folgenden soll dies anhand einiger Beispiele illustriert werden.

Von den Scharlatanen zur Finanzkrise

Ein gutes Beispiel für bestehende Informationsasymmetrien ist der Pharmamarkt. Noch im 19. Jahrhundert existierte ein fruchtbarer Boden für allerlei Quacksalber, die Ahnungslosen im besten Fall wirkungslose, oft aber auch schädliche oder gar lebensgefährliche Substanzen aufschwatzten. So gab es das ›Schlangen-Öl‹ von Clarke Stanley, von dem dieser behauptete, es sei durch Töten und Ausquetschen von Klapperschlangen gewonnen und könne eine Vielzahl von Krankheiten heilen. Tatsächlich war Stanleys Medizin eine Mischung aus Mineralöl, Rinderfett, roter Paprika, Terpentin und Kampfer. Ein anderes Allheilmittel, das gemäß seinem Erzeuger William Swaim gegen Skrofeln, Syphilis, Rheuma sowie zahlreiche anderen Krankheiten wirken sollte, war sogar hochgradig gesundheitsschädlich, da es giftiges Quecksilber enthielt. Das erste Ergebnis eines ›freien‹ Marktes für Medikamente waren also Willkür und Betrug. Erst staatliche Regulierungen (im Fall der USA in Form des ›*Pure Food and Drug Act*‹ von 1906) gebot der Scharlatanerie im Medikamentenmarkt Einhalt. Analoges gilt für die Lebensmittelindustrie: Hier war es der ›*Federal Meat Inspection Act*‹, der am gleichen Tag wie der ›*Pure Food and Drug Act*‹ in den USA Gesetzeskraft erlangte.

Wer denkt, dass solche Beispiele nur aus dem 19. Jahrhundert bekannt sind, irrt gewaltig. Um bei der Pharmaindustrie zu bleiben: Auch heute ist der Verbraucher im Allgemeinen nicht in der Lage, eigene Entscheidungen über die Verwendung der ihm angebotenen Arzneimittel zu treffen. Die meisten wissen nicht, welche Medikamente und wie viele davon sie nehmen sollen, welche Risiken dabei zu beachten und wie ihre Wirkungen einzuschätzen sind. Selbst medizinische Fachkräfte wie Ärzte und Apotheker verfügen nicht über das Wissen, alle Aspekte von – insbesondere neuen – Arzneimitteln zu beurteilen. Die Erfahrung, welche Patienten auf welche Medikamente wie gewünscht reagieren, müssen sie erst in vielen Jahren sammeln. Wir müssen uns also auf die Informationen der Pharmabranche verlassen, einem Industriezweig, der weltweit ca. 1.000 Milliarden US-Dollar umsetzt und jährlich ca. 5 Prozent wächst – und damit eine gewaltige kommerzielle Interessensmacht darstellt. Genau deshalb sind die Zulassungsbedingungen für Medikamente staatlich geregelt.

Heutige Verbraucher sind – trotz strenger Auflagen für die Industrie und Verbraucherschutzverbände – keineswegs vor den Machenschaften skrupelloser Unternehmen geschützt.

Externalitäten, ungleiche Allokation von Gütern, Lobbyismus, Informationsasymmetrien und kognitive Verzerrungen – gleich alle fünf Kräfte, die freie Märkte leicht zu Selbstbedienungsläden werden lassen – haben die globalen Kapitalmärkte in die bereits im letzten Kapitel erwähnte Banken- und Finanzkrise von 2008 geführt. Die Machenschaften der Banken und anderer Finanzakteure geben uns ein hervorragendes Beispiel dafür, wie ungleiche Informationen bei Käufern und Verkäufern, gepaart mit gewaltigen Interessenkonflikten, politischer Einflussnahme und kognitiver Verblendung zu weltweiten wirtschaftlichen Instabilitäten führen können. Auf der einen Seite Banker, die um hoher persönlicher Bonuszahlungen willen toxische Wertpapiere in Milliardenhöhe erschufen und sich dazu die Unbedenklichkeit von damals noch angesehen Ratingagenturen (die als unabhängig galten, es aber nicht waren) und das Wohlwollen der gesetzlichen Regulierung erkauften, auf der anderen Seite ahnungslose Anleger (darunter auch Versicherungen, Pensionsfonds, lokale Banken), die diese Wertpapiere erwarben und Milliardenverluste erlitten, die zuletzt vielfach vom Steuerzahler übernommen werden mussten. Dieses unethische Verhalten führte zu einer extrem asymmetrischen Risiko-Ertrag-Verteilung nach dem Motto »Privatisierung der Gewinne, Sozialisierung der Verluste«![143]

Ein weiteres Beispiel ist die Tabakindustrie. Bereits in den späten 1940er-Jahren war der Zusammenhang zwischen Rauchen und Lungenkrebs statistisch belegt. Die Tabakkonzerne sahen sich gezwungen, nach einer

143 Die Finanzkrise 2008 war nicht das erste Mal, dass die Finanzbranche einer solch fatalen Kombination erliegt. Der Fall Michael Miliken und der von ihm konzipierten ›junk bonds‹ (›Ramsch-Anleihen‹) aus den 1980er-Jahren besitzt erstaunliche Parallelen zur Finanzkrise von 2008.

Antwort auf diese für sie schlechte Nachricht zu suchen. Wissenschaftlich war dieser Erkenntnis nicht beizukommen. Also wählten sie eine ganz neue (und bis heute immer wieder erfolgreich angewandte) Strategie: Sie säten Zweifel an der Wissenschaft selbst. Dazu mussten sie nur einen anderen ›Wissenschaftler‹ finden, der einfach behauptete, dass es keinen Zusammenhang zwischen Rauchen und Lungenkrebs gäbe. Der Genetiker Clarence Little wurde ihr Mann. Little behauptete, dass Krebs rein genetisch bedingt sei (Little war zudem ein führender Eugeniker der USA, glaubte also, dass erblich kranke Menschen sterilisiert werden sollten). Die Diskussion darüber, ob Rauchen tatsächlich Krebs verursacht, tobte bis in die 1990er-Jahre. 1998 einigte sich die US-Tabakindustrie schließlich mit den US-Behörden darauf, mehr als 200 Milliarden US-Dollar Schadensersatzleistungen zu bezahlen, da sie ihre Kunden wider besseren Wissens über viele Jahre hinweg getäuscht hatte.

Auch Erdölfirmen wie Exxon oder BP kannten erwiesenermaßen bereits in den 1960er-Jahren die klimaschädliche Wirkung ihrer Produkte. Und wer glaubt noch den Beteuerungen der Atomindustrie, dass AKWs immer und unter allen Umständen sicher sind und dass radioaktiver Abfall doch eigentlich kein Problem sei? Neuerdings steht die Zucker- und Softdrink-Industrie im Visier der Gesundheitspolitiker. Sie will uns weismachen, dass ihre Produkte nichts mit Bluthochdruck, Übergewicht, Insulinresistenz oder erhöhten Blutfetten zu tun haben. Wo ist bei all dem die unsichtbare Hand, die doch (ohne staatliche Einmischung von außen) einen gesellschaftlich akzeptierten Optimalzustand erzeugen sollte?

In all diesen Fällen wurden politische Maßnahmen notwendig, darunter die Regulierung der Pharma- und Finanzindustrie, Einschränkung der Erdöl-Förderung, die vollständige Erfassung der Kosten von Atomenergie inkl. der Bewertung ihrer Risiken (und entsprechender Risikoprämien-Aufschläge) und der Entsorgung ihres Abfalls (was beides leider noch nicht vollumfänglich erreicht wurde), höhere Steuern auf Benzin und Tabak, Verbannung der Raucher aus Gebäuden und Bars etc. Jedes Mal wehrte sich die Wirtschaft vehement und zögerte mit künstlich aufgebauschten wissenschaftlichen und öffentlichen Kontroversen die notwendigen Maßnahmen jeweils um nahezu ein halbes Jahrhundert hinaus.

Was all diese Beispiele zeigen: Lügen und systematisches Säen von Zweifeln an etablierten wissenschaftlichen Erkenntnissen gehören für Unternehmen in einer freien Marktwirtschaft einfach dazu.

Umfassende intellektuelle und ethische Redlichkeit, das offene Bekennen zur Wahrheit und Unkorrumpierbarkeit können wir in einer freien Marktwirtschaft nicht unbedingt erwarten.

Diese und zahlreiche andere Beispiele der Vergangenheit geben wenig Hoffnung, dass ein freier Markt die Abschätzung des Risikos zukünftiger Technologie sowie ihre Gestaltung und Kontrolle zuverlässig übernehmen könnte. Jedenfalls nicht, wenn das übergeordnete Ziel das Wohl der *gesamten* Gesellschaft ist.

Statt dem freien Markt die Verantwortung für einen Fortschritt, der sich für alle Menschen positiv auswirken soll, zu übertragen, müssen wir die Wirtschaft sogar besonders aufmerksam im Auge behalten. Zumal Wirtschaftsinteressen sogar noch an Macht gewinnen. Der Grund hierfür: Auch Wissenschaftler sind heute Teil des

Wirtschaftssystems. Manche von ihnen haben es sogar schon zum Milliardär gebracht.[144]

Der ›Silicon Valley Dream‹

In den 1970er-Jahren gelang den Biologen ein bedeutender Durchbruch: Die Entdeckung so genannter Restriktionsenzyme versetzte sie in die Lage, ›Gentransplantationen‹ durchzuführen. Es war die Geburtsstunde der Gentechnik. Künstliche Gene produzierten bestimmte Proteine, mit denen sich dann bestimmte menschliche Krankheiten behandeln ließen (siehe auch Kapitel 2). Mit dieser Form des ›genetischen Engineering‹ erregten die Biowissenschaften auch die Fantasie und das Interesse der Unternehmer.

Im Jahr 1976 traf sich der Molekularbiologie Herbert Boyer mit dem Manager und Finanzinvestor Robert Swanson, um ihm seine Ergebnisse zu erläutern. Swanson war begeistert und überredete Boyer, mit ihm ein Unternehmen zu gründen, das seine Forschungsergebnisse in konkrete medizinische Produkte umsetzen sollte. Südlich von San Francisco, dort, wo zeitgleich zahlreiche neue Computerfirmen entstanden, gründeten sie die Firma ›Genentech‹. Nur wenige Jahre später (1982) brachte Genentech mit Insulin das erste gentechnisch hergestellte Medikament auf den Markt. Swanson

144 So ist auch um die neue CRISPR/Cas9-Technolgie bereits ein heftiger und hässlicher Patentstreit ausgebrochen, hinter dem gewaltige partikuläre ökonomische Interessen stehen. Die CRISPR-Patente könnten Milliarden von US-Dollars wert sein. Für Details siehe: H. Ledford, *Why the CRISPR patent verdict isn't the end of the story*, Nature News 17. Februar 2017, http://www.nature.com/news/why-the-crispr-patent-verdict-isn-t-the-end-of-the-story-1.21510; oder J. Sherkow, *What the CRISPR Patent Dispute is All About*, Guest Blog Scientific American 12. Dezember 2016, https://blogs.scientificamerican.com/guest-blog/what-the-crispr-patent-dispute-is-all-about/; Für neuste Updates zu diesem Rechtsstreit: http://www.crisprupdate.com/category/crispr-patents/

und Boyer verkauften im Jahr 1990 ihre Firma für 2,1 Milliarden US-Dollar an das Schweizer Pharmaunternehmen Hoffmann-La Roche. Boyer war zum ersten Wissenschaftsmilliardär der Geschichte geworden.

Die meisten ›Tech-Milliardäre‹, wie sie heute heißen, wohnen in genau diesem Tal südlich von San Francisco, in dem Genentech entstand. Bis in die Mitte des 20. Jahrhunderts war diese Gegend hauptsächlich Farmland. Die Werbeslogans des »Valley of Heart's Delight« bezogen sich auf Aprikosen und Pflaumen anstatt auf High-Tech. 1971 betitelte der Journalist Don Hoefler von der ›Electronic News‹ das ca. 2.000 Quadratkilometer kleine Tal in einem Aufsatz als *Silicon Valley*, nachdem sich dort gerade die ersten Firmen der noch jungen Halbleiterindustrie angesiedelt hatten. Heute beheimatet es viele der größten High-Tech-Firmen der Welt.

Bio-, Gen-, Ernährungs- oder Gesundheitstechnologien, Nano- oder Neurotechnologien, Künstliche Intelligenz, Robotik, Virtuelle Realität, soziale Medien, Verkehrstechnologien und natürlich digitale Technologien und das Internet – in allen diesen Bereichen ist das ›Tal der unbegrenzten Möglichkeiten‹, wie Silicon Valley auch euphorisch genannt wird, weltweit führend. In einer Mischung aus Wissenschaftszentrum, Attraktor für Hochbegabte und risikoaffinem Unternehmertum hat es das ›Valley‹ wie sonst keine Gegend der Welt zur Meisterschaft in Fragen der technologischen Machbarkeit geschafft.

Im Silicon Valley wird die zukünftige Technologie der Menschheit geschmiedet. Nirgendwo sonst werden Visionen schneller Realität als dort.

Wo sonst als im *Silicon Valley* könnten wir also mehr über die Geisteshaltungen von Kreativen, Wissenschaftlern, Ingenieuren, Finanziers und Unternehmern erfahren, und damit auch über die technologische Gestaltung unserer Zukunft? Hier sieht man sich als globaler Motor des Fortschritts – und den Fortschritt für per se gut. Und für diese Visionen stehen Milliarden von Dollars zur Verfügung, die in ihrer angestrengten Suche nach attraktiven Renditen danach streben, schon die nächsten Billionen-Dollar-Technologien auszumachen.

Einer der bedeutendsten Investoren und Firmengründer im Silicon Valley ist Peter Thiel. Thiel bekennt sich einerseits offen zum Libertarismus, der wohl extremsten Version einer marktliberalen Haltung. Die Libertarismus-Bewegung setzt sich für die teilweise bis vollständige Abschaffung des Staates ein. Thiel selbst äußerte gar die Auffassung, dass Demokratie und das Frauenwahlrecht dem Land schaden, da sie dem Libertarismus und dem Durchmarsch des Kapitalismus im Weg stehen[145]. Des Weiteren ist Thiel ein bekennender Transhumanist. Transhumanisten wollen durch Wissenschaft den Tod abschaffen (»Ich bin grundsätzlich gegen den Tod«, so Thiel), z.B. durch Einfrieren des Körpers, durch den Einsatz von Nanobots, die konstant Zellreparaturen in unserem Körper vornehmen, oder dadurch, dass wir den kompletten Inhalt unseres Gehirns auf eine Festplatte laden und dadurch digital weiterleben (siehe auch Kapitel 2 bzw. 6). Ihr letztendliches Ziel ist es, den Menschen durch Technologien höhere körperliche und kognitive Fähigkeiten zu verschaffen bis hin zur Erschaffung eines ›Supermenschen‹. Es überrascht nicht, dass Thiel auch befürwortet, dass Computer eine Form der

145 Im so genannten ›Cato-Unbounded Essay‹ von April 2009 (https://www.cato-unbound.org/2009/04/13/peter-thiel/education-libertarian)

starken künstlichen Intelligenz entwickeln sollen, die dem Menschen weit überlegen sein wird.

Vorreiter beider Ideen, eines Uploads unseres Gehirns auf eine Festplatte und der Singularitätsutopie, ist eine weitere schillernde Figur des Silicon Valley: Ray Kurzweil. Kurzweil gilt als einer der führenden, aber auch umstrittensten Futurologen. Interessant ist er aber insbesondere deshalb, weil er bei Google die Rolle eines technologischen Chefstrategen einnimmt und als Hauptinitiator von Googles Eintritt in die Biotechnologie angesehen werden kann[146].

Thiel und Kurzweil mögen uns exzentrisch erscheinen, aber sie haben große Macht. Kurzweil, als Chefstratege bei Google, und Thiel mit seinem Venture Capital Fonds ›Founders Fund‹ investieren signifikante Geldsummen in Firmen, die sich mit Biotechnologie, Robotik, digitalen Technologien und künstlicher Intelligenz beschäftigen. Einen weiteren großen Teil seines Milliardenvermögens investiert Thiel in Organisationen wie *Humanity Plus* (der weltweiten Vereinigung der Transhumanisten), dem von Kurzweil gegründeten *KI Think Tank*, der Manager-Ausbildungsstätte *Singularity University*, sowie dem *DeepMind Artificial Intelligence Project* (mittlerweile ebenfalls Teil von Google). Ironischerweise investiert er auch in die Firma ›Palantir‹, die es staatlichen Behörden ermöglicht, große Datenmengen ihrer Bürger zu verarbeiten (er ist größter Anteilhaber dieser Firma und sieht darin keinen Widerspruch zu seinen libertären Ansichten). Teile der von Thiel geförderten Institute stehen der neofaschistischen ›Alt-Right‹-Bewe-

146 Kurzweils Thesen (und die vieler Silicon Valley-Technologen) haben teils den Geschmack des Religiösen. So heißt sein Hauptwerk *The Singularity is near* (dt. *Die Singularität ist nahe*), Penguin Books, New York (2005). Das klingt ganz wie »Denn das Himmelreich ist nahe« (Mt. 3,2).

gung in den USA nahe. Diese hat sich zum Ziel gesetzt, die Überlegenheit der weißen Rasse durchzusetzen. Auch wenn Thiel selber kein ›Alt-Right‹-Anhänger ist, so erkennt man, wie gefährlich Teile seines politischen Programms sind. Und seine Macht wächst: Thiel hat Donald Trump im Wahlkampf stark gefördert und besitzt nun großen Einfluss im Team des US-Präsidenten.

Eine Allianz von ›Tech-Evangelisten‹ aus Unternehmern, Politikern und Wissenschaftlern erschafft eine neue Welt. Wer in diesem Prozess jedoch außen vorbleibt, sind wir, die Bürger.

Und während all dies passiert, diskutieren wir diesseits des Atlantiks noch in Arbeitsgruppen über die Implikationen der »Industrie 4.0«, ein Begriff, der von der deutschen Bundesregierung erschaffen wurde (das Wort ›industry 4.0‹ ist in seiner englischsprachigen Entsprechung unbekannt).

Die High-Tech-Branche des *Silicon Valley* und Menschen wie Peter Thiel zeigen uns, dass es keine ökonomischen Schranken mehr gibt. Unser Leben droht innerhalb weniger Jahrzehnte, vielleicht sogar Jahre umzustürzen, die Grenzen des Vorstellbaren werden dabei immer wieder überschritten. Und das alles weiterhin unter der Einwirkung der ›Schrecklichen Fünf‹:

- Kognitive Verzerrungen: Neue Technologien sind immer auch verbunden mit partikularen Interessen und – wie man im Fall Peter Thiel sieht – Ideologien.
- Informationsasymmetrien: Sie öffnen Tür und Tor für Manipulationen, wie oben bereits beschrieben. Dass Rauchen ungesund ist, wussten die meisten

Menschen schon in den 1980er-Jahren. Doch welcher Nicht-Fachmann (oder sogar Fachmann) kann heute schon die Implikationen von KI oder der Genschere CRISPR genau einschätzen?

- Externalitäten: Private Unternehmer und Investoren profitieren in unvorstellbaren Ausmaßen von neuen Technologien und werden zu Multi-Milliardären, die Gesellschaft trägt die Risiken.
- Rent Seeking: Staatliche Regulierungsbestrebungen (z.B. für einen persönlichen Datenschutz im Internet) werden durch entsprechendes Lobbying verhindert.
- Allokation der Produktionsgüter: Dies ist der Punkt, auf den sich die neuen Technologien am stärksten auswirken. Mehr dazu auf den folgenden Seiten.

Der Gestaltungsspielraum neuer Technologien wird durch eine ›Ethik des Machbaren‹ bestimmt.

Es existiert immer eine Interessensdivergenz zwischen Unternehmen und Allgemeinheit. Doch sollen die Renditeaussichten der Technologieinvestoren wirklich über unsere Zukunft entscheiden? Schon entwerfen Konzerne die Prinzipien, nach denen unsere Gesellschaft funktionieren soll, wenn Facebook es seine Mission nennt, »die soziale Infrastruktur zu entwickeln, die den Menschen die Macht gibt, eine globale Gemeinschaft zu bauen, die für uns alle funktioniert«. Wir sind dabei, den Bock zum Gärtner zu machen.

The Winner takes it all

Starke wirtschaftliche Interessen entscheiden darüber, welche Technologien mit welchem Aufwand vorangetrieben werden. Aber auch die umgekehrte Einflussnahme findet statt: Technologie verändert die Wirtschaft.

Ein Beispiel, wie Technologie eine ganze Industrie verändert, findet sich in der Finanzbranche. Heute werden mehr als 75 Prozent aller Aktienkäufe und -verkäufe über Computeralgorithmen abgewickelt. Viele dieser Algorithmen handeln auf den globalen Kapitalmärkten in Zeitspannen von Mikro- und unterdessen sogar Nanosekunden. Hochfrequenz-Algorithmen können also bis zu 100.000 Transaktionen für ihre Kunden abwickeln – pro Sekunde. Kein Mensch kann solche Transaktionen mehr nachvollziehen oder gar in Echtzeit überwachen. Mit dem Ziel vorne zu bleiben, findet zwischen den verschiedenen Finanzhäusern ein wahres technologisches Wettrüsten statt (das nur noch die physikalische Grenze der Lichtgeschwindigkeit kennt). Welche Auswirkungen dies haben kann, zeigte sich am 6. Mai 2010: Innerhalb von wenigen Minuten verloren US-Aktien über eine Billion US-Dollar an Wert, nur um sich gleich darauf wieder zu erholen. Auslöser dieses ›Flash Crashs‹ waren sich verselbstständigende, automatische Computeralgorithmen.

Digitale Technologien und das Internet bringen aber auch noch andere Mechanismen der Wirtschaft, wie wir sie bisher kannten, durcheinander. Eine neue Wettbewerbsrealität erzeugt wirtschaftliche Machtkonzentration in einem bisher unbekannten Ausmaß: »*The winner takes it all*«. Anders als Autos oder Stahl können die digitalen Produkte der Internetfirmen mit vergleichsweise wenig Aufwand hergestellt und dann nahezu kostenlos beliebig multipliziert werden. Es macht keinen großen Unterschied, ob eine Software in einer Auflage von hundert, tausend oder einer Million Stück den Kunden zur Verfügung gestellt wird (man spricht in diesem Zusammenhang auch von hohen Skaleneffekten). Trotzdem – oder gerade deshalb – können Firmen schnell Monopolstellungen innehaben. Besitzt in den sozialen Medien (Facebook), bei der Internetsuche (Google) oder in der Bürosoftware (Microsoft) ein Unternehmen erst einmal eine Vormachtstellung, so ist diese nur schwer zu brechen. Denn diese Firmen können die Normen ihrer Branche selbst bestimmen.

1. Sie haben die Branche selbst erfunden,
2. sie sind durch Patente vor Nachahmern geschützt und
3. (vor allem) gibt es ganz neue Skaleneffekte: Der Nutzen des Produktes ist umso größer für jeden einzelnen User, je mehr Menschen es benutzen. Wer will schon zu einem Wettbewerber von Facebook, wenn alle anderen Freunde auf Facebook sind, und wer verwendet Unix, wenn alle anderen Kollegen mit MS Office arbeiten?

Da wo viele sind, wollen alle hin. Durch diesen ›Netzwerkeffekt‹ kommt es schnell zu einer starken Machtkonzentration bis hin zu Monopolen in den Märkten für digitale Technologien.

Die Entstehung neuer Normen und Wettbewerbsbedingungen kann rasend schnell geschehen, wie die Beispiele PayPal, Amazon, Facebook, Microsoft, Google, Apples i-Tunes oder auch (als frühes Beispiel) VHS-Videokassetten zeigen. Wirtschaftswissenschaftler sprechen in diesem Zusammenhang auch von »disruptive technologies«. Sie können wie im Fall von Microsoft, Apple, Google oder Facebook in einer sehr kurzen Zeit zu einer enormen Akkumulation von ›Produktionsmitteln‹ und damit wirtschaftlicher Macht führen.

In zahlreichen Industrien hat sich mit der Digitalisierung die Wertschöpfungskette bereits massiv verändert: Nicht mehr die eigentlichen Hersteller von Produkten oder Dienstleistungen, sondern digitale Plattformen mit ihrem exklusiven Zugang zu immensen Kundendaten bestimmen zunehmend den Markt. Beispiele sind: Airbnb und booking.com (Hotelübernachtungen), ebooker (Flugreisen), Uber (Taxifahrten), iTunes und Spotify (Musik), AppStore (Software), WhatsApp und Skype (Telekommunikation), PayPal (Zahlungsdienstleistungen), Amazon (Bücher und andere Waren), Viagogo (Tickets).

Während in der analogen Welt der wirtschaftliche Wettbewerb über Skalierungsvorteile stattfindet (d.h. die Firma mit den geringsten Produktions-Stückkosten besitzt den größten Wettbewerbsvorteil), wird in der digitalen Welt der Marktführer durch den Netzwerkeffekt und nahezu verschwindende Grenzwertkosten schnell zum Marktmonopolisten. Solche Plattformen zweigen einen immer größeren Teil der Wertschöpfung für sich ab, und dies mit einer sehr geringen Belegschaft, die damit einen großen Teil der Gewinne für sich beanspruchen kann (hier kommt uns das Beispiel aus dem dritten Kapitel in den Sinn: die Firma Instagram beschäftige 2013, als sie von Facebook für eine Milliarde Dollar gekauft wurde, gerade einmal 13 Personen). Karl Marx hätte seine intellektuelle Freude an diesem Phänomen gehabt (und wäre zugleich wohl entsprechend befremdet gewesen).

Genauso wie während der technischen Revolutionen des 19. und 20. Jahrhunderts werden wir heute und in den nächsten Jahren über die Verteilungsgerechtigkeit der Produktivitätsgewinne (diesmal der digitaler Technologien) diskutieren müssen.

Wer denkt, dass solche Veränderungen nur die High-Tech-Branche betreffen, irrt gewaltig. So könnte Google schon bald eine Industrie komplett umwerfen, die in Deutschland eine über 100 Jahre alte Geschichte besitzt und nicht weniger als jeden siebten Arbeitsplatz sichert: die Automobilindustrie. Googles fahrerloses Auto, das sich automatisch in einem Netz mit anderen Autos, Ampeln, Straßenmarkierungen und Verkehrsdaten bewegt, könnte noch dazu nicht nur das Geschäftsmodell von VW und Daimler auf den Kopf stellen, sondern auch die Verkehrssparte von Siemens überflüssig machen (brauchen fahrerlose Autos noch Ampeln?). Es werden dann zwar immer noch Autos gebraucht (wenn auch weniger), nur werden Mercedes und BMW damit zu reinen Zulieferern. Die bei all dem verloren gehenden Jobs ersetzen sich nicht automatisch. Die Google-Software benötigt wesentlich weniger menschliche Arbeitskraft als die Herstellung eines Autos oder einer Verkehrsampel.

Es gibt natürlich auch positive Effekte auf traditionelle Industriebranchen. Ein Beispiel ist der Stahlkonzern Klöckner mit seiner Online-Verkaufsplattform für die Stahlindustrie. Mit seinem vollständig digitalen Order- und Produktionsmanagement kann das Unternehmen hohe Lagerbestände und die damit verbundenen Kosten und erhebliche Kapitalbindung vermeiden.

Die revolutionäre Kraft digitaler Technologien ist gewaltig und nicht auf Vertriebs- und Shopping-Plattformen beschränkt.

Nach Internet und Wirtschaft 4.0 kommen nun die *smart homes*, also komplett automatisierte Häuser, die sich über das Internet steuern lassen (siehe Kapitel 5). Auch von automatisierten *smart citys* (zum Beispiel mit bedarfsangepasster Straßenbeleuchtung, Optimierung des Energieverbrauchs, autonomer Verkehrsteuerung und Müllabfuhr) und sogar von *smart nations* ist bereits die Rede (zum Beispiel mit Steuerung des Gesundheitssystems durch Big Data, Roboter und einem breiten Netzwerk von Sensoren und KI). All dies verspricht uns mehr Lebensqualität, mehr Wohlstand, weniger Energie- und Ressourcenverbrauch[147] und mehr sozialen Austausch.

Doch selbst die größten Technologieidealisten müssen erkennen, dass die realen Einkommen vieler Menschen, auch bedingt durch digitale Technologien, in den letzten Jahren eher abgenommen – während ihre Sorgen und Ängste zugenommen haben. Eine Folge ihrer Verunsicherung und Unzufriedenheit war nicht zuletzt die Wahl Donald Trumps zum US-Präsidenten im Herbst 2016 oder der Brexit im gleichen Jahr.

Winner-takes-it-all-*Spielregeln schaffen neue Monopole, neue Formen sozialer Ungleichheiten und damit neue Ängste.*

147 So lässt sich mit intelligenter (*smart home*) Gebäudetechnologie der Energieverbrauch von Häusern um 30 bis 50 Prozent senken. Man verbindet beispielsweise einfach eine Heizung mit dem Wetterbericht und steuert sie entsprechend vorausschauend.

Teilen statt Wettbewerb

Neben den Gefahren einer *Winner-takes-it-all*-Ökonomie lassen uns digitale Technologien aber auch aufregende Visionen entwerfen. Während die klassische Wirtschaftstheorie von einer Welt beschränkter Ressourcen ausgeht, deren Allokation durch wirtschaftliche Konkurrenz geschieht, könnte eine digitale Ökonomie das Verteilungsproblem beschränkter Ressourcen einfach lösen, indem es unbegrenzte Ressourcen zur Verfügung stellt. Eine ›Wirtschaft der Kooperation‹ anstatt der Konkurrenz wäre möglich.

Ein neuer Trend ist die *sharing economy*, der bereits Geschäftsmodelle wie ›Uber‹ und ›Airbnb‹ hervorgebracht hat. Ein älteres Beispiel ist die gute alte ›Mitfahrzentrale‹, deren Service heute von Online-Plattformen wie ›BlaBlaCar‹ angeboten wird. Hier werden Ressourcen, die ansonsten ungenutzt bleiben (Wohnraum, wenn wir unterwegs sind, oder ein Sitz in unserem Auto, der ansonsten leer bleibt), mit anderen geteilt.

Digitale Technologien machen eine neue Form der Ökonomie möglich. Die Geschäftsmodelle der sharing economy *haben bereits ihren Siegeszug angetreten.*

Die Visionen einer ›teilenden Wirtschaft‹ gehen aber weit darüber hinaus, Häuser, Autos, Wissen (z.B. Wikipedia) oder Meinungen (soziale Medien) zu teilen. Sie könnten ganz allgemein jede Form von nicht ausgelasteten Vermögenswerten für eine Community zugänglich machen. Das führt zu einem insgesamt geringeren Eigentumsbedarf. So sprechen ihre Vertreter bereits von gemeinschaftlicher Verwendung aller möglichen frei zugänglichen Güter: Freizeitgestaltung (Boote, Urlaubsdomizile, etc.), Produktion (Maschinen, Datenspeicher etc.), Ideen (Beispiel: die Erfinder-Plattform ›Quirky‹ unter www.quirky.com), Bildung (Online-Vorlesungen und -Schulen, wie beispielsweise die ›Khan-Academy‹[148]) bis hin zu Kapital (Crowdfunding, Kreditplattformen). *Sharing economy* wird daher auch als ›collaborative consumption‹ bezeichnet.

Eine *sharing economy* funktioniert völlig anders als ihr auf klassischen, ›analogen‹ Gütern (Boden, Kapital, Arbeit) beruhendes Pendant. Denn in ihr gibt es keinen Wettkampf mehr um begrenzte Ressourcen, wie ihn das Monopoly-Spiel der materiellen Ökonomie darstellt. Viele Produkte werden dann nahezu kostenlos sein. Computersoftware ist beliebig oft und beliebig schnell kopierbar, und computergesteuerte Roboter oder KI potenzieren unsere körperlichen und geistigen Kapazitäten noch einmal weit mehr als die Dampfmaschine die Kraft unsere Hände und die Geschwindigkeit unserer Füße multipliziert hat. Die nicht-materiellen Ressourcen der digitalen Welt sind vom Prinzip her unbegrenzt.

Und auch die materiellen Güter werden für alle zugänglicher: Konsumgegenstände (oder auch lebensnotwendige Güter wie Medikamente) können mit der geeigneten Software einfach und sehr kostengünstig mit Hilfe von 3D-Druckern hergestellt werden. Indem sie unbegrenzte Ressourcen zur Verfügung stellt, könnte eine digitale Ökonomie ganz allgemein das Verteilungsproblem beschränkter Ressourcen lösen.

***Digitale Technologien machen eine Monopolwirtschaft zum Nutzen sehr weniger möglich, aber auch eine* sharing eco-**

148 Siehe https://www.khanacademy.org/

nomy *für alle. Noch ist offen, in welche Richtung sich unsere Gesellschaft bewegen wird.*

Der Vierte im Bunde

Drei gesellschaftlichen Kräften, die in Frage kommen, den wissenschaftlichen und technischen Fortschritt zuverlässig und zum Wohle aller zu steuern, mussten wir bereits eine Absage erteilen:

- Zunächst betrachteten wir die wissenschaftliche Community selbst. Sie allein kann nicht gewährleisten, dass uns der von ihr ermöglichte Fortschritt nicht überrollt. Gründe dafür liegen in ihren eigenen Interessenkonflikten und -verflechtungen, sehr persönlichen Motiven und Motivationen (Karriere, Geld etc.) sowie kognitiven Verzerrungen auf Seiten ihrer forschenden Protagonisten (siehe auch Kapitel 9), aber auch in Verfahrensfehlern und fehlerhaften Einschätzungen auf Seiten einzelner Wissenschaftler, die es immer wieder zu korrigieren gilt.
- Kirchliche Institutionen müssten sich von den dogmatischen Prinzipien religiöser Weltanschauungspolitik lösen, wenn sie am Gestaltungsprozess unserer technologischen Zukunft entscheidend teilhaben wollen (siehe auch Kapitel 9).
- Und auch die Macht des freien Marktes, so eindrucksvoll dieser die kreativen und unternehmerischen Potentiale freizusetzen vermag und ohne die Wissenschaft nicht zu Technologie werden kann, kann letztendlich kaum überzeugen. Das

zeigten die vorangegangenen Seiten. Die freie Marktwirtschaft führt uns allzu oft weit weg von gesellschaftlich akzeptablen Zuständen.

Es gibt noch eine weitere bedeutende gesellschaftliche Kraft, die dafür sorgen könnte, dass der technologische Fortschritt uns dient, und nicht wir ihm: der Staat[149]. Als regulierende Instanzen sind uns staatliche Kräfte bereits begegnet. Sie wirken den Kräften entgegen, welche freie Märkte in unerwünschte Gleichgewichte treiben. Beispiele waren die Definition von Standards zum Konsumentenschutz (Pharma- und Tabakindustrie), Rechtsschutz und Rechtssicherheit für Bürger und Unternehmen, die Einschätzung und Beschränkung technologischer Risiken (Energiebranche) sowie die Aufsicht und Regulierung (Banken[150]).

Erst durch regulierende Agenten, die nicht eigenen Interessen unterstellt sind, kann der Markt überhaupt funktionieren.

Wir wollen in der Entwicklung des technologischen Fortschritts drei Phasen unterscheiden und dabei untersuchen, wo staatliche Kräfte wirken müssen[151]:

149 Der ›Staat‹ fällt natürlich nicht einfach so vom Himmel. Er ist nichts anderes als das, was wir als Bürger in einem demokratischen Diskurs aus ihm machen.

150 In Anbetracht der Finanzkrise von 2008 und ihrer Ursachen war es kein Wunder, dass die Forderungen nach Regulierung für Banken und andere Finanzdienstleisten besonders laut wurden – und das, obwohl diese bereits zuvor verhältnismäßig starken Auflagen unterlagen (in den USA ihrerseits als Antwort auf der Finanzkrise von 1929). Aber immer noch nicht ausreichend, wie sich zeigte. Der Staat hat also immer wieder große Mühe, die geeignete Gegenkraft gegen ungezügelte finanzielle Interessen der Branche zu bilden.

151 Wie schnell sich dies ändern kann und ein wenig beachtetes Feld der Grundlagenforschung zu bedeutender technologischer Anwendung wachsen kann, zeigt das Beispiel CRISPR: Noch 2008 bevölkerte die CRISPR-Forschung eine eher obskure Nische in der mikrobiologischen Forschungslandschaft, bei der es um die bakterielle Immunreaktionen gegen Phagen ging. Heute kämpfen die Anwälte von Firmen um milliardenschwere Patente für die daraus entstanden technologischen Möglichkeiten.

- Die Phase der Invention (Erfindung): Hier geht es um die naturwissenschaftliche Grundlagenforschung, die qua ihrer Natur zunächst weder an bestimmte Zwecke noch an spezifische Interessen (außer dem Erkenntnisgewinn) gebunden ist. (Wie schnell sich dies allerdings ändern kann und ein wenig beachtetes Feld der Grundlagenforschung zu bedeutender technologischer Anwendung wachsen kann, zeigt das Beispiel CRISPR: Noch 2008 bevölkerte die CRISPR-Forschung eine eher obskure Nische in der mikrobiologischen Forschungslandschaft. Heute kämpfen die Anwälte von Firmen um milliardenschwere Patente für diese Technologie.)
- Phase der Innovation: Die Entwicklung erster kommerzieller Anwendungen ist zumeist mit unternehmerischem Risiko verbunden. Hier sind die Forschungs- und Entwicklungsabteilungen von profitorientierten Unternehmen gefragt. Wie der Ökonom Joseph Schumpeters in seiner Theorie der profitorientierten Innovationsanstrengungen von dynamischen Unternehmern beschreibt, kommt dieser Phase hinsichtlich der Wachstumsimpulse die entscheidende Rolle zu.
- Phase der Diffusion: Die Innovationen werden in den breiten Markt gebracht. Dabei wird nur ein Teil dessen, was technisch möglich ist, auch tatsächlich realisiert. Hier sind neben wirtschaftlichen auch politische und gesellschaftliche Kriterien (z.B. Technologiefolgenabschätzung) entscheidend.

In Phase 1 fällt in der Regel dem Staat die Rolle zu, Wissenschaft als öffentliches Gut aktiv zu fördern. Wenn

Unternehmen heute Grundlagenforschung betreiben, geschieht dies selten nur der Erkenntnis wegen. Sie haben damit immer einen (wenn auch zuweilen sehr langfristigen) kommerziellen Nutzen im Sinn. Ist in Phase 2 die Funktion des Staates eher beschränkt, so spielt er in Phase 3 wiederum eine bedeutende korrektive und rahmensetzende Rolle. So stößt technologischer Wandel oft auf erbitterten Widerstand. Dieser Streit lässt sich nur durch politischen Diskurs und auf ihm aufbauenden Vereinbarungen lösen. Der Staat muss insbesondere dafür sorgen, dass einer zu großen Macht von Gruppierungen mit Partikularinteressen entgegengetreten wird. So gibt er beispielweise Verbraucherschutzmaßnahmen, Sicherheitsstandards oder Industrienormen vor.

Nicht zuletzt kommt staatlichen Instanzen aber auch in der Frage der gesellschaftlichen Verteilung von Produktivitäts- und Wohlfahrtsgewinnen aus neuen Technologien eine bedeutende Aufgabe zu. Der technologische Wandel bringt zwar, wie wir sahen, in der Summe massive Wohlstandsgewinne, aber eben nicht mehr für alle. Bei massiver Steigerung des gesamtwirtschaftlichen Outputs in den letzten Jahrzehnten hat zugleich die soziale Ungleichheit signifikant zugenommen. Sie erreicht heute ein Ausmaß vergleichbar mit der in Europa vor der französischen Revolution, was laut OECD, WEF (Weltwirtschaftsforum) und IMF (Internationaler Währungsfonds) die weitere wirtschaftliche Entwicklung massiv bedroht. Wir müssen dafür Sorge tragen, dass weit mehr Menschen (und Staaten) am geschaffenen Wohlstand teilhaben. Ein Ziel staatlicher Kräfte muss sein, allen Menschen eine möglichst hohe Lebensqualität bei nachhaltigem Ressourcenverbrauch zu ermöglichen. Auch der Umweltschutz ist eine genuine Aufgabe des Staates, denn er stellt im freien

Markt zunächst eine Externalität dar, die weder bei den Produzenten noch bei den Konsumenten allzu große Berücksichtigung findet.

Staatliche Instanzen und ihre Entscheidungsträger sind dafür zuständig, dass soziale Gerechtigkeit und nachhaltiges Wirtschaften in der Gesellschaft einen Platz finden.

Dem Staat kommt also eine wichtige Rolle in der Regulierung von Fortschritt zu. Doch auch er ist nicht in der Lage, *alleine* dem technologischen Fortschritt einen umfassenden Gestaltungsrahmen zu geben. Die Gründe hierfür:

- Der technologische Fortschritt beruht auf der Kreativität wissenschaftlichen Erkenntnisstrebens und unternehmerischer Gestaltung, die beide nur schwer vorhersag-, beeinfluss- oder gar staatlich steuerbar sind (und durch staatliche Beeinflussung sogar massiv gehemmt werden können).
- Bei staatlichen Eingriffen ergibt sich leider schnell die Gefahr von Reibungsverlusten aufgrund falscher Anreize sowie Wettbewerbsverzerrungen.
- Staatliche Entscheidungsträger sind oft der Geschwindigkeit des technologischen Wandels nicht gewachsen. Während gesetzgebende Instanzen Jahre für die Gestaltung der Rahmenbedingungen von neuen Technologien brauchen, entwickeln sich die Technologien längst weiter und machen diesen Rahmen oft schneller überflüssig als dieser aufgestellt und ausgestaltet werden kann. Ein gutes Beispiel dafür ist der Datenschutz; hier spielen Google und Facebook mit den Politikern Katz und Maus.

- Staatliches Handeln selbst ist natürlich nicht frei von Interessenkonflikten. Ein guter Teil seiner Entscheidungsträger sind Politiker, die wiedergewählt werden wollen. Dazu ist in vielen Gegenden der Welt staatliche Korruption weit verbreitet. Damit ergibt sich auch für staatliches Handeln schnell die gleiche Problematik wie im freien Markt.

Die Rolle des Staates in der Gestaltung unserer technologischen Zukunft ist umstritten. Selbst ein allmächtiger Staat kann Technologie nicht zuverlässig kontrollieren.

Der Staat befindet sich im Kräftefeld zwischen jenen, die wie zum Beispiel Sozial- und Umweltpolitiker nach mehr von ihm rufen, und jenen marktliberalen Kräften, für die gilt: Je weniger Staat, desto besser. Es gibt sogar Stimmen, die meinen, man müsse die Menschenrechte und auch die Demokratie einschränken und notfalls sogar opfern. Ihr Argument ist, dass der »mündige Bürger« sich zu leicht manipulieren lässt und wehrlos den Lügen und Unstimmigkeiten von propagandistischen Kräften ausgesetzt ist. Ein »väterlicher Staat« habe die Aufgabe, den Fortschritt mit den wahren Bedürfnissen der Menschen in Einklang zu bringen. Nur eine wissende Elite könne die Dinge richten. Solche Forderungen (wie wir sie schon in der Philosophie Platons[152] finden) kommen sowohl vom linken als auch vom rechten Teil des politischen Spektrums. Sie sind nicht nur gefährlich, sondern widersprechen auch dem erfolgreichsten Zivilisationsmodell der Geschichte, der offenen Gesellschaft.

152 In Platon, *Politea* (*Der Staat*)

Würde tatsächlich eine kleine, von digitalen Technologien unterstützte Elite die nicht von demokratischer Legitimation und Kontrolle eingeschränkte politische Macht erhalten, wäre dies ein merkwürdiger Zirkelschluss. Denn diese Elite würde ihren Machtanspruch ja auf der Grundlage von Problemen erhalten, die sie selber mitverursacht hat. Dass der US-Präsident Trump, der sich im Wahlkampf als »Mann der zu kurz gekommenen kleinen Leute« dargestellt hat, in Fragen der Wirtschafts- und Finanzpolitik niemand anderem mehr zu vertrauen scheint als Goldman Sachs-Bankern, ist ein sehr eindrucksvolles Beispiel für diese Form der Hypokrisie.

Noch jedes Mal, wenn die Menschen glaubten, sie hätten einen einzigen Weg zur Wahrheit oder die perfekte Gesellschaftsform gefunden, erzeugten sie eine Erstarrung eines despotischen Absolutismus.

Die Geschichte lehrt uns, dass eine dezentrale Gesellschaft die besten Voraussetzungen bietet für die Entwicklung der Wissenschaften und Technologien (für Gründe dafür, siehe auch Kapitel 9). Beispiele dafür sind das antike Griechenland, Oberitalien zur Zeit der Renaissance und des Humanismus, Europa in der Aufklärung, die USA im 20. Jahrhundert. Hier herrschte ein Wettkampf der Ideen. Dagegen blieb überall dort, wo die Macht stark zentriert war, Wissenschaft hinter ihren Möglichkeiten zurück. Beispiele hierfür wiederum sind das römische Reich in der Antike sowie China, der Nahe und Mittlere Osten und der sozialistische Staatenblock im 20. (und 21.) Jahrhundert.

Ein allmächtiger regulierender Staat ist also keinesfalls wünschenswert. Wir brauchen weder ihn noch selbsternannte Eliten – denn digitale Technologien ermöglichen ganz neue Modelle, die sich auf eine viel breitere Basis stützen als Staat, Wissenschaft, Markt oder Eliten: nämlich auf uns alle. Wie das funktioniert, lässt sich gut am Beispiel einer neuen Finanztechnologie illustrieren: Blockchains.

Blockchain und Bitcoin

Bis heute steuern intermediäre Einrichtungen wie Banken, Börsen, Notare, Banknoten sowie diverse staatliche Institutionen (z.B. Zentralbanken, Steuerbehörden und Regulatoren) einen großen Teil unseres Wirtschaftslebens. Denn mit ihnen ist eine zentrale Bedingung für einen reibungslosen wirtschaftlichen Handel verbunden: Vertrauen. Banken garantieren mein Geld, mit einer ›Banknote‹ besitze ich einen Wertspeicher, der (zumeist) zuverlässig ist. Ein Notar garantiert mir die Rechtsicherheit einer vertraglichen Vereinbarung, Notenbanken, dass der Papierschein in meiner Hand auch wirklich einen Wert besitzt; staatliche Behörden sorgen dafür, dass die Regeln eingehalten werden. Sie alle sind ›Agenten des Vertrauens‹. Dass aber diese Agenten selbst in die Krise geraten können, zeigen die massiven Banken-, Finanz-, Wirtschafts- und staatlichen Krisen der vergangenen Jahre und Jahrzehnte, die zu Hyperinflationen, Bankpleiten, Kreditkrisen bis hin zu dysfunktionalen Staaten (so genannte ›failed states‹) geführt haben.

Digitale Technologien ermöglichen ganz neuartige Lösungsmodelle für verlässliches und stabiles wirtschaftliches Handeln. Ein prominentes Beispiel dafür ist eine neue transparente und dezentrale Art und Weise, die grundlegende Einheit des wirtschaftlichen Austauschs zu definieren: das Geld. Anstatt mit Hilfe einer staatlich regulierten Währung können wirtschaftliche Prozesse auch in dezentral verwalteten (›peer-to-peer‹) Netzwerken stattfinden. Dabei würde ein jeder eine Art eigener Währung herausgeben können, die sie oder er dann entsprechend der eigenen Bedürfnisse und Waren bzw. Dienstleistungen mit anderen ›Währungen‹ tauscht? Die prominenteste Technologie dafür ist die so genannte ›Blockchain‹-Technologie. Mit ihr lassen sich Zahlungen abwickeln, ohne dass es einer zentralen Bank oder Währung bedarf, sozusagen ›währungsfrei‹ bzw. in jeweilig eigener Währung.

Die Funktionsweise von Blockchains, auf denen auch die Internetwährung ›Bitcoin‹ beruht, ist so einfach wie das Führen eines Geschäftsjournals, nur mit viel mehr Einträgen und globaler und dezentraler elektronischer Verwaltung: Blockchains sind elektronisch gespeicherte Blöcke (›Journale‹), die – daher der Name – kettenförmig zusammenhängen und für jedermann einsehbar auf vielen Computern zugleich gespeichert sind. Das Eigentum des Geldes entspricht dabei dem Besitz eines kryptologischen Schlüssels, der das Guthaben repräsentiert.

Während beim gewöhnlichen (bargeldlosen) Zahlungsverkehr die Teilnehmer einer Bank oder ähnlichen vermittelnden Instanz vertrauen müssen, die die Sicherheit der Transaktion garantiert, ist dies bei Blockchains die Aufgabe der Gemeinschaft aller Beteiligten. Eine Zahlung wird bei Vorlegen der korrekten Schlüssel von der Mehrheit der Teilnehmer abgesegnet. Korrekturen am System sind nur möglich, wenn die Mehrheit der Beteiligten diesen zustimmt (was nach einer Weile aufgrund der wachsenden Teilnehmerzahl kaum mehr möglich ist).

Die Blockchain-Technologie ersetzt Intermediäre wie Geld, Banken und Behörden durch die Gemeinschaft vieler Nutzer. Dieser Ansatz könnte wirtschaftliche Transaktionen und Organisationen auf eine ganz neue Basis stellen.

Geld, wie wir es heute kennen, könnte komplett verschwinden. Anstatt einen (staatlich regulierten und kostspieligen) Intermediär für Geschäftstransaktionen zu verwenden (Geld), könnten die Menschen all ihre Bezahlungen direkt digital durchführen. Der Anwalt, der beim Bäcker ein Brot kauft, zahlt mit einer direkten Transaktion (beispielsweise mit seinem Handy), die dann sofort in der Blockchain verbucht wird. Seinerseits erhält er sämtliche seiner Arbeitsleistungen von seinen Kunden direkt auf sein virtuelles Konto im Internet vergütet. Geld als Vermittler zwischen verschiedenen Wirtschaftssubjekten und ihrer Käufe und Verkäufe braucht es dann nicht mehr. Die Technologie weckt daher die Begeisterung aller, die wirtschaftliche Prozesse jeglicher staatlicher Kontrolle entziehen wollen, da eine unkontrollierte Erhöhung des Geldvolumens durch eine Zentralbank nicht mehr möglich wäre[153].

Die Anwendungen von Blockchains gehen weit über Geldgeschäfte hinaus. Ganz allgemein ermöglichen sie das Aufzeichnen und Bewahren von ›Wahrheiten‹ (z.B. Eigentumsrechten), die weder von einem korrupten Staat noch von privaten Interessen manipuliert werden können, da Veränderungen stets von der Mehrheit dezentral bestätigt werden müssen.

153 Zu denen leider auch kriminelle Organisationen gehören. So werden Bitcoins schon für Geldwäscherei verwendet. Allerdings haben die Gesetzeshüter diese Technologie unterdessen sehr gut im Blick. In gewisser Weise vereinfacht sie sogar ihre Arbeit, denn der Zugriff auf Blockchains hinterlässt immer Fußabdrücke.

Blockchain bedeutet: Menschen, die sich nicht kennen (und sich gegenseitig auch nicht vertrauen müssen), führen eine Aufzeichnung darüber, was wem gehört und was wahr ist.

Bereits ist eine dezentrale Grundbuchführung im Gespräch, die gerade in Ländern, in denen die öffentlichen Register unzuverlässig sind oder gar nicht existieren, einen bedeutenden positiven Einfluss haben könnte. Das Grundbuch, wie wir es kennen, könnte gar obsolet werden. Länder wie Honduras und Georgien, aber auch Schweden haben bereits weitergehendes Interesse an der Blockchain-Technologie signalisiert. Und im März 2017 hat Dubai eine große Blockchain-Initiative angekündigt, mit der ab 2020 alle Regierungseinheiten sowie die öffentliche Verwaltung die neue Technologie verwenden sollen.[154]

Ideen statt Ideologien

Es gibt keinen einzelnen Regelmechanismus, keine Musterformel, wie der technologische Fortschritt zu gestalten ist. Eine einzelne Instanz, sei dies der Markt, die Kirchen, der Staat, wissenschaftliche Eliten oder eine andere gesellschaftliche Kraft, wird uns die Gestaltung der technologischen Zukunft nicht vorgeben oder sie gar alleine bewerkstelligen können.

Wir befinden uns vielmehr in einem Wettkampf der Ideen. Dieser wird zwischen Universitäten und For-

154 Laut Prognosen des World Economic Forum wird bis 2023 der erste Staat Lohnsteuern mit Hilfe der Blockchain-Technologie einsammeln. Bis 2027 sollen mindestens zehn Prozent des gesamten Weltbruttoinlandsprodukts auf Blockchains abgespeichert sein. Siehe: WEF, Global Agenda Council on the Future of Software & Society, *Deep Shift Technology Tipping Points and Societal Impact* (2015), http://www3.weforum.org/docs/WEF_GAC15_Technological_Tipping_Points_report_2015.pdf

schungseinrichtungen, zwischen politischer Rahmengebung und unternehmerischer Kreativität ausgetragen, aber auch zwischen verschiedenen politischen, ökonomischen, sozialen und gar philosophischen Positionen und nicht zuletzt zwischen innovativen Unternehmen wie Google, Apple, Microsoft, Facebook, Amazon und den vielen kreativen Unternehmern mit ihren Start-Ups, die jedes Jahr mit neuen Geschäftsideen entstehen. Dieser Wettkampf der Ideen gilt *für alle* gesellschaftlichen Gestaltungsmodelle. Am Ende werden sich die besten Ideen und kreativsten Modelle durchsetzen.

Es braucht den gesellschaftlichen Ausgleich vieler Gestaltungskräfte, um die Balance zwischen verschiedenen Interessen, gesellschaftlicher Stabilität, Nachhaltigkeit und dem größtmöglichen Glück aller Menschen zu erreichen.

Die wesentlichste aller Fragen lautet: »Was und wohin wollen wir?« Um sie zu beantworten, werden wir den demokratischen und offenen Weg des Diskurses gehen müssen, und dabei unaufhörlich neu mühsame Konsensfindung betreiben, uns und andere immer wieder hinterfragen, den Gang der Dinge permanent überprüfen und den Gestaltungsprozess jedes Mal wieder neu in Gang bringen müssen. Im nächsten Kapitel wird es darum gehen, auf welche Weise ein jeder von uns an diesem Prozess teilnehmen kann und muss.

11 – BIG TALK
WIE WIR UNS GEMEINSAM UM UNSERE ZUKUNFT KÜMMERN WERDEN

Die Macht des marktwirtschaftlichen Wettbewerbs, die Abhängigkeit unseres Wirtschaftssystems von fortdauerndem Wachstum, unsere Gier nach mehr und mehr Komfort, Wohlstand und Lebensqualität und vor allem die nicht zu bändigende menschliche Kreativität – all diese Kräfte sind zu stark, als dass wir den technologischen Fortschritt stoppen könnten.

Doch wenn wir ihn schon nicht zu bremsen vermögen, müssen wir ihn wenigstens steuern und dafür sorgen, dass er *allen* Menschen zugutekommt. In Kapitel 10 habe ich gezeigt, dass diese Aufgabe keine gesellschaftliche Kraft alleine bewältigen kann und es auch keinen Automatismus gibt, der schon alles gut werden lässt. Um technologische Dystopien zu vermeiden, führt an einer Allianz aller gesellschaftlichen Kräfte kein Weg vorbei. Dabei müssen wir uns, statt Alternativlosigkeit zu beschwören, auf unsere gemeinsame demokratische Kultur besinnen.

Die gesellschaftliche Gesamtheit muss entscheiden, was wir wollen und wohin es gehen soll, nicht einzelne Interessenvertreter oder Experten.

Doch wie bekommt man Wirtschaft und Wissenschaft, Kirchen und NGOs, Bürger und Experten, Intellektuelle und Journalisten überhaupt an *einen* Tisch? Und was ist dann das Ziel der Gespräche, und welche Widerstände gibt es? Müssen wir bei der Lösung des Problems bei null anfangen, oder verfügen wir bereits über eine ›Starthilfe‹? Die Antwort auf diese Fragen soll dieses Kapitel geben.

Der runde Tisch

Wir sahen im 9. Kapitel, dass selbst die Experten nicht immer in der Lage sind, die Folgen einzelner Entwicklungen abzuschätzen. Was richtig und was falsch ist, stellt sich oft erst im Nachhinein heraus. Ohne Experten geht es aber auch nicht. In einer immer unübersichtlicher werdenden Welt braucht es Menschen, die die abstrakten Methoden der Quantenmechanik oder Teilchenphysik, die Komplexität der neuronalen Architektur unseres Gehirns, die atemberaubend vielschichtige Interaktion der Gene mit unserem Körper oder auch die nichtlinearen Rückkopplungen in der Dynamik des Klimas auf unserem Planeten verstehen. Neben wissenschaftlichen Fachkenntnissen müssen wir von ihnen aber auch die notwendige philosophische Reflexionsfähigkeit und spirituelle Perspektive verlangen und vor allem, dass sie frei von kommerziellen Interessen sind.

Die Forderung an die Wissenschaftler lautet daher: Sie dürfen nicht mehr nur in ihrer eigenen abgeschlossen Gemeinschaft unter sich bleiben, in ihren Gremien, Konferenzen und Symposien. Sie dürfen nicht mehr nur in den einschlägigen wissenschaftlichen Zeitschriften publizieren, sondern sie müssen sich auch auf anderen Kanälen präsentieren und erläutern, was in ihren jeweiligen Disziplinen gerade passiert, z.B. in populärwissenschaftlichen Büchern, in Blogs, in sozialen Netzen, in Artikeln in der Tages- oder Wochenpresse, in öffentlichen Vorträgen oder auch in kurzen YouTube-Filmen[155]. Die Wissenschaftler sind in der Pflicht, ihre Ergebnisse offensiv zu verteidigen, und dabei auch Lügen und gezielte Fehlinformation zu bekämpfen. Wenn sie gerade bei einem so wichtigen Thema wie dem Klimawandel der Lobby aus Energie- und Automobilunternehmen nichts entgegenzusetzen wissen, dann ist das ein kommunikatives Versagen ihrerseits[156].

Ein Beispiel für engagierte Wissenschaftskommunikation ist die Plattform *We are for Science* der Penn State Universität. Ihr Motto lautet: »Für Wandel, Aktion und Inklusion innerhalb der Wissenschaften, und für die akkurate Darstellung von Wissenschaften in Politik, den Schulen und der Gesellschaft, und die Förderung einer Diversität innerhalb der Wissenschaften«[157].

Es tut sich was in der wissenschaftlichen Community: Wissenschaftler treten in den Dialog mit der Gesellschaft.

Neben Experten und Wissenschaftlern spielen auch die Journalisten eine besondere Rolle. Leider bleiben gerade diejenigen, die es sich zur Profession gemacht haben, uns die Wirkungsmechanismen unserer modernen Lebensbedingungen zu erklären, beim Thema Wissenschaft mitunter verblüffend ruhig. So werden wohl so einige Ereignisse, die es nicht in die Zeitungen des nächsten Tages schaffen, 25 Jahre später in unseren Geschichtsbüchern stehen (wie beispielsweise die Entdeckung von CRISPR).

155 Ein gutes Beispiel dafür ist Katharine Hayhoe, Leiterin des Klimaforschungszentrums der Texas Tech University in Lubbock in ihrer Blog-Serie *Global Weirding*, https://www.youtube.com/channel/UCi6RkdaEqgRVKi3AzidF4ow

156 So glaubt beispielsweise die Mehrheit der Texaner, Klimaforschung habe eine noch weniger reale Basis als etwa Astrologie.

157 http://sites.psu.edu/weareforscience/

Weniger Beziehungskisten der Hollywood-Schauspieler, Verhalten der C-Promis in irgendwelchen Dschungelcamps oder Diskussionen darüber, ob wir die Verschleierung islamischer Frauen akzeptieren sollten, weniger populistische (und verkaufsträchtige) Schlagzeilen und mehr über die Bedeutung der neusten Quanten-, Nano- oder Biotechnologien – so lautet die Forderung an die Journalisten. Dann erfahren auch mehr Menschen, dass Quantencomputer vor dem Durchbruch stehen und Künstliche Intelligenz bereits Kriege plant.

Guter wissenschaftlicher Journalismus schärft das Bewusstsein für den Entwicklungsstand der Naturwissenschaften auch unter politischen Entscheidungsträgern sowie den wirtschaftlichen und intellektuellen Eliten. Oft verstehen Politiker und Manager nicht einmal die methodischen Grundlagen der Naturwissenschaften. Und der alljährliche Rundgang auf der Computermesse ›Cebit‹ in Hannover reicht nicht aus, um dieses Verständnis zu gewinnen.

Wir brauchen eine ausgeprägte Berichterstattung über wissenschaftliche und technologische Entwicklungen in der Tages- und Wochenpresse.

Auch und gerade die intellektuelle Elite besitzt eine wichtige Stimme. Denn ihre Mitglieder sind diejenigen, die ›zwischen den Zeilen lesen‹ und sich das Analysieren, Hinterfragen, Kritisieren und Beeinflussen gesellschaftlicher Vorgänge auf die Fahnen geschrieben haben. Doch auch sie sind über den Entwicklungsstand der Naturwissenschaften und die neusten Technologien nicht selten erschreckend wenig informiert.

Das betrifft auch die Meinungsführer des ökonomischen Denkens. So sieht sich einer ihrer prominentesten heutigen Vertreter, der amerikanische Ökonom Robert J. Gordon, gar zu der Aussage veranlasst, dass die heutige technologische Innovationsdynamik derjenigen vor 100 oder 150 Jahren signifikant nachsteht und daher in der Zukunft das ökonomische Wachstum weitaus geringer sein wird[158]. Derart ignoranten und fantasielosen Zukunftsvorstellungen muss umgehend widersprochen werden.

Damit wir alle an der Diskussion um unsere Zukunft teilhaben können, braucht es bei jedem von uns zukünftig eine gesunde Kombination aus wissenschaftlichen Grundkenntnissen und philosophischer Reflexionsfähigkeit. Auf diese Fähigkeiten der Erwachsenen von morgen sollten wir heute auch in den Schulen hinarbeiten. Die bekannte bildungspolitische Forderung nach einem stärkeren naturwissenschaftlichen Fokus in der Schule, in den so genannten ›MINT‹-Fächern, reicht dafür nicht aus. Denn es ist zu bezweifeln, dass die Kenntnisse der Newton'schen Gesetze, der Grundregeln der Stöchiometrie oder der Mendel'schen Vererbungslehre ausreichen werden, die richtigen Fragen zu zukünftigen Nanotechnologien, den neusten Möglichkeiten von CRISPR oder optimalen KI-Lösungen zu stellen. Unser Bildungssystem sollte seine Schüler und Studenten also weniger auf lukrative Karrieren trimmen und mehr darauf hinarbeiten, verantwortungsvolle Staatsbürger hervorzubringen. Es geht darum, unsere Kinder zu selbstständigen, kreativen und unkonventionell denkenden Persönlichkeiten zu erziehen[159].

Insgesamt lässt sich sagen: Es ist ja eigentlich schon vieles von all dem da. Kompetente Politiker, gute Wis-

158 R. Brown, *The Rise and Fall of American Growth*, Princeton University Press (2016)

159 Es ist sicher kein Zufall, dass viele Silicon-Valley-Unternehmer Montessori-Schüler waren, also eine Bildungsweg gingen, in dem Individualität und Eigenständigkeit im Mittelpunkt stehen.

senschaftsjournalisten, detailkundige Experten und Bestrebungen, die Kinder von heute zu mitsprachefähigen Bürgern von morgen zu machen. Es ist nur noch *zu wenig* oder anders gesagt: ausbaufähig. So muss für eine seriöse, evidenzbasierte Politikberatung eine deutlich stärkere Expertise in unseren politischen Institutionen aufgebaut werden. Konkret braucht es mehr Schnittstellen zwischen wissenschaftlicher und technologischer Fachkompetenz und den demokratischen Mandatsträgern. Enquete-Kommissionen des Deutschen Bundestags zu spezifischen Technologiefragen sind hier ein Beispiel. Allerdings fokussierten sich seit 1971 nur 8 von 27 Enquete-Kommissionen direkt auf technologische Fragen. Es muss auch geprüft werden, ob zur Entscheidung in wichtigen technologischen Fragen auch Formen der direkten Demokratie hilfreich sind.

Eine intensive Zusammenarbeit mit Experten, Journalisten, Intellektuellen und mündigen Bürgern wird die Reaktionszeit der Politik verringern.

Ein positives Beispiel für aktive Wissenschaftspolitik ist die im Januar 2017 vom Rechtsausschuss des EU-Parlaments gestellte Forderung nach einer europäischen Agentur für Robotik und KI. Diese soll sicherstellen, dass den relevanten politischen Akteuren das nötige technische, ethische, rechtliche und regulatorische Fachwissen zur Verfügung steht. Konkret ist ihre Mission, »die Reflexion der Abgeordneten zu diesen Themen zu fördern, indem sie Informationen sammelt und den Austausch mit Fachleuten aus vielen Bereichen akademischer Expertise ermöglicht, so dass den Mitgliedern eine eingehende Analyse/Prüfung der Herausforderungen und

Perspektiven, die auf dem Spiel stehen, möglich ist.«[160] Ein sicherlich sehr sinnvoller Schritt, der sich allerdings nicht in ein bürokratisches Ungetüm verwandeln darf.

Und warum sollen Wissenschaftsorganisationen keinen stärkeren politischen Einfluss oder gar eine eigene Lobby besitzen? Banken und Industrie, Wirtschaft und Journalismus bis hin zu den Kirchen nehmen ganz selbstverständlich Einfluss auf den politischen Diskurs. Wie wäre es beispielsweise mit einem Rat der ›Wissenschaftsweisen‹ zur Beurteilung der ›wissenschaftlichen Gesamtlage‹ – anlog den ›fünf Wirtschaftsweisen‹?

Ziel: Unbekannt

Die Teilnehmer am Runden Tisch sind nun bekannt: Wissenschaftler und Experten, Intellektuelle und die Wirtschaftselite, Politiker und Journalisten und nicht zuletzt die Bürger selbst. Nun geht es um die nächste Frage: Was steht auf der Agenda, wenn es um die Herausforderungen des technologischen Fortschrittes geht? Der Entwurf einer perfekten Welt in 100 Jahren? Es sollte doch möglich sein, so könnte man meinen, dass die Beteiligten mit Hilfe von ausreichend viel Information und entsprechender Technologien eine perfekte Welt entwerfen, nach der wir alle streben könnten.

Die Auffassung, dass es einen optimalen Zustand unserer Welt tatsächlich gibt, entspricht einem alten geistigen Reflex, der sich bis heute als erstaunlich langlebig erweist. Am explizitesten formulierte diese These vor 300 Jahren der Philosoph Gottfried Wilhelm Leibniz mit seiner »besten aller Welten« (die wohl auch der These

160 Übersetzung des Autors aus dem Englischen. Siehe: http://www.europarl.europa.eu/committees/en/juri/subject-files.html?id=20150504CDT00301

von der »unsichtbaren Hand« in der klassischen Nationalökonomie zugrunde lag).

»Ziel bestimmen und nichts wie hin«, lautet seit dem Barock das Motto der vereinigten Optimisten aller Länder. Doch eine solche optimale Lösung kann es nur in einer statischen Welt geben. Wir sind jedoch immer in Bewegung, der technologische Fortschritt schafft immer wieder neue Ausgangslagen. Wir können den Raum der möglichen zukünftigen Zustände unmöglich überblicken, weil er sich in jedem Moment wieder verändert.

Stellen wir uns diesen Raum einmal als Gebirge vor, in dem es einerseits unwirtliche Berge gibt, andererseits saftige grüne Ebenen, in denen es sich gut leben lässt[161]. Leider blockieren die Berge die Sicht in die Ferne, so dass wir immer nur unsere unmittelbare Umgebung kennen. Wir wissen nicht, ob hinter dem nächsten Berg der tiefste und ewige Abgrund liegt oder endlose grüne Wiesen. Es wird aber noch komplizierter, weil wir selbst mittels des technologischen Wandels die Landschaft zu jedem Zeitpunkt mitgestalten. In einem sich selbst immer wieder verändernden Gebirge müssen wir also das Ziel immer wieder neu bestimmen.

Wie verhalten wir uns in einem solchen Raum? Am wichtigsten ist es, die Ambivalenzen zuzulassen, die darin liegen, dass es in diesem Raum gar keinen optimalen Punkt geben kann, sondern im Bestfall den Konsens darüber, in welchen Gebieten wir uns aufhalten wollen und in welchen uns das Leben nicht lebenswert erscheint. Unser Schicksal ist es, immer wieder neue Entscheidungen zu treffen, um fünf, zehn oder zwanzig Jahre später eine lebenswerte Zukunft vorzufinden.

161 Um die Analogie präziser zu machen, müssen wir uns vorstellen, dass unsere Gebirgslandschaft nicht nur zweidimensional, sondern sehr hoch-, prinzipiell sogar unendlich-dimensional ist.

Eine perfekte Welt müsste statisch sein. Wir aber bewegen uns mit rasender Geschwindigkeit voran. Deswegen sind wir gezwungen, immer wieder neue Zielbestimmungen vorzunehmen.

Selbst eine Quantencomputer-Superintelligenz, gefüttert mit genügend Daten, könnte niemals bestimmen, wie der technologische Fortschritt am besten zu steuern ist. Das ist und bleibt unser eigener Job.

›Big Talk‹ anstatt Smalltalk – Wir müssen reden!

Wir kommen also auch in der Zukunft nicht um den runden Tisch mit möglichst vielen Vertretern herum. Nichts anderes beobachten wir heute schon in zahlreichen Ansätzen und Variationen im Internet. Nicht jeder findet das gut. Die Vielstimmigkeit der unverblümten und kontroversen Kommunikation in einer offenen demokratischen Gesellschaft beschreiben Skeptiker heute als Wirrwarr. Der Lärm der Meinungsverschiedenheiten erscheint ihnen als das chaotische Ergebnis einer postmodernen, massendemokratischen Weltanschauung, die sich die Gleichheit aller auf die Fahnen geschrieben hat.

Dabei ist es genau dieses Tohuwabohu der Vielfalt, auf dem unsere Hoffnung bei der Gestaltung des technologischen Fortschrittes liegt. Denn nur das stetige Ringen der verschiedenen Interessen garantiert, dass nicht die partikularen Interessen bestimmter Gruppen, die Irrtümer und kognitiven Verzerrungen einzelner Experten oder der pure Zufall unsere Zukunft bestimmen. An einem Ausbau demokratischer Entscheidungsprozesse auf der Basis eines stets offenen und reflexiven Austauschs von möglichst vielen Ideen und Meinungen führt kein Weg vorbei. Dabei werden wir uns immer wieder durch einen Prozess der stetigen Korrektur von unerwünschten Entwicklungen hindurchwühlen müssen.

Der Bayesianische Geist erlaubt uns Fehler und Irrwege. Wir dürfen und müssen Entscheidungen auch korrigieren. Die Korrektur unerwünschter Entwicklungen a posteriori ist dabei sogar mindestens so wichtig wie die Bestimmung eines geeigneten Weges a priori.

Es ist genau dieser ›Versuch-und Irrtum‹-Prozess, der uns in einem sich stetig verändernden Raum die geeignetsten Wege und Orte finden lässt.

Die Kontrolle der getroffenen Entscheidungen funktioniert umso besser, je vielschichtiger und unterschiedlicher der Kanon der beteiligten Stimmen ist, d.h. je aktiver wir alle an der Beurteilung und Gestaltung von Zukunftstechnologien partizipieren. Die Diskussion, die wir dazu brauchen, umfasst ethische, gesellschaftliche, politische, rechtliche, medizinische und wirtschaftliche Dimensionen und sollte daher auch in so verschiedenen Kreisen wie naturwissenschaftlichen, berufspolitischen, sozialwissenschaftlichen, ökonomischen und nicht zuletzt kirchlichen und spirituellen Interessensgruppen geführt werden.

Wir erkennen hier nichts anderes als das bekannte Plädoyer für eine offene Gesellschaft, wie es am eindrücklichsten im ›Kritischen Rationalismus‹ Karl Poppers seinen Ausdruck findet[162]. Eine solche offene

162 Siehe: Karl Popper, *Die offene Gesellschaft und ihre Feinde* (2 Bände), München (1957) (Original: *The Open Society and Its Enemies*, London (1945)). Aber auch für Jürgen Habermas, einem Vertreter der Popper eher ablehnend gegenüberstehenden ›kritischen Theorie‹, bilden kommunikative Interaktionen auf der Grundlage rationaler Geltungsgründe (der von ihm so genannten »kommunikativen Rationalität«) die Grundlage jeglicher politischen Handlungskoordinierung.

Gesellschaft vermag es am besten, immer wieder den Ausgleich zwischen den vielen gesellschaftlichen Kräften und Interessen zu erreichen und so das Spannungsfeld zwischen fatalistischer Apokalypsen-Rhetorik und hyperaktiven Technik-Allmachtsträumen auszuhalten (beide dieser Extrema erweisen sich bei näherer Betrachtung als reichlich einfallslos und sowohl in intellektueller als auch in handlungspraktischer Hinsicht uninteressant). In diesem Spannungsfeld bedarf es immer wieder eines Korrektivs, um den Irrtümern, Fehleinschätzungen und Interessenkonflikten von Experten und politischen und wirtschaftlichen Machthabern kritisch zu begegnen, damit wir nicht zu spät fragen: »Haben wir das wirklich so gewollt?« oder »Hätten wir das nicht besser machen können?«

Wir alle zusammen sind das benötigte Korrektiv in Form eines immerwährenden Diskurses der offenen Gesellschaft – auch als ›Demokratie‹ bekannt.

Ein jeder hat etwas zu sagen

Eine demokratische Streitkultur zu leben, ist durch die digitalen Medien heute leichter als je zuvor. Jeder kann zu so ziemlich allem seine Meinung äußern: auf Facebook, LinkedIn, Instagram und vielen anderen sozialen Plattformen. Oder man startet einfach einen eigenen Blog. »Wer etwas zu sagen hat, der soll es sagen«, so lautet das demokratische Credo des digitalen Zeitalters.

In unzähligen Foren, interaktiven Online-Diskussionsplattformen, sozialen Netzen, Clubs, Blogs, NGOs,

Bürgergruppen passiert dies bereits. Auf Plattformen wie ›Scilogs.de‹, ›scienceblogs.de‹ oder ›bloggerei.de‹ wird im deutschsprachigen Bereich zu den verschiedensten Themen in Wissenschaft und Technologie engagiert diskutiert, gestritten und rezensiert.[163] Das Beispiel der US-amerikanischen Online-Petitionsplattform ›Change.org‹ zeigt, dass mit Diskussionsbeiträgen auf Online-Plattformen echter politischer und wirtschaftlicher Einfluss entwickelt werden kann. Die Mission der Plattform lautet: »Ermächtige Menschen überall, den Wandel zu erschaffen, den sie wählen wollen«. Viertklässlern ist es mit ihrer Hilfe gelungen, eine Filmproduktionsfirma in Hollywood dazu zu bringen, in einem ihrer Filme Botschaften zur Schärfung des Umweltbewusstseins zu platzieren.

Wer sich über eine zu wenig kritische Öffentlichkeit sorgt, sollte diese Internetforen besuchen. Hier tauschen sich Menschen verschiedenster Berufsgruppen aus – Unternehmer, Lehrer, Angestellte, Journalisten, Sozialarbeiter – und informieren und engagieren sich. Solche Plattformen bieten vielschichtige Ansätze, um mehr Wissen, Ideen und Ressourcen nutzbar zu machen, und ermöglichen zuletzt ganz neue Strukturen kollektiver Intelligenz. Die digitale Welt beschreibt diese Entwicklung mit Stichwörtern wie ›Online Discussion‹, ›Citizen Science‹[164], ›Crowd Intelligence‹ oder ›Crowd Knowledge Sourcing‹.

Dazu kommen Initiativen in Vereinen und Clubs. Ein Beispiel ist der Verein ›WissenLeben‹ aus München, der sich für gesellschaftliche Aufklärung im Zusammen-

163 Der Autor kennt dies aus eigener Erfahrung, da er seit einiger Zeit einen eigenen Blog auf ›scilogs‹ führt.

164 Bei *Citizen Science* handelt es sich um Wissenschaft, die freiwillig und aus reinem Interesse von Amateuren durchgeführt wird.

hang mit dem Klimawandel einsetzt. Sein Motto: »Wir machen die Zusammenhänge zwischen Natur, Mensch und Klima für jeden Einzelnen verständlich, erlebbar und nachvollziehbar, um zu nachhaltigem Handeln zu motivieren.« Die Initiatorin des Vereins, die Biologin Dr. Maiken Winter, zeigt, wie engagierte Bürgerschaft im Zusammenhang mit technologischen Entwicklungen aussehen kann.

Ein anderes und bekannteres Beispiel ist der ›Chaos Computer Club‹, Europas größte Vereinigung von Computerhackern. Seine Mission lautet seit mehr als 30 Jahren, über technische und gesellschaftliche Fragen wie Überwachung, Datenschutz, Datensicherheit, Informationsfreiheit und vieles mehr rund um Computer, digitale Technologie und Hacking zu informieren. Dazu organisiert der Club Kampagnen und Veranstaltungen, betreibt Lobbying und gibt Publikationen heraus[165].

Für eine demokratische Streitkultur um die technologische Gestaltung unserer Zukunft braucht es jeden Einzelnen von uns. Die Möglichkeiten dazu sind vorhanden. Einfach nur wählen zu gehen, reicht heute nicht mehr.

Auch die vom Internetunternehmer Elon Musk und anderen Beteiligten mit einer Milliarde Dollar Kapital gegründete ›OpenAI Initiative‹ zeigt, welche Möglichkeiten des Engagements sich in einer digitalen offenen Gesellschaft ergeben. Musks Plattform will dafür sorgen, dass Künstliche Intelligenz der gesamten Menschheit zugutekommt

165 So hat der Club im Jahr 2016 beispielsweise im Auftrag des NSA-BND-Untersuchungsausschusses des Deutschen Bundestages in einem Sachverständigengutachten gezeigt, dass der Bundesnachrichtendienst (BND) bei seiner Massenüberwachung nicht sicher zwischen in- und ausländischen Datenverkehren unterscheiden kann, ohne detailliert Inhalte der Kommunikation zu analysieren.

und demokratisch genutzt wird. Die Überzeugung hinter dieser Initiative ist, dass KI der Freiheit eines jeden dienen soll und nicht dem kommerziellen Nutzen weniger. Sie bietet Forschern und Ingenieuren eine Plattform, auf der sie ihre Arbeit, Blogs, Computerprogramme und Patente öffentlich machen und kostenlos mit der ganzen Welt teilen können. KI-Experten diskutieren auf dieser Plattform öffentlich über neue KI-Technologien, KI-Sicherheit und Ziele von KI. Sie können auf ihr sogar spezifisch Forschungsprojekte betreiben[166]. Ziel von ›OpenAI‹ (und auch ein Grund seiner hohen Kapitalisierung) ist es, Top-Talente der KI-Forschung für die verantwortungsvolle Erforschung künstlicher Intelligenz zu gewinnen, die allen nützt und nicht nur den Aktionären von Google, Microsoft oder Facebook.

Jenseits des Humanismus

In einem nie versiegenden Gespräch diskutieren und bestimmen Wissenschaftler, Intellektuelle, Ökonomen, Unternehmer, Politiker, Journalisten, Pädagogen und viele weitere Gruppen die nächsten Schritte unserer Gesellschaften. Wir sind bereit, vergangene Entscheidungen zu überdenken und unser Bestes zu geben, um die vor uns liegende Zukunft lebenswert zu gestalten. Wenn wir dabei schon keinen vorgezeichneten Weg haben, besitzen wir dann wenigstens einen Kompass? Ich meine ja. Denn wesentliche Prinzipien unseres Zusammenlebens dürfen wir als unverrückbar ansehen: universelle Menschenwürde und eine offene Gesellschaft.

166 Wie beispielsweise die Entwicklung von Applikationen auf Microsofts ›Azure N-Series‹ Virtual Machines.

Aus dem humanistischen Weltbild ergab sich ein Menschen- und Gesellschaftsbild, das sich der Achtung des menschlichen Lebens und der Menschenwürde, dem Schutz und der Durchsetzung von Menschen- und Bürgerrechten und dem Recht auf freie Entfaltung der Persönlichkeit verschreibt. Auch leiten wir daraus die politische Mitbestimmung aller Bürgerinnen und Bürger einer Gesellschaft (Demokratie), Glaubens- und Meinungsfreiheit, Konsumfreiheit in einem freien und fairen Markt, Autonomie in der Ausrichtung unseres Lebens nach eigenen Vorlieben und Wünschen und unser aller Recht auf das Streben nach eigenem Glück ab. Das ist eine Basis, die wir sicherlich nicht aufgeben wollen.

Das humanistische Weltbild verschafft uns einen ersten fundamentalen Konsens in der Gestaltung unserer technologischen Zukunft: Wir wollen als Individuen unsere Autonomie und menschliche Würde behalten.

Diese Forderung nach individueller Autonomie und Gestaltungsfreiheit hat bisher einen ausreichend starken Wertekanon dargestellt, um die moderne Gesellschaft einigermaßen zusammenzuhalten. Doch genau dieser Kern des humanistischen Weltbildes ist bedroht. Können wir uns in Zukunft wirklich noch auf die Einheit unseres individuellen Seines, auf die Unantastbarkeit unserer menschlichen Würde, auf unsere unbedingte Selbstbestimmung verlassen, wie sie im ›humanistischen Weltbild‹ hochgehalten werden?

Tatsächlich machen der technologische Fortschritt und sein naturalistisches Welt- und Menschenverständnis nicht vor unseren eigenen Vorstellungen über uns selbst halt. Wie wir in den vorherigen Kapiteln sahen, stellen neue Entwicklungen z.B. auf dem Gebiet der VR und KI unsere ureigene Identität in Frage, die unbedingte Autonomie und Ganzheit eines jeden von uns. Im Spannungsfeld zwischen Wissenschaft und Technologie entwickelt sich das Potential eines neuen Menschenbildes, in dem der Mensch mitsamt seinen geistig-kognitiven Fähigkeiten immer deutlicher als Produkt einer natürlichen biologisch-evolutionären Entwicklung angesehen wird, deren Mechanismen wir nicht nur naturwissenschaftlich erfassen, sondern zunehmend auch technologisch beeinflussen können.

Damit steht schon bald nicht mehr die uralte philosophische (und humanistische) Frage »Was ist der Mensch?« (zugleich der Kern des Projekts ›Aufklärung‹) im Zentrum der philosophischen Anthropologie und Ethik, sondern die Frage »Was soll er denn sein?«. Mit den Antworten auf diese Frage bewegen wir uns vom Zeitalter des ›Humanismus‹ in ein mögliches Zeitalter des ›Transhumanismus‹.

Weißer Hut, schwarzer Hut

Die technologischen und ideologischen Möglichkeiten, einen runden Tisch zu bilden, der die ganze Welt umfasst, sind also gegeben. Und es gibt auch schon Menschen, die diese Möglichkeiten nutzen. Aber warum sind es noch so wenige?

Einigen Kräften, die uns daran hindern, alle gemeinsam an einen Tisch zu kommen, uns dem Diskurs zu stellen und den Bayesianischen Geist zu leben, sind wir bereits begegnet: divergierende Partikularinteressen, Besitzansprüche, kognitive Verzerrungen, Denkfaulheit, die Verführung der Vereinfachung etc. Mit anderen Worten: Die Auswüchse eines mächtigen Individualismus behindern uns in dem Versuch, eine Zukunft zu erschaffen, in der genau dieser Individualismus als Garant des Humanismus unbedingt erhalten werden soll.

Und noch ein weiter, sehr viel tieferer Grund, der ebenfalls seine Wurzel im Individualismus hat, hält uns davon ab, Gemeinsamkeiten engagiert auszuloten. Dieser liegt in der Kultur, Lebensausrichtung, Wirtschaft und Gesellschaftsstruktur des humanistischen Weltbildes selbst begründet.

Seit der Aufklärung im 18. Jahrhundert diente das humanistische Weltbild der Befreiung von dogmatischen Welt- und Gesellschaftskonzepten und damit einhergehender sozialer Unterdrückung. Die technologische und kapitalistische Innovationsdynamik ermöglichte den Menschen zugleich eine immer weitere Verbesserung ihrer Lebensbedingungen. Gleichzeitig erschuf die humanistische Weltsicht aber auch den Legitimationsraum für eine egozentrische Selbstbezogenheit, die sich beispielsweise in der rücksichtslosen Ausbeutung unserer materiellen Ressourcen offenbart. Seit dem von Nietzsche proklamierten »Tod Gottes« fehlt uns der Bezug auf eine transzendente Entität (göttliche Instanz), welche der (biologischen) ›Ego-Maschine Mensch ohne Maß‹ Beschränkungen auferlegen könnte.

Zwei Theorien manifestieren diese negative Dimension des humanistischen Welt- und Menschenbildes besonders deutlich:

- In der Evolutionstheorie hat der individuelle Organismus allein das Ziel, seine eigenen Gene optimal weiterzurreichen.
- In der klassischen Ökonomie ist das autonome Wirtschaftssubjekt getrieben von einem maß-

losen Gewinnstreben. Die ›Gier des Ichs‹ nach immer größerem Gewinn und Reichtum ist der Grundpfeiler unseres Wirtschaftssystems.

Mit einem solchen egoistischen Welt- und Menschenbild werden wir kaum zu einer geeigneten ethischen Ausrichtung und gemeinsamen Zukunftsvorstellungen gelangen, in der der Mensch mehr ist als das Produkt eines an sich sinnlosen und richtungslosen evolutionären und ökonomischen Optimierungsprozesses.

Genau diese ›dunkle‹ Seite des humanistisch geprägten Individualismus scheint eine angemessene kollektiv-vernünftige Reaktion auf die Herausforderungen unserer Zeit unmöglich zu machen.

Es ist paradox – aber genau die Folgen dieses ›Turbo-Individualismus‹ sind der Ansatz dafür, dass wir trotz aller übermäßig autonomen Bestrebungen des Einzelnen, die innerhalb einer Gemeinschaft wie Zentrifugalkräfte wirken, an einem Tisch zusammenfinden werden. Denn als Ultra-Individualisten ist uns etwas verloren gegangen, ohne das wir Menschen kaum leben wollen.

Die spirituelle Dimension

Der Preis für unsere technologische Macht ist der Verlust von etwas, das enorme Bedeutung für uns Menschen und unser Leben hat: Werte, Sinn und Bedeutung. Die wissenschaftlich erfasste und technologisch gesteuerte Welt besitzt keinen tieferen Sinn oder höheren Zweck. Sie ist nur einfach da. Ein rein naturalistisches Welt- und

Menschenbild lässt keinen Raum für Höheres als die Natur selbst. Das Motto einer solchen Moderne könnte demnach auch lauten: »Shit happens«[167].

Doch trotz oder gerade als Folge unseres modernen Individualismus in dem oben beschriebenen naturalistischen[168] und ökonomistischen Weltbild erkennen wir in uns ein tieferes Verlangen nach einem höheren gemeinschaftlichen Sinn. Eine Mehrheit der Menschen bezeichnet sich auch heute noch, trotz immer allmächtigerer Technologien und einer weitestgehend wissenschaftlichen Erfassung der Welt, als ›spirituell‹. Und sie meinen damit nicht immer einen religiösen Glauben, ein emotionales Verlangen oder die Suche nach einem Sicherheitsgefühl in einem sicheren und kohärenten Weltbild. Vielmehr geht es ihnen um direktes spirituelles Erleben und eine entsprechende, damit verbundene Lebensausrichtung. Ein bedeutender Aspekt solcher Spiritualität ist eine philosophische Haltung bewusster geistiger, ggf. kontemplativer Beschäftigung mit Sinn- und Wertfragen unseres Daseins.

Dies ist kein Widerspruch: Damit wir Individuen bleiben können, die ein menschenwürdiges Leben führen, müssen wir die gesteigerte Individualität der letzten Jahrzehnte - ihr dunkle Seite - überwinden.

Am runden Tisch wird es also nicht nur darum gehen, Wissenschaft und Technologien nachzuvollziehen, zu beurteilen und zu gestalten. Wir fragen hier auch nach

167 In den Worten Yuval Noah Hararis; Y, N. Harari, *Homo Deus – A brief history of tomorrow*, Harvill Secker (2016)

168 ›Naturalistisch‹ beschreibt im philosophischen Kontext die Auffassung, die Welt und den Menschen als rein naturhaftes Geschehen zu begreifen.

den geeigneten *gemeinsamen* Geschichten, spirituellen Erfahrungen und sogar religiösen Narrativen, die unserer Welt einen Sinn zu geben versprechen und damit für den notwendigen gesellschaftlichen Zusammenhalt sorgen[169]. Solche gemeinsamen Narrative motivieren und befähigen alle Teile der globalen Gesellschaft, an der Gestaltung zukünftiger Technologien mitzuwirken. Mit ihnen schaffen wir den Sprung vom ›Ich‹ zum ›Wir‹, der notwendig ist, um gemeinsam über unsere Zukunft zu entscheiden.

Unterschätzen wir also nicht die Bedeutung von Bedeutung. Als Menschen fragen wir nicht nur nach den Wirkungs- und Kausalmechanismen in der Welt oder nach technologischen Optimierungen, die unser Leben vereinfachen, sondern wir fragen auch, was wir sind und was wir in dieser Welt sollen und wollen sollen. Diese Fragen kann die Wissenschaft (und auch ein einzelner Mensch) allein nicht nur nicht beantworten, streng genommen kann sie sie schon gar nicht stellen. Das müssen wir alle gemeinsam tun.

Es braucht beides, die Bewertung und Steuerung der Wissenschaft sowie die Auseinandersetzung mit den existentiellen (Sinn-)Fragen des Mensch-Seins.

Sowohl für die rationale Bewertung wissenschaftlichen Fortschritts als auch für die Behandlung spiritueller Sinnfragen müssen wir immer wieder einen neuen geeigneten Rahmen finden. Beide helfen uns, den Weg durchs Gebirge zu finden – auf der Suche nach einem glücklichen und sinnvollen Leben für alle.

169 Gerade Religionen mit ihren gemeinschaftlichen Riten und ihrem Stiften eines ›Wir‹-Gefühls haben in der Geschichte den Klebstoff geboten, der die Menschen zusammen hielt.

Auslaufmodell Egoismus

Unsere Sehnsucht nach kollektiver Spiritualität ist nur *ein* Grund dafür, auf eine Überwindung unseres individuellen Gewinnstrebens zu setzen. Es gibt noch zwei weitere gute Argumente dafür, dass wir uns tatsächlich alle gemeinsam am ›großen runden Tisch‹ wiederfinden werden.

Der zweite Grund: Wir sind eigentlich gar keine so großen Ego-Maschinen, wie wir meinen. Das Paradigma der Konkurrenz, des Wettbewerbs, des *Survival of the Fittest*, des ›Er oder ich!‹ ist zwar immer noch tief in unserem Alltagsdenken (und den ökonomischen und gesellschaftlichen Modellen) verankert. Doch das Bild eines individuellen, den Überlebens- und Fortpflanzungserfolg optimierenden ›Ichs‹ ist in der heutigen Biologie längst kein tragfähiges Paradigma mehr. Tatsächlich bestand die biologische Evolution, wie wir unterdessen genauer verstehen, immer aus einem Wechselspiel des Individuums mit seiner genetischen Verwandtschaft, seiner Art und der gesamten Natur. Kooperation spielte dabei eine wesentliche Rolle. Die meisten Biologen und Anthropologen gehen sogar davon aus, dass der besondere evolutionäre Erfolg des Menschen erst durch seine außerordentliche und von anderen Lebenswesen nicht annähernd erreichte Fähigkeit zur sozialen Zusammenarbeit und Kommunikation möglich wurde. Moral und das Gespür für ›richtig‹ und ›falsch‹ erweisen sich somit als ein Produkt des menschlichen kooperativen Zusammenlebens[170]. Genau dies ist die Fähigkeit, die wir für unser Überleben in der Zukunft benötigen.

170 Siehe auch: M. Tomasello, *Eine Naturgeschichte der menschlichen Moral*, Berlin (2016)

Zweifellos können wir das auf Konkurrenz ausgelegte Weltbild überwinden und kollektiv nach einem gemeinsamen Vernunftprinzip handeln.

Den dritten Grund haben wir bereits im vierten und achten Kapitel kennengelernt: Unser Ich-Erleben ist keinesfalls selbstverständlich, was zahlreiche Beispiele von neurologischen Krankheiten und psychischen Ausnahmezuständen, zum Beispiel unter dem Einfluss von Drogen und Halluzinogenen, zeigen. Auch tiefe Meditationszustände können Auflösungen des Ich-Erlebens auslösen. Wir erkannten: Unser erlebtes ›Ich‹, von Philosophen als das ›phänomenale Selbst‹ bezeichnet, ist weit weniger stabil und kohärent als wir glauben.

Auch viele spirituelle Traditionen beschreiben als einen wesentlichen Teil des spirituellen Erlebens diverse Formen einer Auflösung der Grenzen des individuellen Selbstgefühls, entweder durch eine Integration des ›Ichs‹ in eine übergeordnete Instanz (Gott) wie in den meisten Religionen oder auch in ein soziales ›Wir‹ (die spirituelle Gemeinschaft).

Wie wir sahen, verweisen auch die neusten Ergebnisse der Neuroforschung in diese Richtung: Eine substantielle, irreduzible und ›individuelle‹ (unteilbare) Einheit des ›Ichs‹ gibt es gar nicht. Vielmehr ist unser ›Ich‹, ohne dass uns das bewusst ist, Teil eines Gesamtgeflechtes von Abhängigkeiten. Das ›Wir‹ ist viel stärker, als wir wahrnehmen.

Aus der Einsicht, dass unser ›Ich‹ keine beständige und unteilbare Entität ist und ggfs. sogar nur einen (wenn auch komplexen und noch nicht komplett verstandenen) evolutionär entstandenen neuronalen Prozess darstellt, könnte sich ein erwünschtes Gegengewicht zu Egozentrismus und ökonomischer Gier ergeben. Daraus ließe sich gar der Kern einer möglichen gesellschaftlichen Ausrichtung gewinnen, die das Gemeinsame wieder stärker betont als das eigensüchtige Ich mitsamt seiner niemals befriedigten Gier – ohne dabei umgekehrt in die Dystopie einer totalen Vergemeinschaftung zu fallen.

Zuletzt trägt auch eine Erkenntnis aus Kapitel 9 zu der Relativierung des Ichs bei: Intellektuelle Integrität ist untrennbar mit einer ethisch-ganzheitlichen, d.h. einer ›integren‹ Sichtweise verbunden. Sie strebt an, sich von einem erlebten Selbst mitsamt seinen partikulären Eigeninteressen unabhängiger zu machen. Eine solche ›selbstlosere‹ auf das Soziale ausgerichtete Perspektive beruht ebenfalls auf der Einsicht, dass wir Teil eines größeren Ganzen sind und kein isolierter, selbstbezogener ›Ich-Eigenkosmos‹[171]. Wir sind ein Teil der Natur und können nicht getrennt von ihr existieren. Diese Einsicht bringt in Anbetracht der gegenwärtigen ökologischen Zerstörungen bereits eine konkrete politische Dimension mit sich.

Ein Shift vom ›Ich‹ zum ›Wir‹, von individuellen Partikularinteressen zu einem kollektiven Bewusstsein, findet längst statt.

Konkurrenzlos glücklich

Sogar Technologie kann uns dabei helfen, uns als Teil eines Ganzen zu verstehen. Einerseits könnte sie dies auf sehr direkte Art und Weise tun: Diverse Gesund-

171 Es ist sicher kein Zufall, dass gerade heute der Buddhismus im säkularen Westen an Bedeutung gewinnt. Sein Versuch, die Selbst-Illusion aufzulösen, ohne sich dabei auf eine transzendente Ordnungsinstanz zu berufen, ist eine mächtiger Ansatz und konstruktiver Beitrag zu dieser Art spirituellen Bemühens.

heitstechnologien, die wir in diesem Buch bereits behandelt haben (Gentechnik, Ernährungstechnologien, Nanobots, VR etc.), ließen sich dazu verwenden, neben einer Steigerung unseres biologischen, neurologischen und kognitiven Potentials auch eine Ausweitung unserer empathischen Fähigkeiten zu bewirken. Doch bei allem Nutzen wäre diese Methode sicher nicht unumstritten[172]. Aber auch Meditation oder der Konsum von halluzinogenen Drogen (wobei letzteres bisher nicht weniger umstritten ist) könnten als ›Wir-Enhancer‹ dienen[173].

Doch die technologische Entwicklung eröffnet auch noch einen ganz anderen, indirekten Weg: Egoismus könnte sich einfach nicht mehr lohnen. Denn die digitalen Technologien werden uns mit großer Wahrscheinlichkeit ganz neue ökonomische und politische Freiheiten verschaffen.

Heute brauchen wir noch sehr lange, um Doktoren, Anwälte, Buchprüfer und viele andere Berufe auszubilden. Jeder Arzt muss den Stoff immer wieder selber lernen und sich die notwendige Erfahrung für seinen Beruf aneignen. Es gibt dabei keine Skaleneffekte. Dagegen lassen sich KI-Systeme, wenn ihre Programme einmal geschrieben sind, beliebig skalieren. Mit einem Mal können 100, 1000 oder sogar 10^{10} ›Maschinen-Ärzte‹ Diagnosen stellen. Und einer kostet so viel wie Tausende. Das macht Ärzte arbeitslos, aber unseren Zugang zu Gesundheitsdienstleistungen nahezu kostenfrei.

Fest steht schon heute: Immer mehr Dienstleistungen jeglicher Art werden von KI-basierten digitalen Assis-

172 Siehe dazu auch den Gastkommentar des Bioethikers und früheren buddhistischen Mönchs James Hughes in der *Washington Post* vom 19. Mai 2016: Soon we'll use science to make people more moral (https://www.washingtonpost.com/news/in-theory/wp/2016/05/19/soon-well-use-science-to-make-people-more-moral/?utm_term=.6eeae1d94e4d)

173 Zu Meditation siehe: M. Ricard, A. Lutz, R. Davidson, *Mind of the Meditator*, Scientific American 311, 38 - 45 (2014); Zu psychodelen Drogen, siehe: Ch. Letheby, *The epistemic innocence of psychedelic states*, Consciousness and Cognition 39, 28–37, (2016)

tenten für uns verrichtet, und immer mehr Güter, die wir zum Leben brauchen, werden von Robotern oder 3D-Druckern produziert werden. Gab es bereits in der analogen industriellen Produktion seit dem frühen 20. Jahrhundert Skaleneffekte (z.B. durch Fließbänder), so wachsen sie mit KI und 3D-Druckern ins schier Unermessliche.

Die digitale Wirtschaft der Zukunft mit Künstlicher Intelligenz, 3D-Druckern, Robotern etc. wird daher fundamental anders funktionieren als die traditionelle analoge Wirtschaft. Ist letztere durch den Wettkampf um begrenzte Güter gekennzeichnet, so verfügen wir in der digitalen Welt tendenziell über nahezu unbegrenzte Ressourcen. Theoretisch stellen uns nur noch die physikalischen Gesetze der Energieerhaltung und des stetigen Entropiewachstums Grenzen auf.

Es muss nicht derselbe Kuchen anders aufgeteilt werden. Durch Technologien werden aus dem trockenen Stück Streuselkuchen von heute nahezu beliebig viele Sahnetorten von morgen.

In der digitalen Wirtschaft fehlt ein Grundpfeiler des klassischen Wirtschaftsmodells: Konkurrenz um beschränkte Ressourcen. Individuelle Gier könnte sich schon bald nicht mehr lohnen.

Paradies des Überflusses – Das technologische Schlaraffenland

Wir müssen uns fragen, wie wir mit dem enormen Effizienzschub der digitalen Revolution umgehen, bevor wir in das Schlaraffenland des Überflusses eintreten. Denn er bedeutet ja auch, dass die wirtschaftliche Wertschöpfung von nur noch vergleichsweise wenigen Menschen (und sehr vielen Maschinen) erbracht wird. Als Ergebnis davon erleben wir zurzeit bereits eine enorme Akkumulation von Reichtum in den Händen sehr weniger, was zu großen gesellschaftlichen und politischen Instabilitäten führt.

Eine wesentliche Frage am runden Tisch wird daher sein: Was wird aus all den Menschen, die an der Wertschöpfung nicht mehr oder nur sehr geringfügig beteiligt sind? Und wie gehen wir mit dem immensen Reichtum in den Händen weniger um? Sicher scheint, dass Arbeit im Leben der allermeisten Menschen in der Zukunft eine wesentlich geringere Bedeutung haben wird als heute. Doch wenn ein großer Teil der Arbeit von Maschinen gemacht wird, können Wertschöpfung und Einkommen nicht mehr in einem direkten proportionalen Verhältnis zueinander stehen. Wir werden uns daher anders als über unsere Arbeit definieren müssen.

Wir müssen dann aber auch über die Besteuerung von Arbeit nachdenken. Nicht ohne Grund wird seit kurzem über die Besteuerung von Computern öffentlich diskutiert, denn warum wird eigentlich nur menschliche Arbeit besteuert? »Wenn ein Roboter ins Spiel kommt und dieselbe Arbeit macht, die sonst ein Mensch machen würde, sollte man doch denken, dass man den Roboter auf einem ähnlichen Niveau besteuert«, so Bill Gates im Februar 2017.[174]

Wir werden auch unsere Vorstellung von Besitz überdenken müssen. Heute noch knappe Ressourcen werden problemlos für alle reichen, da sie nahezu beliebig hergestellt werden können. Wenn aber alles im

174 Video-Interview mit dem Online-Wirtschaftsportal ›Quartz‹ vom 17. Februar 2017; https://qz.com/911968/bill-gates-the-robot-that-takes-your-job-should-pay-taxes/

Überfluss vorhanden ist, wird an die Stelle von Besitz das Prinzip des Nutzens treten. Wer braucht noch ein eigenes Auto, wenn unzählige selbstfahrende Autos auf den Straßen verkehren und wir nur den Arm ausstrecken (oder eine App auf dem Smartphone – oder was auch immer unser Kommunikationstool sein wird – bedienen) müssen, um von A nach B zu kommen? Einige Protagonisten der digitalen Revolution haben bereits ein neues, weit über Uber und Airbnb hinausgehendes gesellschaftliches Paradigma der *Sharing Economy* ausgerufen[175].

In einer Welt des Überflusses werden Erwerbseinkommen und Besitz Auslaufmodelle sein.

Allerdings wird sich eine solche Utopie nur unter einer Bedingung realisieren lassen: Wir müssen lernen, Ressourcen zu recyceln. An die Stelle linearer Produktionsketten, bei denen Ressourcen verbraucht werden, um Konsumartikel herzustellen, die man am Ende wegwirft, muss eine Kreislaufwirtschaft treten.

Auch hier werden uns digitale Technologien enorm helfen. Heute haben noch Staaten (über Geldschöpfung und Besteuerung) und Großkonzerne wie Google, Apple oder Facebook die Hoheit und Kontrolle über unsere Daten. Doch zukünftige digitale Technologien erschaffen ganz neue Möglichkeiten dezentraler Informations-, Kontroll- und Steuerungssysteme. So werden sich beispielsweise mit den Daten aus dem Internet der Dinge und den Nachfolgern von Smartphones die ökologischen Auswirkungen unseres Handelns viel direkter messen, erfassen und zuletzt wohl (dezentral) steuern lassen.

175 Eine solche ›Ökonomie des Teilens‹ ähnelt ironischerweise den wirtschaftlichen Verhältnissen in urmenschlichen Jäger-und- Sammler-Gesellschaften.

Mit digitalen Währungen, die das heutige Geldsystem ersetzen, und einer dezentralen Finanzarchitektur, die das bestehende System der Geldschöpfung durch rein profitorientierte und von falschen Anreizen geleitete Banken ablösen würden, ließe sich umwelt- und sozialverträgliches Verhalten für jeden Einzelnen lohnenswerter machen. Der konkrete persönliche Konsumnutzen könnte dann davon abhängig sein, wie (messbar) ökologisch sich jemand verhält. Je weniger Lärm, CO_2, Emissionen, Abfallstoffe usw. er produziert, desto mehr Vorteile und persönlichen Nutzen kann er erzielen.

Das Finanzsystem in der zukünftigen digitalen Wirtschaft könnte also selbstorganisiert und selbstreguliert sein und mit kollektiver Intelligenz gemanagt werden. Sein Ziel wären u.a. nachhaltige Produktions- und Konsumstrukturen.

An die Stelle übermäßigen Eigennutzes könnte mit technologisch ermöglichtem Überfluss ein umfassenderes Wir-Gefühl treten. Ein goldenes Zeitalter läge dann vor uns, eine dauernde Ära von Prosperität, Frieden und Lebensglück.

12 – MANIFEST

Eine wahre Achterbahnfahrt haben die Wissenschaften in den letzten 100 Jahren hinter sich gebracht. Bereits die neuen Vorstellungen des 19. Jahrhunderts – Felder und Wellen, die unsichtbare Kraft der Gravitation, Entropie und Vieles mehr – besaßen den Charakter des Bizarren und Unbegreiflichen. Doch waren diese Konzepte noch sehr anschaulich im Vergleich zu denen, die die Physiker in den ersten 25 Jahren des 20. Jahrhunderts entwickeln mussten, um die Natur der Atome einerseits und die Weiten des Universums andererseits zu erfassen. Wie Raum, Zeit und Materie durch Quanten- und Relativitätstheorie beschrieben werden, brachte endgültig unsere gewohnten Alltagvorstellungen ins Wanken.

Innerhalb der folgenden Jahrzehnte waren die Wissenschaftler gezwungen, sich von tiefen Gewissheiten zu verabschieden. In einer Zeit, in der die Welt um sie herum in zwei Weltkriegen zu zerfallen drohte, mussten sie den Einsturz ihrer eigenen Denkgebäude verkraften. Dann standen sie plötzlich einer überwältigenden Menge an neuen Erkenntnissen gegenüber und mussten gleichzeitig begreifen, wie wenig sie eigentlich wissen. Die Atompilze von Hiroshima und Nagasaki machten ihnen schließlich klar, dass Forschung im Labor gewaltige Auswirkungen auf das Leben außerhalb davon haben kann.

Im zweiten Jahrzehnt des 21. Jahrhunderts scheint diese Krise überwunden. Die große Verwirrung um die Deutung von Quantenphysik, Relativitätstheorie und Vererbungslehre ist vorbei. An die Gefahren von Atomkraft und genetischer Manipulation haben wir uns gewöhnt. Man könnte sogar meinen, die Naturwissenschaften seien so gesund und munter wie nie zuvor. So feierten sie in den letzten 25 Jahren ungeahnte Erfolge: neue Ufer in der Kosmologie, atemberaubende Entdeckungen auf dem Gebiet der Genetik, historische Durchbrüche in der Neuroforschung, aufregende technologische Möglichkeiten in der Nanophysik, bahnbrechende Umwälzungen in den Informationswissenschaften und auf dem Gebiet der KI-Forschung, neue faszinierende Quantentechnologien und einiges mehr. In Riesenschritten geht es vorwärts. Unsere unbändige Wissbegier und damit einhergehende technologische Revolutionen schaffen noch nie dagewesene wirtschaftliche und soziale Möglichkeiten. Wir könnten sogar Technologien erleben, mit denen der Mensch, so formuliert es der israelische Historiker Yuval Noah Harari, zum »Homo Deus« aufsteigen wird, einem Menschen, der mit Hilfe von Gen-, Neuro- und Informationstechnologien über allmächtig anmutende, gottähnliche Qualitäten verfügt.

Die in diesem Buch dargestellten Technologien haben den Leserinnen und Lesern das Bild einer Zukunft vor Augen geführt, die längst begonnen hat und die durch diese konkreten Technologien maßgeblich geprägt sein wird. Selbst diejenigen, die reißerischen oder fatalistischen Szenarien wie denen Michio Kakus oder Hararis mit Skepsis begegnen[176], müssen zugeben, dass die Naturwissenschaften bereits die Grundlagen zur Verwirklichung von Zukunftsbildern wie diesen geschaffen haben. Selbstredend haben diese Fortschritte gewaltige Konsequenzen für uns Menschen sowie den gesamten Planeten, auf dem wir wohnen. Doch vorgezeichnet ist unsere Zukunft, anders als Kaku und Harari suggerieren, sicher nicht.

176 Es ist nur zu leicht, dramatische Vorhersagen für in 50 Jahren und mehr zu machen, da der Vorhersager für diese wahrscheinlich nicht mehr geradestehen muss.

Der entscheidende Faktor für die zukünftige Entwicklung des Menschen und unserer Gesellschaft wird sein, wie wir mit den Erkenntnissen der Naturwissenschaften und den aus ihnen erwachsenden Technologien umgehen. Denn zusammen mit den technologischen Potentialen türmen sich gewaltige Probleme auf, die wir lösen müssen: Umweltzerstörung, Klimaveränderungen, Überbevölkerung, Nahrungsengpässe, Wirtschaftskrisen und nukleare Bedrohung, um nur die offensichtlichsten zu nennen. Fast noch erschreckender als diese äußeren Entwicklungen sind die Veränderungen, die sich abseits unserer direkten Wahrnehmung in unserem Inneren abzuspielen drohen. Dazu gehört die Gefahr, dass wir das Wesen des Menschen selbst, inklusive unseres eigenen Selbstverständnisses, grundlegend verändern, ohne zu wissen, was uns dann erwartet.

Fest steht: Unsere Gesellschaft wird sich fundamental ändern. Aus diesem Grund haben unsere heutigen Entscheidungen eine ungeheure Hebelwirkung.

Auf diese Herausforderungen reagieren wir bisher völlig unangemessen. Bislang stolpern wir weitgehend ziellos durch das 21. Jahrhundert, ohne gemeinsame Visionen und Ziele (was es Populisten leicht macht, schöne alte Zeiten zu beschwören). Statt alle Kräfte zu mobilisieren beobachten wir:

- Schwarz-Weiß-Denken und andere unzulässige Vereinfachungen,
- fehlenden Diskurs,
- Desinteresse an einer gemeinsamen Lösung.

Dabei ist ein aktiver breiter gesellschaftlicher (und natürlich demokratischer) Dialog so dringend notwendig. Und bei all dem bleibt uns nur ein recht kleines Zeitfenster, bevor sich gesellschaftliche Normen etabliert haben könnten, die wir eigentlich gar nicht wollen, die sich dann aber kaum noch ändern lassen.

Ich habe daher für das letzte Kapitel dieses Buches die Form eines Manifestes gewählt, das die wesentlichen Punkte zur Gestaltung unserer technologischen Zukunft in Form von Grundprinzipien und Aufforderungen zusammenfasst. Um eine lebenswerte Zukunft zu gestalten, müssen wir das Folgende von uns selbst und von anderen einfordern:

1. Mitspracherecht und -pflicht für Alle

Engagement sichert den ständigen Dialog zwischen Eliten und Bürgern

Schon vor über 200 Jahren forderte Kant den »Austritt des Menschen aus seiner selbstverschuldeten Unmündigkeit«. Was einmal politisch gemeint war, gilt heute auch für technologische Belange. Eine breitere Schicht von Menschen muss sich mit den neusten wissenschaftlichen Errungenschaften und technologischen Möglichkeiten beschäftigen, anstatt nur ihre Resultate zu konsumieren. Eine neue, ›technologische Aufklärung‹, d.h. wissen, was technologisch möglich ist und welche (positiven wie negativen) Folgen daraus erwachsen, gehört zukünftig zur Mündigkeit eines jeden Bürgers.

Wir alle haben den Auftrag, uns selbstbestimmt zu informieren und zu engagieren. Jeder einzelne ist gefragt, nicht nur zu schauen und zu diskutieren, sondern auch aktiv zu werden. Wir müssen also von uns selbst Engagement verlangen. Die digitalen Technologien helfen uns da enorm und nehmen uns zugleich die Ausreden. Bekanntlich gibt es nichts Gutes, außer man tut es[177].

Eine Haltung des »Auf mich kommt es ja sowieso nicht an« ist fatal und führt zu gesellschaftlichen Entscheidungen, die am Willen der Mehrheit der Bevölkerung vorbeiführen. Auch die Vielfalt der Herausforderung sollte uns nicht zurückschrecken. Der Einzelne weiß nicht alles, aber er wird sich für das interessieren, was ihn persönlich angeht. Hier gilt das Gesetz der großen Zahl: Wenn sich über sieben Milliarden Menschen engagieren, dann werden alle Bereiche, die zu diskutieren sind, abgedeckt.

Nur alle vier Jahre wählen gehen, reicht nicht aus.

Aber nicht nur die Bürger, auch die Eliten stehen in der Pflicht. Politische Entscheidungsträger überwinden die traditionellen (linearen) Denkmuster und berücksichtigen die extreme (exponentielle) Beschleunigung komplexer nichtlinearer Prozesse. Und auch die Wissenschaftler selbst sind gefragt. Sie erheben bei wichtigen Entscheidungen z.B. als Wissenschaftsbeauftragte in Ministerien und Behörden ihre Stimme. Ein kritischer Journalismus stellt die Informationsvermittlung sicher. Und nicht zuletzt bilden wir unsere Kinder entsprechend aus: Wissen-Wollen, Fähigkeit zum Wissenserwerb, Unabhängigkeit im (kritischen) Denken, Kreativität, Erfinder- und Unternehmergeist und Verantwortungsfähigkeit sind wesentliche pädagogische Zielrichtungen.

177 Diese Zeile ist das vollständige Gedicht Erich Kästners mit dem Titel *Moral*. Es ist eine Zusammenfassung der Moralvorstellung des Lyrikers und Kinderbuchautors: Nur in unseren Handlungen zeigt sich, ob wir gut sind oder nicht.

Wir brauchen den informierten Dialog zwischen den politischen, wirtschaftlichen und wissenschaftlichen Eliten und allen Bürgern.

Wir schaffen einen permanenten runden Tisch der demokratischen Vielfalt

Zentralisierte Top-down-Entscheidungen werden der Komplexität unserer technologischen Zukunft nicht mehr gerecht. Auch sollte man die Planung unserer technologischen Zukunft nicht alleine Mark Zuckerberg, Peter Thiel oder Elon Musk überlassen. Nur eine hohe soziale Diversität (Verschiedenheit menschlicher Hintergründe), dezentrale Informations- und Entscheidungsstrukturen und gesellschaftliche und ökonomische Vielfalt garantieren eine andauernd hohe Funktions- und Leistungsfähigkeit von Gesellschaft, Politik und Wirtschaft.

Wir etablieren eine klare globale Abstimmung zwischen Interessensgruppen, Staaten und Machtblöcken, um Entwicklungen zu vermeiden, die die Fortexistenz der Menschheit nachhaltig gefährden könnten. Nur als Kollektiv, in Zusammenarbeit aller Teile der Weltgesellschaft – Regierungsverantwortliche, Wirtschaftsteilnehmer, Wissenschaftler, Intellektuelle und die gesamte Zivilgesellschaft – verstehen wir die technologischen Herausforderungen, bewältigen sie und nehmen ihre Möglichkeiten wahr.

Demokratische Vielfalt zeigt sich beispielsweise in politischem Pluralismus und dezentralen Entscheidungsstrukturen. Die Stimme eines Milliardärs zählt bei einer Wahl genau so viel wie die eines arbeitslosen Sozialhilfeempfängers, die eines Künstlers so viel wir die eines Managers – ein Wesenszug der liberalen Gesellschaft, mit dem wir sehr gut fahren.

Indem die Stimmen aller Gruppen und Menschen gleichermaßen gehört werden, entsteht demokratische Vielfalt.

Soziale Diversität erhöht die kollektive Intelligenz
Soziale Diversität ist Voraussetzung für eine möglichst wirksame Entfaltung der unermesslichen menschlichen Kreativität. Sie macht in einer immer komplexeren Welt Wissen, Ideen und Ressourcen am effizientesten nutzbar. Je mehr Diversität, desto leistungsfähiger und gestaltungsfreudiger ist unsere Zivilgesellschaft. Politische, wirtschaftliche, kulturelle und weitere Gremien profitieren von Störenfrieden, die sich nicht der Mehrheitsmeinung anpassen. Abweichler, Neinsager, Querdenker und Außenseiter tun der Entscheidungsqualität gut[178].

Soziale Vielfalt ist eine maßgebliche Voraussetzung leistungsfähiger, komplexer, moderner Gesellschaften.

Mit Hilfe der digitalen Technologien werden neue Formen kollektiver Intelligenz gefördert und genutzt. Die Ideen und Handlungen von vielen vernetzen Einzelnen werden in der sozialen Gemeinschaft gebündelt; so bringen sie sehr viel intelligentere Ergebnisse hervor als die Summe der einzelnen Ideen[179]. Konzepte wie ›Citizen Science‹, ›Crowd Intelligence‹, ›Crowd Knowledge Sourcing‹ oder auch interaktive Online-Diskussionsplatt-

178 Untersuchungen (http://www.computerwoche.de/a/warum-das-wir-nicht-gut-entscheidet,2550654,2) zeigen, dass Gruppen meist bessere Entscheidungen treffen, wenn ihre Mitglieder zu Beginn unterschiedliche Alternativen bevorzugen.

179 Siehe auch J. Surowiecki, *Wisdom of Crowds: Why the Many Are Smarter Than the Few and How Collective Wisdom Shapes Business, Economies, Societies and Nations*, Anchor (2004)

formen sind eminent wichtige neue Ansätze, um mehr Wissen, Ideen und Ressourcen nutzbar zu machen.

Die neuen Möglichkeiten der digitalen Vernetzung werden konstruktiv genutzt, so dass wir unsere gesellschaftlich-kollektive Entscheidungsintelligenz erhöhen.

Gesetzgebung erfolgt in einem demokratischen und föderalen Rahmen

Wir setzen demokratisch bestimmte gesetzliche und regulatorische Rahmenbedingen für das, was wir als Gemeinschaft und Menschheit akzeptieren können und was nicht. Diese werden immer wieder an die neusten technologischen Gegebenheiten angepasst. Der staatliche Regulierungsrahmen sichert dabei stets die Kompatibilität von Technologien mit Demokratie.

Diese Aufgabe erfordert die Teilnahme vieler unabhängiger gesellschaftlicher Gruppierungen am politischen Entscheidungsprozess, z.B. in Form breit besetzter Ethikkommissionen aus Technologieexperten, Ethikern, Investoren, Politikern, wirtschaftlichen Entscheidungsträgern und anderen gesellschaftlichen Interessensgruppen. Insbesondere schaffen wir mehr Kontrolle über Firmen, die, ohne nationalen und demokratischen Regeln ausgesetzt zu sein, ihre globale Macht immer mehr zu steigern versuchen. Nicht einzelne Milliardäre, sondern demokratisch gewählte Parlamente entscheiden, wie wir zukünftig leben. Dabei vermeiden wir auch, dass technologische Sicherheitsinteressen gegen nationale militärische, wirtschaftliche oder politische Interessen ausgespielt werden.

Der gesamtgesellschaftliche Konsens findet seinen Ausdruck in klaren Gesetzen und Regeln, die demokratisch geschaffen werden.

Ggfs. werden wir in wichtigen technologischen Fragen auch Formen der direkten Demokratie, Ansätze dezentraler Verwaltung und politischer Entscheidungsfindung, sowie Ideen lokaler Bestimmungsautonomie verfolgen. Denn global vernetzt sind wir auch global verwundbar.

2. Gemeinschaftliche Werte und Sinngebungen

Statt dem ›Ich‹ steht mehr ›Wir‹ im Vordergrund

Es liegt in unser aller Verantwortung, Innovation und Technologie so zu gestalten, dass sie allen Menschen und einer humanen Gesellschaft dienen. Dafür entwickeln wir das geeignete Maß zwischen Individualismus und Gemeinschaft. Die heute noch herrschende Ausrichtung auf einen schonungslosen Individualismus wird durch eine Neu-Ausrichtung auf die Gemeinschaft ersetzt. Dabei bedeutet gemeinschaftliches Denken und Handeln nicht, dass ein jeder seine individuelle Verantwortung auf andere abwälzt.

Wir schaffen mehr ›Wir‹ und weniger ›Ich‹: Im öffentlichen Diskurs bekommen Allgemeininteressen gegenüber Partikularinteressen mehr Gewicht als zuvor.

Spirituelle Dimensionen schaffen eine neue Einheit

Wir sitzen alle in einem Boot. Statt als Einzelne, als Interessensgruppen oder als Nationalstaaten zu handeln und unseren Vorteil zu sichern, begreifen wir uns als

Menschheit. Gemeinsame hoffnungsvolle und optimistische Visionen bringen alle Stakeholder der globalen Gesellschaft dazu, an der Gestaltung zukünftiger Technologien mitzuwirken. Solche Narrative sind unverzichtbar, um viele Gruppen von Individuen anzusprechen und zur Mitgestaltung zu bewegen, und dies auf der Basis von Vertrauen und Kooperation. Konsumbefriedigung alleine hält uns nicht zusammen. Wir brauchen ein kollektives und moralisches Bewusstsein in einer Welt, in der Religionen dies nicht mehr ausreichend zu bieten vermögen. Unumstößliche Kriterien sind dabei die individuelle Menschenwürde, Autonomie des Individuums und dessen Freiheit zur Selbstentfaltung.

Ohne spirituelle Komponenten und gemeinsame Sinndefinitionen wird die Gestaltung des technologischen Fortschrittes nicht gelingen.

Militärische Anwendungen neuer Technologien stehen unter besonderer Kontrolle

In ethischen Debatten um Technologien wie beispielsweise Künstliche Intelligenz, Brain-Computer-Interfaces oder gentechnologische Manipulationen kommt einer Frage besondere Bedeutung zu: Soll es für bestimmte militärische Anwendungen ein Moratorium geben? So könnten wir den globalen Rüstungswettlauf, der in vielen technologischen Bereichen (z.B. der KI) längst begonnen hat, zum Wohle aller Nationen einschränken.

Konkrete Fragen der militärischen Anwendung neuer Technologien verdienen unsere besondere Aufmerksamkeit.

3. Klarheit im Denken und Handeln

Fakten und die Bemühung um Wahrheit bestimmen den rationalen Diskurs um Technologien

Wir fordern eine Haltung der intellektuellen Redlichkeit bei Politikern und anderen gesellschaftlichen Entscheidungsträgern ein. Das heißt, dass bewusste Unwahrheiten, Informationsverzerrungen und -verschmutzung oder Informationsfilter zum Zwecke der Durchsetzung partikularer Interessen auf moralischer wie politischer Ebene bekämpft werden. Gerade in einer Zeit, in der ›Fake-News‹ ihre propagandistische Macht entfalten, gewinnt dieser Punkt an Bedeutung.

Die politisch oder ökonomisch motivierte Lüge wird geächtet.

Intellektuelle Redlichkeit bestimmt unser Denken und Handeln

Das Gebot der intellektuellen Redlichkeit gilt ebenso für die Empfänger von Information. Denn intellektuelle Redlichkeit bedeutet auch, sich auf unangenehme Wahrheiten einzulassen, ohne sich etwas vorzumachen. Wir üben uns darin, nicht allzu schnelle Schlüsse zu ziehen, Vorurteile abzubauen, uns auf komplexe Zusammenhänge einzulassen, ohne alles gleich vereinfachen zu wollen, sowie unangenehme Wahrheiten zuzulassen. Ein jeder trägt zu einem breiten rationalen, informations- und faktenbasierten Diskurs zu technologischen Fragen bei.

Wir begegnen den technologischen Fragen nüchtern und rational und widerstehen emotionalen ›Hau drauf‹-Argumenten.

Technologie ist maximal transparent

Transparenz ist die Voraussetzung für unser Vertrauen in die Wissenschaft und ihre Technologien. Das gilt für Pläne, wie Genome verändert werden sollen, genauso wie für Nanobots, die die Gesundheit unserer Zukunft bestimmen, oder wie wir Energie produzieren, insbesondere aber für die digitalen Technologien. Da die Steuerungsmechanismen der Gesellschaft immer mehr auf Computer und KI basieren werden, dürfen Informationen, Wissen, Algorithmen und Daten keiner Machtelite exklusiv zur Verfügung stehen. Sie müssen öffentlich verfügbar sein. Ein jeder hat das Recht, über seine Daten zu verfügen und darüber informiert zu werden, was mit ihnen geschieht.

Technologische Neuerungen sind öffentlich und transparent. Geheimforschungen und exklusive Diskussionszirkel zu technologischen Innovationen können wir uns nicht erlauben.

Automatisierte politische Willensbildung wird bekämpft

Wir treten mit aller Kraft jeglicher Automatisierung der politischen Willensbildung mittels des Einsatzes von ›Social Bots‹, ›Targeted Marketing‹, auf ›Big Data‹ beruhenden statistischen Methoden und anderen automatisierten und computergesteuerten Technologen in unseren offenen, demokratischen Gesellschaften entgegen. Dazu bedarf es in Deutschland und Europa auch einer Regulierung des US-amerikanisch dominerten Internets und eine Loslösung von den Interessen amerikanischer Datengroßkonzernen.

Wir gewinnen unsere informationstechnologische Souveränität zurück, um uns vor einer extern gesteuerten politischen Willensbildung zu schützen.

4. Neue Wirtschaftsstrukturen und Sozialsysteme

Das Verursacherprinzip wird durchgesetzt

Ein besonderer Fokus technologischer Betrachtungen liegt auf Sicherheit und Verlässlichkeit. Erzeuger von Technologien werden dazu gezwungen, diese Aspekte gezielt zu berücksichtigen (z. B. durch Haftbarkeitsregelungen). Negative historische Vorbilder wie die Kernenergie, wo Gewinne privatisiert und Risiken sowie Verluste sozialisiert wurden, zeigen uns auf, wie wir es besser machen können.

In der Entwicklung und Anwendung neuer Technologien gilt das Verursacherprinzip.

Das Verursacherprinzip bezieht sich dabei nicht nur auf mögliche direkte Schäden und Risiken, sondern auch auf den Verbrauch von bisher kostenlosen öffentlichen Gütern. Externalisierte Kosten wie Umweltbelastung oder Ressourcenverbrauch werden internalisiert, d.h. vom Benutzer direkt bezahlt.

Eine erweiterte Risikoethik sorgt für maximale Sicherheit

Wir entwickeln ein Bewusstsein für Extremrisiken, die technologische Möglichkeiten mit sich bringen. Die Schaffung einer Superintelligenz, die Kreation eines maschinellen Bewusstseins, die Möglichkeit der massiven Lebensverlängerung, gentechnisch optimierte Menschen, selbstreplizierende Nanobots oder eine dramatische Veränderung des irdischen Klimas sind nur einige Szenarien, die das menschliche Leben auf diesem Planeten stärker verändern würden als je zuvor. Auch bei geringen Eintrittswahrscheinlichkeiten beschäftigen wir uns mit ihnen und stellen entsprechende ethische und gesellschaftliche Rahmenbetrachtungen an.

Eine erweiterte Risikoethik richtet das Augenmerk auf die Möglichkeit katastrophaler oder gar apokalyptischer Entwicklung, auch wenn deren Eintreffwahrscheinlichkeiten als eher gering eingeschätzt werden.

Einer – möglichst interdisziplinär aus den Natur- und Geisteswissenschaften heraus gestalteten – Erforschung und wissenschaftlich-ethischen Begleitung von technologischen Risiken werden weit mehr Ressourcen als bisher zur Verfügung gestellt.

Neue Antworten auf alte Fragen zur Gerechtigkeit werden gefunden

Wir überdenken unsere Wirtschaftsstrukturen und Sozialsysteme und entwerfen sie ggfs. neu. Im Vordergrund stehen hier die gerechtere Verteilung der durch neue Technologien erreichten Produktivitätsgewinne, die Neugewichtung der Bedeutung von Arbeit in unserem Leben und die teilweise Entkopplung von ökonomischer Wertschöpfung und Einkommen. Dabei geht es konkret um Diskussionen über negative Einkommenssteuern[180], über ein bedingungsloses Grundeinkommen, über die Besteuerung von maschineller Arbeit und über Anreiz- und Austauschsysteme, die ökonomische, ökologische, politische und soziale Innovation im Einklang mit gesamtgesellschaftlicher Wohlstandsmehrung ermöglichen.

180 In Anbetracht der zunehmenden Automatisierung in der Arbeitswelt schlagen beispielsweise die Computer- und KI-Forscher McAfee und Brynjolfsson vor, bestimmte von Menschen ausgeführte Tätigkeiten komplett zu subventionieren. Ein Alternativvorschlag ist, maschinelle Arbeit zu besteuern (siehe Kapitel 11).

Um den neuen technologischen Realitäten gerecht zu werden, überwinden wir die immer wiederkehrende Berufung auf ›wirtschaftliche Sachzwänge‹ und ›Alternativlosigkeiten‹ im globalen Kapitalismus.

....

Es kann nicht um ein ›Entweder – Oder‹ gehen, nicht darum, die Wissenschaften zu verteufeln oder auf Teufel komm raus zu nutzen. Es geht darum, clevere Lösungen für unsere Zukunft zu finden. Wissenschaft und Technologie können den Menschen buchstäblich unsterblich machen, ihn aber auch vom Angesicht der Erde verschwinden lassen. Sie zu unserem Feind zu erklären, bringt uns nicht weiter, sie grenzenlos gewähren zu lassen, aber auch nicht.

Wissenschaft schafft viele Probleme, und zugleich ist sie die Lösung der allermeisten dieser Probleme. Immer wieder hat uns das wissenschaftliche Denken und Vorgehen grobe Fehler machen lassen und uns auf die ein oder andere Weise in Schwierigkeiten gebracht – und wird dies auch weiterhin tun. Wissenschaft stellt aber auch die mächtigste Methode dar, über die wir zur Erkenntnisgewinnung über die Natur und zur Verbesserung unserer Lebensbedingungen verfügen. Sie nicht in ihrer ganzen Kapazität zu verwenden, wäre nicht nur töricht, sondern fahrlässig. Nur *mit ihr* und nicht *gegen sie* können wir die technologischen Revolutionen derart gestalten, dass diese allen Menschen zum Besten dienen und uns eine Welt der unbeschränkten Möglichkeiten zu schaffen vermögen.

Bei einem verantwortungsvollen Gebrauch der Naturwissenschaften könnten uns in der Zukunft paradiesische Zustände winken, bei verantwortungslosem

Gebrauch die unwiederbringliche Zerstörung unserer humanistischen Errungenschaften sowie unserer natürlichen Lebensgrundlagen und damit ein Leben in einer irdischen Hölle.

LITERATUR

Akerlof, G., Shiller, R. (2016), Phishing for Fools – Manipulationen und Täuschung in der freien Marktwirtschaft«, Econ Verlag, Berlin (engl. Original: Phishing for Fools, Princeton University Press, Princeton)

Boström, N. (2014), Superintelligenz – Szenarien einer kommenden Revolution, Suhrkamp, Berlin

Brockmann, J. (2010), Welche Idee wird alles verändern?, Fischer, Frankfurt

Brown, R. (2016), The Rise and Fall of American Growth, Princeton University Press, Princeton

Brynjolfsson, E., McAfee, A. (2014), The Second Machine Age, Norton & Company, New York

Carroll, S. (2016), The Big Picture, Dutton, Boston

Capra, F. (1975), The Tao of Physics, in deutscher Übersetzung (1985): Das Tao der Physik, Scherz-Verlag, Bern

Clarke, A. (1985), Profile der Zukunft: über die Grenzen des Möglichen, Heyne Verlag, München

Dalai Lama (2004), Der buddhistische Weg zum Glück. Das Herz-Sutra, hrsg. von Geshe Thupten Jingpa, Scherz Verlag, Frankfurt a.M.

Darwins, Ch. (1859), The Origin of Species, in deutscher Übersetzung (1876): Über die Entstehung der Arten durch natürliche Zuchtwahl oder die Erhaltung der begünstigten Rassen im Kampfe um's Dasein, E. Schweizerbart'sche Verlagsbuchhandlung, Stuttgart

Darwins, Ch. (1871), The Descent of Man, and Selection in Relation to Sex, in deutscher Übersetzung (1871): Die Abstammung des Menschen und die geschlechtliche Zuchtwahl, E. Schweizerbart'sche Verlagsbuchhandlung, Stuttgart

Darwin, Ch. (1887), The Correspondence of Charles Darwin, Ed. Burckhard et al.(1985), Cambridge University Press, Cambridge

Debschitz, U., Debschitz, T. (2009), Fritz Kahn – Man Machine / Maschine Mensch. Springer, Wien

Descartes, R. (1670), Meditationes de prima philosophia, herausgegeben von Andreas Schmidt, Sammlung Philosophie, Vandenhoeck & Ruprecht, 2011

Doudna, J., Sternberg, S. (2017) , A Crack in Creation: Gene Editing and the Unthinkable Power to Control Evolution, Houghton Mifflin Harcourt, Boston

Doudna, J. ed. (2016), CRISPR-CAS, Scion Publishing Ltd, Banbury

Eberl, U. (2016), Smarte Maschinen – Wie künstliche Intelligenz unser Leben verändert, Hanser Verlag, München

Einstein, A. (2005), Mein Weltbild, hrsg. von C. Seelig, Berlin

Einstein, A. (2010), Einstein sagt – Zitate, Einfälle, Gedanken, Hrsg. von Alice Calaprice, Piper, München, 2007 (engl. Original: The Ultimate Quotable Einstein, Princeton University Press, Princeton)

Einstein, A. (1979), Aus meinen späten Jahren, DVA, Stuttgart

Eschbach, A. (2015), Black Out, Hide Out, Time Out, Arena Verlag, Würzburg

Eschbach, A. (2011), Herr aller Dinge, Bastei Lübbe, Köln

Feynman, R. P. (2007), Vom Wesen physikalischer Gesetze, Piper, München (8. Aufl.)

Feynman, R. P. (1987), »Sie belieben wohl zu scherzen, Mr. Feynman«, Piper , München

Fisch, F. (2016), Wissenschaftlich erwiesen, Wiley, WeinheimGaw, O. (2016), Neustart, Adeo Verlag, Asslar

Gilder, L. (2009), The Age of Entanglement, Vintage, Toronto

Harari, Y. (2016), Homo Deus – A brief history of tomorrow, Harvill Secker, London

Haber, L. (1986), The Poisonous Cloud. Chemical Warfare in the First World War, Oxford University Press, Oxford

Heisenberg, W. (1969), Der Teil und das Ganze, Piper, München

Hoffmann, B., Dukas, H. (1981), Albert Einstein. The Human Side, Princeton University Press, Princeton, New Jersey

Jaeger, L. (2017), Wissenschaft und Spiritualität – Zwei Wege zu den großen Geheimnissen Universum, Leben, Geist, Springer, Heidelberg

Jaeger, L. (2015), Die Naturwissenschaften – Eine Biographie, Springer, Heidelberg

Kahneman, D. (2012), Schnelles Denken, langsames Denken, Siedler Verlag, München

Kaku, M. (2014), Die Physik des Bewusstseins – Über die Zukunft des Geistes, Rowohlt, Hamburg (engl. Original: The Future of the Mind, Doubleday, New York)

Kaku, M. (2012), Die Physik der Zukunft, Rowohlt , Hamburg

Kant, I. (1784), Was ist Aufklärung, Hartknoch, Riga, Ausgabe der Königlich Preußischen Akademie der Wissenschaften, Berlin 1902

Keese, C. (2016), Silicon Valley: Was aus dem mächtigsten Tal der Welt auf uns zukommt, Penguin Verlag, München

Kelly J. (2013), Smart Machines: IBM's Watson and the Era of Cognitive Computing. Columbia University Press, New York

Kepler, J. (1938), Weltharmonik, Oldenburg Verlag, München (orig. Harmonices Mundi (1619))

Kozubek, J. (2016), Modern Prometheus – Editing the Human Genome with Crispr-Cas9, Cambridge University Press, Cambridge

Kurzweil, R. (2005), The Singularity is near: When Humans Transcend Biology, Penguin Books, New York (dt. Menschheit 2.0 – Die Singularität ist nahe, Lola Book)

Laughin, R. (2007), Abschied von der Weltformel: Die Neuerfindung der Physik, Piper, München

Mann, F. & Ch. (2017), Es werde Licht, S. Fischer Verlag, Frankfurt

McGrayne, S. B. (2014), Die Theorie, die nicht sterben wollte (übersetzt von C. Freytag), Springer, Heidelberg.

Mainzer, K. (2016), Künstliche Intelligenz – Wann übernehmen die Maschinen?, Springer, Heidelberg

Meier, C. (2014), Nano – Wie winzige Technik unser Leben verändert, Primus Verlag, Zürich

Metzinger, T. (2001), Being No One – The Self-Model Theory of Subjectivity, MIT Press, Cambridge

Metzinger, T. (2009), Der Ego-Tunnel, Berlin Verlag, Berlin (2. Auflage 2014), Piper Taschenbuch, München

Mukherjee, S. (2017), Der König aller Krankheiten: Krebs – eine Biografie, DuMont, Köln, (engl. Original: The Emperor of All Maladies. A Biography of Cancer (2011), Harper Collins)

Müller, V. ed. (2016), Fundamental Issues of Artificial Intelligence, Springer, Berlin

Planck, M. (1949), Vorträge und Erinnerungen, Hirzel, Stuttgart

Platon (1977), Politea, Reclam, Stuttgart

Popper, K. (1935), Logik der Forschung, Springer-Verlag, Wien

Popper, K. (1957), Die offene Gesellschaft und ihre Feinde (2 Bände), Francke Verlag, München (engl. Original: The Open Society and Its Enemies, London (1945))

Precht, R. D. (2016), Tiere Denken, Goldmann, Darmstadt

Norbert, R. (2007), Wachstumseuphorie und Verteilungsneutralität: Wirtschaftspolitische Leitbilder zwischen gestern und morgen (2. Auflage), Metropolit, Marburg

Ross, A. (2016), Die Wirtschaftswelt der Zukunft, Plassen Verlag, Kulmbach

Rid, Th. (2016), Maschinendämmerung – Eine kurze Geschichte der Kybernetik, Propylän, Berlin

Sacks, O. (1985), Der Mann, der seine Frau mit einem Hut verwechselte, Rowohlt, Reinbek b. Hamburg

Schmaltz, F. (2005), Kampfstoff-Forschung im Nationalsozialismus, Wallstein Verlag, Göttingen

Schmidt, E., Cohen, J. (2013), Die Vernetzung der Welt – Ein Blick in unsere Zukunft, Rowohlt, Hamburg (engl. Original: The New Digital Age, Alfred E. Knopf, New York)

Schrödinger, E. (1946), Was ist Leben. Die lebende Zelle mit den Augen des Physikers betrachtet, A. Francke AG Verlag, Bern

Schwab, K. (2016), Die Vierte Industrielle Revolution, Pantheon, München (engl. Original: The Fourth Industrial Revolution)

Shiller, R. (2012), Finance and the Good Society, Princeton University Press, Princeton

Singer T., Ricard, M. (2015), Mitgefühl in der Wirtschaft: Ein bahnbrechender Forschungsbericht, Albrecht Knaus Verlag, München

Smith A. (1776), Der Wohlstand der Nationen, herausgegeben von Recktenwald, H. (2013) dtv, München (engl. Titel: An Inquiry into the Nature and Causes of the Wealth of Nations)

Smolin L. (2009), Die Zukunft der Physik, DVA, München

Spektrum der Wissenschaft (Herausgeber) (2017), CRISPR/CAS9: Erbgut auf dem Schneidetisch, Spektrum der Wissenschaft

Spengler, O. (1922), Der Untergang des Abendlandes, Ausgabe: Beck Verlag (1998), München

Spitzer, M. (2012), Die digitale Demenz: Wie wir uns und unsere Kinder um den Verstand bringen, Droemer, München

Surowiecki, J. (2004), Wisdom of Crowds: Why the Many Are Smarter Than the Few and How Collective Wisdom Shapes Business, Economies, Societies and Nations, Anchor, Cambridge

Szöllösi-Janze, M. (1998), Fritz Haber: 1868 – 1934; eine Biographie, Beck-Verlag, München

Tapscott, D., Tapscott, A. (2016), Die Blockchain Revolution – Wie die Technologie hinter Bitcoin nicht nur das Finanzsystem, sondern die ganze Welt verändert, Plassen Verlag, Kulmbach (engl. Original: Blockchain Revolution, Penguin Publishing Group)

Tomasello, M. (2016), Eine Naturgeschichte der menschlichen Moral, Suhrkamp, Berlin

Venter, C. (2014), Leben aus dem Labor: Die neue Welt der synthetischen Biologie, Fischer, Frankfurt a.M.

Weinberg, R. (2014), The Biology of Cancer, Taylor & Francis, Milton Park

Whitaker, A. (2012), The New Quantum Age – From Bell's Theorem to Quantum Computation and Teleportation, Oxford University Press, Oxford

World Economic Forum (2015), Global Agenda Council on the Future of Software & Society, Deep Shift Technology Tipping Points and Societal Impact, http://www3.weforum.org/docs/WEF_GAC15_Technological_Tipping_Points_report_2015.pdf

REGISTER

Für alle Lebensliebhaber bietet das Gütersloher Verlagshaus Durchblick, Sinn und Zuversicht. Wir verbinden die Freude am Leben mit der Vision einer neuen Welt.

UNSERE VISION EINER NEUEN WELT

Die Welt, in der wir leben, verstehen.

Wir sehen Menschlichkeit als Basis des Miteinanders: Mitgefühl, Fürsorge und Beteiligung lassen niemanden verloren gehen. Wir stehen für gelingende Gemeinschaft statt individueller Glücksmaximierung auf Kosten anderer.

Wir leben in einer neugierigen Welt: Sie sucht ehrgeizig und mitfühlend Lösungen für die Fragen unseres Lebens und unserer Zukunft. Wir fragen nach neuem Wissen und drücken uns nicht vor unbequemen Wahrheiten – auch wenn sie uns etwas kosten.

Wir leben in einer Gesellschaft der offenen Arme: Toleranz und Vielfalt bereichern unser Leben. Wir wissen, wer wir sind und wofür wir stehen. Deshalb haben wir keine Angst vor unterschiedlichen Weltanschauungen.

Das Warum und Wofür unseres Lebens finden.

Wir helfen einander, uns selber besser zu verstehen:
Viele Menschen werden sich erst dann in ihrem Leben zuhause fühlen, wenn sie den eigenen Wesenskern entdecken – und Sinn in ihrem Leben finden.

Wir ermutigen Menschen, zu ihrer Lebensgeschichte zu stehen:
In den Stürmen des Alltags geben wir Halt und Orientierung. So können sich Menschen mit ihren Grenzen aussöhnen und zuversichtlich ihr Leben gestalten.

Wir haben den Mut, Vertrautes hinter uns zu lassen:
Neugierde ist die Triebfeder eines gelingenden Lebens. Wir wagen Neues, um reich an Erfahrung zu werden.

Erfahren, was uns im Leben trägt und erfreut.

Wir glauben an die Vision des Christentums:
Die Seligpreisungen der Bergpredigt lassen uns nach einer neuen Welt streben, in der Vereinsamte Zuwendung, Vertriebene Zuflucht, Trauernde Trost finden – und Gerechtigkeit, Barmherzigkeit und Frieden herrschen.

Wir geben Menschen die Möglichkeit, den Glauben (neu) zu entdecken:
Persönliche Spiritualität gibt Kraft, spendet Trost und fördert die Achtung vor der Schöpfung sowie die Freude am Leben.

Wir stehen mit Respekt vor der Glaubenserfahrung anderer:
Wissen fördert Dialog und Verständnis, schützt vor Fundamentalismus und Hass. Wir wollen die Schätze anderer Religionen kennenlernen, verstehen und respektieren.

GÜTERSDIE
LOHERVISION
VERLAGSEINER
HAUSNEUENWELT

Bibliografische Information der Deutschen Nationalbibliothek
Die Deutsche Nationalbibliothek verzeichnet diese Publikation in der Deutschen Nationalbibliografie; detaillierte bibliografische Daten sind im Internet über https://portal.dnb.de abrufbar.

FSC
www.fsc.org
MIX
Papier aus verantwortungsvollen Quellen
FSC® C014496

Verlagsgruppe Random House FSC® N001967

1. Auflage

Text- und Konzeptberatung: Dr. Bettina Burchardt
Umschlaggestaltung: Gute Botschafter GmbH, Haltern am See
Umschlagmotive: © Jackie Niam – Fotolia.com; Hintergrund oben und Abb. S. 19, 159, 293: © Golden Shrimp – Fotolia.com
Druck und Bindung: GGP Media GmbH, Pößneck
Printed in Germany
ISBN 978-3-579-08682-8

www.gtvh.de